KEY TECHNOLOGIES FOR
INFORMATION EXTRACTION IN SOCIA

社交网络信息抽取关键技术研究

尚煜茗 孙 新 著

北京理工大学出版社
BEIJING INSTITUTE OF TECHNOLOGY PRESS

内 容 简 介

信息抽取技术旨在从非结构化文本中提取出结构化信息，从而提升信息感知、存储、理解效率，是自然语言理解、知识库构建的核心技术，广泛应用于社交网络分析、舆情发现、情感计算、智能推荐等人工智能系统中，具有重要的研究意义和应用价值。常见的信息抽取技术包括实体识别、关系抽取、实体关系联合抽取、事件抽取等。本书梳理了上述研究方向的发展现状、数据集资源、常用基础技术，在此基础上详细介绍了作者研究团队在实体识别、关系抽取、实体关系联合抽取、多模态关系抽取、句子级事件抽取、文档级事件抽取等技术方面的最新研究成果，既能作为信息抽取初学者的启蒙参考，也适合相关研究人员探讨交流。最后，本书对信息抽取技术进行了总结，并对未来信息抽取领域的发展趋势进行了展望。

版权专有　侵权必究

图书在版编目（CIP）数据

社交网络信息抽取关键技术研究 / 尚煜茗，孙新著.

北京：北京理工大学出版社，2025.5.

ISBN 978-7-5763-5348-8

Ⅰ．TP391

中国国家版本馆 CIP 数据核字第 202593JW76 号

责任编辑：李颖颖		**文案编辑**：宋　肖	
责任校对：刘亚男		**责任印制**：李志强	

出版发行 / 北京理工大学出版社有限责任公司

社　　址 / 北京市丰台区四合庄路 6 号

邮　　编 / 100070

电　　话 /（010）68944439（学术售后服务热线）

网　　址 / http://www.bitpress.com.cn

版 印 次 / 2025 年 5 月第 1 版第 1 次印刷

印　　刷 / 廊坊市印艺阁数字科技有限公司

开　　本 / 710 mm × 1000 mm　1/16

印　　张 / 19.5

彩　　插 / 1

字　　数 / 290 千字

定　　价 / 86.00 元

图书出现印装质量问题，请拨打售后服务热线，负责调换

前　言

随着信息技术的迅速发展和数据量的爆炸式增长，如何从海量非结构化社交网络数据中准确、高效地提取有用信息，已成为当前信息处理领域的核心问题之一。信息抽取技术作为实现这一目的的关键技术，能够从海量的社交网络数据中自动提取出如实体、关系、事件主体、事件客体等结构化信息，为舆情发现、社交网络分析、事件脉络梳理、知识图谱构建等领域提供了宝贵的基础支持。特别是在当前大数据和大模型时代，信息抽取的精确性和效率将直接影响大模型价值观对齐、基于检索增强的大模型推理能力建设及应用的效果。因此，对信息抽取技术的深入探究具有重要的理论和实际意义。

作者长期从事舆情分析和信息抽取相关技术研究，并在日常研究工作中指导学生在该领域的科研。在这一过程中，学生表现出浓厚的兴趣，但是低年级学生在启蒙阶段面临领域发展脉络繁杂难梳理、基础知识碎片化分布学习效率低、专业论文有门槛和阅读难等问题，使得作者萌生了撰写本书的想法。

本书面向信息抽取中的实体识别、关系抽取、实体关系联合抽取、事件抽取等研究和实践并重的课题，内容涵盖了上述核心抽取技术的发展脉络梳理、常用数据集和评价指标、涉及的相关基础理论与基本网络架构、进一步发展与完善所面临的关键问题和挑战。在此基础上，创新性地提出了基于冗余降噪策略的实体关系联合抽取技术、多模态预训练语言模型及多模态关系抽取技术、句法依赖与层次解码的句子级事件抽取技术、基于共指消歧的文档级事件抽取技术，系统地探讨了信息抽取领域中重叠三元组、噪声数据、抽取效率等多种关键问题，深入剖析了实体识别、关系抽取、实体关系联合抽取、事件抽取等重要任务。通过全面深入的论述、丰富充分的实验，将理论与实践相结合，为信息抽取领域的学习者和研究者提供了一定的指引，具有一定参考价值。

本书共 7 章。第 1 章阐述了信息抽取技术的研究背景及研究意义，介绍了相关任务的发展脉络和研究现状、常用数据集与评价指标。第 2 章简要介绍了信息抽取领域常用的理论和模型架构。第 3～第 6 章分别介绍在实体关系联合抽取、多模态关系抽取、句子级事件抽取、文档级事件抽取等领域的若干创新性工作。最后，在第 7 章中，对信息抽取领域未来的发展趋势进行了展望，为读者提供了前瞻性的见解和研究方向。

特别要感谢葛世奇、李瑾仪、常静娜、姜景虎、侯超旭、王涛等同学在书稿撰写过程中的贡献与帮助，以及张浩然、夏志扬、谢鸿雁、李帆、蒋佳荟、郭琪艺、索攀、罗伟等同学在书稿编辑、校对工作中的辛苦付出。

通过本书，读者将能够系统地理解信息抽取的各个领域和关键环节，从理论到实践，全面把握该领域的关键技术和最新研究进展。本书不仅适合相关领域的研究人员和工程技术人员，也可作为对该领域有兴趣的初学者的学习资料。希望本书能为信息抽取技术的发展贡献一份力量。

目 录

第1章 绪论 1
1.1 研究背景与意义 1
1.2 发展概述 3
1.2.1 实体识别 3
1.2.2 关系抽取 13
1.2.3 实体关系联合抽取 23
1.2.4 事件抽取 26
1.3 数据集 30
1.3.1 ACE2005 数据集 30
1.3.2 ACE2006 数据集 31
1.3.3 ACE2009 数据集 31
1.3.4 SemEval 2010 Task 8 数据集 32
1.3.5 SemEval 2018 Task 7 数据集 32
1.3.6 SemEval 2017 Task 10 数据集 33
1.3.7 CoNLL 数据集 33
1.3.8 GENIA 数据集 34
1.3.9 NYT 数据集 34
1.3.10 GIDS 数据集 35
1.3.11 TAC-KBP 2014 数据集 35

    1.3.12　AIDA 数据集 35
    1.3.13　GEM 数据集 36
    1.3.14　DUIE 数据集 36
    1.3.15　DocRED 数据集 37
    1.3.16　CMeIE 数据集 37
    1.3.17　MNRE 数据集 38
    1.3.18　ADE 数据集 38
    1.3.19　VisualRED 数据集 39
    1.3.20　SciREX 数据集 39
    1.3.21　BioInfer 数据集 40
1.4　评价指标 40
    1.4.1　二分类任务的评价指标 40
    1.4.2　多分类任务的评价指标 43
参考文献 44

第 2 章　理论基础及模型　64

2.1　互信息 64
2.2　信息熵 65
    2.2.1　条件熵 65
    2.2.2　相对熵 65
    2.2.3　交叉熵 65
2.3　依存句法分析 66
2.4　FCNN 67
2.5　CNN 67
2.6　RNN 68
2.7　注意力机制 69
    2.7.1　加性注意力 69
    2.7.2　缩放点积注意力 70
    2.7.3　注意力权重 70

2.8	GNN	70
2.9	对比学习	71
2.10	Transformer	72
	2.10.1 Transformer 的输入处理	73
	2.10.2 Transformer 编码器	73
	2.10.3 Transformer 解码器	74
2.11	预训练语言模型	74
	2.11.1 BERT	74
	2.11.2 GPT	75
	2.11.3 ChatGPT	76
	2.11.4 CLIP	76
参考文献		77

第 3 章 基于冗余降噪策略的实体关系联合抽取　　79

3.1	引言	79
3.2	基于 span 的冗余策略 NER	81
	3.2.1 任务描述及问题定义	82
	3.2.2 方法	84
	3.2.3 实验	90
3.3	基于降噪策略的关系抽取	97
	3.3.1 任务定义及方法描述	97
	3.3.2 方法	99
	3.3.3 实验	104
3.4	基于冗余降噪策略的实体关系抽取	109
	3.4.1 任务定义及方法描述	110
	3.4.2 方法	112
	3.4.3 实验	117
参考文献		121

第 4 章 多模态预训练语言模型及 MRE　　128

4.1	引言	128

4.2 融合互信息的视觉语言预训练模型　　130
4.2.1 任务描述及问题定义　　130
4.2.2 方法　　130
4.2.3 实验　　139

4.3 基于掩码截断和对比学习的视频融合模型　　149
4.3.1 任务定义及方法描述　　149
4.3.2 方法　　151
4.3.3 实验　　156

4.4 MRE　　167
4.4.1 任务定义及方法描述　　167
4.4.2 方法　　168
4.4.3 实验　　172

参考文献　　181

第5章 句法依赖与层次解码的句子级事件抽取　　189
5.1 引言　　189
5.2 融合句法依赖的事件检测　　192
5.2.1 任务描述及问题定义　　192
5.2.2 SSFM-ED 模型　　195
5.2.3 实验　　201
5.2.4 小结　　209

5.3 基于层次解码的论元抽取　　209
5.3.1 任务定义及方法描述　　209
5.3.2 HDM-EAE 模型　　212
5.3.3 实验　　218
5.3.4 小结　　225

5.4 基于信息增强的事件检测和论元角色识别联合抽取　　225
5.4.1 任务定义及方法描述　　225
5.4.2 IEJEE 模型　　227

  5.4.3 实验   231
  5.4.4 小结   234
 5.5 本章小结   235
 参考文献   236

第6章 基于共指消歧的文档级事件抽取   243
 6.1 任务描述及问题定义   243
 6.2 融合句法依存和成分的共指消歧   245
  6.2.1 任务描述及问题定义   245
  6.2.2 SDC-CR 模型   247
  6.2.3 实验   255
 6.3 引入共指消歧的文档级事件抽取   263
  6.3.1 任务定义及方法描述   263
  6.3.2 Core-DEE 模型   267
  6.3.3 实验   275
 6.4 基于抽取式问答的事件原因抽取   283
  6.4.1 任务定义及方法描述   283
  6.4.2 EQA-ERE 模型   285
  6.4.3 实验   289
 参考文献   293

第7章 未来展望   299

第 1 章 绪 论

1.1 研究背景与意义

随着信息技术的飞速发展和社交网络的普及，社交媒体已成为全球范围内信息传播、用户互动和舆论演化的重要平台。海量的社交网络数据不仅涵盖了新闻报道、用户评论、热点话题、社交关系等多维度信息，还为社交舆情分析、事件发现、传播溯源、信息推荐等应用提供了丰富的数据基础。然而，社交媒体上的信息通常以非结构化文本的形式存在，如何准确、高效地从社交网络中抽取有价值的信息，已成为当前信息处理领域的核心挑战之一。

信息抽取（Information Extraction）技术作为解决这一问题的关键手段，能够从社交媒体中自动抽取实体、关系、事件主体、事件客体等结构化信息，为社交网络分析、知识图谱构建、自然语言理解、情报挖掘等提供重要支撑。特别是在大数据与大模型时代，社交网络信息抽取的精确性和效率直接影响网络谣言检测、社交推荐系统、用户画像构建、舆情监测等应用的效果。此外，社交网络中信息的冗余与噪声、动态变化性、短文本表达的不确定性、多模态数据的融合等问题，使得传统的信息抽取方法面临更大的挑战。因此，深入研究社交网络信息抽取技术，对于提升人工智能在社交媒体环境下的智能分析能力，具有重要的理论价值和应用前景。

社交网络信息抽取技术的核心是从社交平台文本数据中自动获取结构化知识，主要包括命名实体识别（Named Entity Recognition）、关系抽取（Relation Extraction）、事件抽取（Event Extraction）等关键任务。这些技术的不断发展，使得社交网络数据的利用方式更加智能化、结构化和高效化，具体体现在以下几个方面。

1. 社交网络文本的关键要素抽取

在社交网络信息处理中，如何高效抽取文本的关键要素，是信息检索、情报分析、风险预警等领域的重要任务。例如，在社交舆情监测中，往往需要从海量的社交网络数据中筛选出特定话题的报道、评论、用户观点，并挖掘其时间、地点、人物、事件等关键要素。利用信息抽取技术，可以准确地从社交网络文本中识别关键信息，帮助构建高效的信息过滤与检索系统，实现对社交网络数据的深度解析。

2. 社交网络知识库的构建与动态更新

社交网络中的知识库建设涉及对用户、机构、社交关系、话题趋势、热点事件等多层次信息的结构化表达。命名实体识别、关系抽取可用于构建社交网络知识图谱，识别用户、组织、地理位置等关键实体及其相互关系；事件抽取可用于构建社交事件图谱，追踪事件的发生、发展、影响及演化趋势。此外，社交媒体中的信息实时性强、更新频繁，因此需要结合实体链接、消歧、知识融合等技术，实现对已构建知识库的动态更新，确保其长期可用性。

3. 社交网络舆情分析与信息溯源

社交网络已成为热点事件传播的主要渠道，如何从海量的社交网络文本中抽取关键信息，并追踪信息的传播路径，是社交舆情分析的重要任务。通过实体识别、关系抽取、事件抽取，可以识别事件的关键人物、地点、组织，并构建事件间的时间序列与因果关系，辅助分析舆情演化趋势，甚至揭示信息传播链条。此外，针对社交网络中的谣言、虚假信息、恶意操控内容，信息抽取技术可用于溯源分析，追踪信息来源、识别关键传播节点，从而提高信息可信度。

4. 社交网络智能推荐与精准营销

在社交媒体环境下，信息推荐系统需要更精确地理解用户兴趣、社交关系和行为模式。通过关系抽取，可以建立用户–兴趣–社交圈层的知识网络，增强推荐系统的个性化效果；事件抽取可识别用户关注的事件主题，优化内容推荐策略。此外，企业在社交媒体上进行品牌传播、精准营销时，利用信息抽取技术可以更好地理解用户需求、分析市场趋势，从而制订更具针对性的营销策略。

5. 可信大语言模型与社交网络文本解析

随着大语言模型的广泛应用，其在社交媒体上的表现受到关注。然而，由于大模型在事实核查、谣言检测、观点抽取等方面仍然存在幻觉和事实错误问题，因此严重影响其在社交场景下的可靠性。高质量的社交网络知识库可以有效减少这些问题，提高大模型在社交媒体环境中的文本解析能力，增强其生成内容的可信度。通过结合实体识别、关系抽取、事件抽取技术，能够优化基于检索增强生成（RAG）的推理能力，提升大模型对社交语境的理解水平。

1.2 发展概述

下面围绕实体识别、关系抽取、实体关系联合抽取、事件抽取等四个主要的信息抽取任务，阐述其相关领域的发展现状。

1.2.1 实体识别

实体识别是重要的信息抽取任务之一，广泛应用于自然语言理解、信息检索、文本摘要、智能问答、机器翻译、知识图谱构建等领域，在人工智能技术的发展中扮演了至关重要的角色。实体识别的核心任务是指出句子中的人物、地点、机构、时间、数值、概念等实体。给定一个由 L 个字符组成的句子 $S=\{w_1,w_2,\cdots,w_L\}$ 和 T 个预先定义的实体类别 $C=\{c_1,c_2,\cdots,c_T\}$，实体识别模型的输出一般是多个（S_{idx}, E_{idx}, c_i）三元组，其中 S_{idx} 表示实体开头的位置，E_{idx} 表示实体结尾的位置，c_i 是该实体对应的类别。一个典型的实体识别模型由输入层、编码层和解码层三部分组成，这三部分均对实体关系联合抽取的模型架构设计有重要影响。因此，下面分别以输入层、编码层和解码层为划分依据，对实体识别的研究现状进行梳理，并分析其在联合抽取应用中存在的问题和挑战。

1.2.1.1 不同输入层的实体识别模型

根据输入信息粒度的不同，现有的实体识别模型可以分为三类：基于单词的方法、基于字符的方法以及混合输入方法。

1. 基于单词的方法

一般而言，实体是句子中某个单词或若干个单词的组合。例如，在句子"[北京邮电大学]位于[北京]市区北三环"中,实体"北京"是一个单词,而实体"北京邮电大学"是"北京""邮电""大学"三个单词的组合。因此,将单词映射到向量空间以作为实体识别模型的基本输入单元成为很多方法的自然选择。传统的单词表示采用 One-hot 编码,即利用二进制向量表示单词,且每个向量中只有一位为 1。因此,单词的向量维度就是词典大小,空间复杂度较高。与此同时,One-hot 编码还存在稀疏性高、无法建模单词相关性、难以表达单词语义特征等缺陷。近年来,许多工作证明了预训练的分布式表示(Distributed Representation),即词向量(Word Embedding),作为单词特征对实体识别模型至关重要。所以,大量工作将获取语义信息丰富、与任务密切相关的词向量作为重要研究内容。例如,Yao 等人基于 PubMed 数据库,利用 Skip-gram 模型训练的词向量构建了一个生物医学领域的实体识别模型 Bio-NER。Nguyen 等人在他们的实体识别模型中,利用 Word2Vec 工具在基于 BOLT 数据扩充的 Gigaword 语料上训练了词向量作为单词表示。Zhai 等人设计了包含语义分割和标注两个子任务的序列标注网络,并使用 SENNA 词向量作为单词初始特征。

在实体关系联合抽取中,也常用单词作为模型输入。例如,Zheng 等人提出一种以单词为基本粒度的序列标注模型,使用 Word2Vec 工具在纽约时报(The New York Times,NYT)数据集上预训练的词向量作为输入特征。Fu 等人在其提出的联合抽取模型中,使用 300 维的 Glove 词向量作为实体识别模块的输入,并在此基础上设计了基于单词信息的长短时记忆单元(Long Short-Term Memory,LSTM)获取上下文特征。Zeng 等人设计了一种巧妙的复制机制实现对目标语句的实体识别,而此复制机制的基础就是高质量的单词语义表示。

2. 基于字符的方法

这种以单词为模型的基本输入单元存在两个缺点:第一,预训练的词向量难以应对罕见词、派生词、专有名词等词表未登录单词(Out-of-Vocabulary,OOV),导致模型鲁棒性和泛化能力较差;第二,在中文、日文等场景中,需要对文本进行分词(Word Segmentation)预处理,导致错误传播问题。为了解决上述缺陷,很多实体识别模型采用字符作为模型输入。常见的获取字符级特征的途径有基于卷积神经网络(Convolutional Neural Network,CNN)的方法和基于循环神经网络(Recurrent Neural Network,RNN)的方法,它们的基础架构如

图 1-1（a）和图 1-1（b）所示。

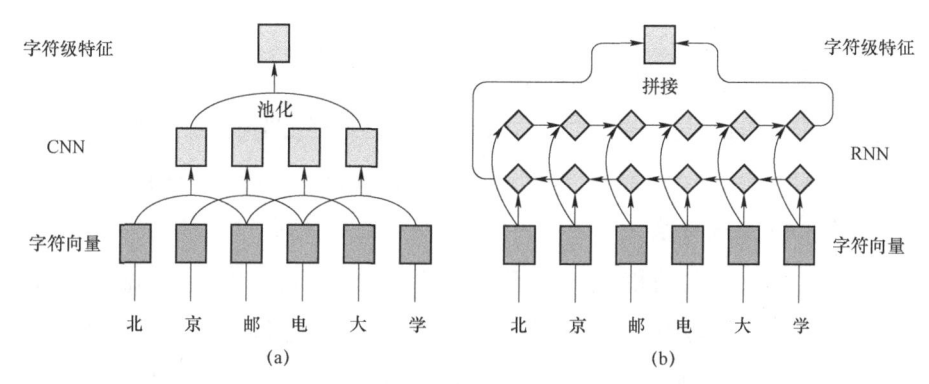

图 1-1　基于 CNN 和 RNN 的字符级特征获取示意图
(a) 基于 CNN 的方法；(b) 基于 RNN 的方法

Ma 等人使用 CNN 获取每个单词的字符级特征，并将其与词向量拼接作为 RNN 编码器（Encoder）的输入。Li 等人在他们的实体识别模型中也是先使用 CNN 抽取字符级特征，而后将其输入到递归神经网络（Recursive Neural Network，RNN）中学习句子表示。相比于 CNN，RNN 更善于捕获字符之间的长距离依赖关系。Kuru 等人提出了完全基于字符的实体识别模型，该模型将句子视作一个字符序列，利用 LSTM 网络直接获取每个字符的特征表示，并在此基础上进行序列标注。Rei 等人将字符级特征与单词级特征融合在一起作为模型输入，并设计了一种门控机制来根据需求动态调整字符和单词信息的占比。Tran 等人设计了一种基于堆叠残差 LSTM 和可训练偏差解码的实体识别模型，其中的单词表示就是由预训练词向量和基于 RNN 的字符级特征组合而来。Yang 等人提出了一种跨语言多任务训练框架，该框架采用双向门控循环单元（Bi-directional Gated Recurrent Unit，Bi-GRU）结构从单词的字符序列中学习丰富的形态信息，而后将字符级特征和词向量拼接作为单词的最终表示。

3. 混合输入方法

除了单词本身的语义信息和字符信息之外，引入位置（Position）、词性（Part of Speech，POS）、地名词典（Gazetter）、词汇相似度（Lexical Similarity）、依存结构（Dependency Structure）、视觉特征（Visual Features）等外部知识也能显著提升实体识别模型的性能。因此，大量研究将多种外部知识与单词和字符信息结合作为实体识别模型的输入。混合输入方法的实体识别非本书重点，此处不再赘述。读者如有兴趣，建议阅读原论文。

1.2.1.2 不同编码层的实体识别模型

根据编码层的不同，现有的实体识别模型可以分为四类：基于 CNN 的方法、基于 RNN 的方法、基于递归神经网络的方法、基于 Transformer 的方法。

1. 基于 CNN 的方法

在情感分析、立场检测、关系抽取等自然语言处理（Natural Language Processing，NLP）任务中，对预测结果起决定性作用的往往是局部的单词或短语。因此，研究人员受到 N-grams 语言模型的启发，使用一维卷积神经网络（One-dimensional Convolutional Neural Network，1D-CNN）建模句子以分析和表征其语义内容。设向量 x_i 为句子 S 的第 i 个单词表示，M 是需要训练的权重矩阵，1D-CNN 的核心思想就是将 M 与句子中的每 m 个连续单词表示相乘以获取其对应的 m-gram 特征 c_j，即

$$c_j = M^T x_{j-m+1:j} \qquad (1-1)$$

其中，$x_{i:j}$[①]表示从 x_i 到 x_j 的向量拼接。由于 CNN 步长的原因，1D-CNN 得到的 m-gram 特征表示个数要小于句子中的单词个数。为了让特征与单词一一对应以便于序列标注，一般还需要对输入特征的两侧进行空白填充。基于这种架构，Yao 等人提出了 Bio-NER。Wu 等人使用 CNN 获取局部特征，并与全局特征一起作为仿射网络的输入来完成临床领域的实体识别。

除此之外，CNN 还经常用于改进 RNN 的不足。例如，Zhou 等人研究发现，由于 RNN 是顺序输入的，因此后输入的词语对句子表示的影响更大。然而实际上对分类结果起决定性作用的单词或者短语可能出现在句子的任意位置。因此，与直接使用 CNN 学习句子特征不同，他们提出的模型首先使用 LSTM 网络学习单词级的表示，而后用 CNN 配合最大池化（Max-pooling）捕获句子中的关键特征。Strubell 等人针对 RNN 并行能力差、运算速度慢的问题，设计了迭代空调卷积神经网络（Iterated Dilated Convolutional Neural Network，ID-CNN）。该网络去掉了传统 CNN 中的池化层，通过在卷积核（Filter）中增加空洞来扩大局部

---

① $x_{i:j}$ 为通用表达的简写，$x_{i:j}$ 中的 i 表示式（1-1）中的（$j-m+1$）。

视野,从而达到学习句子全局特征的目的。图 1-2 展示了一个步长为 3、层数为 4 的 ID-CNN 模型。实验证明,该模型在效果相当的情况下,推理速度显著快于以 LSTM 作为编码器的方法。

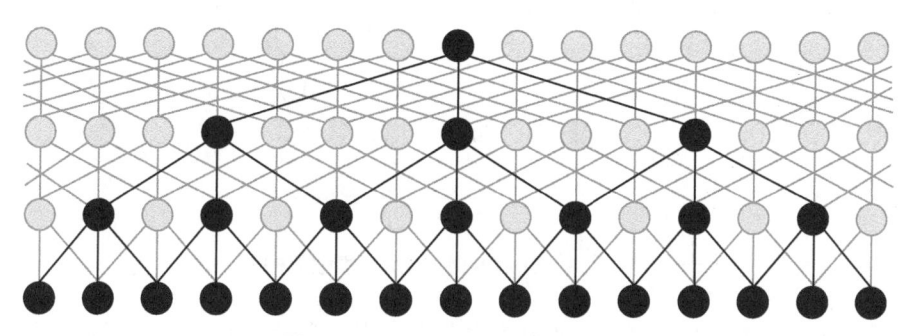

图 1-2 ID-CNN 模型架构图

2. 基于 RNN 的方法

RNN 及其变体(LSTM、GRU 等)长期以来一直是自然语言建模的首选,在实体识别领域取得了丰硕的成果。其中,最经典、影响力最大的模型就是 Bi-LSTM-CRF,其架构图如图 1-3 所示。该模型使用 BIO 标签标注实体,其中 B 表示对应单词是一个实体的开头,I 表示对应单词是实体的中间部分,O 表示非实体信息。Bi-LSTM-CRF 模型主要包括双向 LSTM(Bi-LSTM)网络和条件随机场(Conditional Random Field,CRF)两个模块:Bi-LSTM 以词向量和字符向量为输入,输出每个单词对应的特征,这些特征同时也是 CRF 层的原始输入;CRF 层的目的是学习标签之间状态转移分数 $[A_{i,j}]$,也可以理解为标签之间的约束——如果已经预测某个单词的标签是 B-LOC(地点 Location 的开头),那么其后单词所对应的标签就不可能是 I-ORG(组织 Organization 的中间)。句子和标签序列的总体分数计算如下

$$s([w]_1^T, [i]_1^T, \tilde{\theta}) = \sum_{t=1}^{T}([A]_{[i]_{t-1},[i]_t} + [f_\theta]_{[i]_t}, t) \qquad (1-2)$$

其中,$[w]_1^T$ 为所有时刻的单词,即整个输入语句;$[i]_1^T$ 为标签序列;θ 为新的参数;$[A]_{[i]_{t-1},[i]_t}$ 为 $t-1$ 时刻的单词标签转移到 t 时刻单词标签的转移分数;$[f_\theta]_{[i]_t}$ 为输入序列的 t 时刻单词标签为 i 且参数为 θ 时 Bi-LSTM 网络的输出分数。

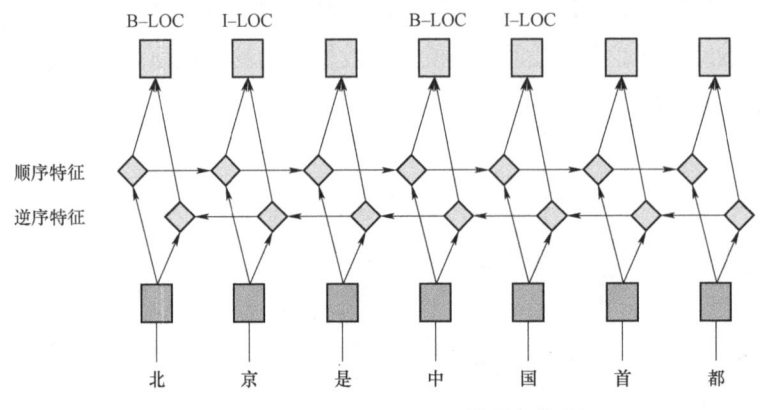

图 1-3 Bi-LSTM-CRF 模型架构图

因为 Bi-LSTM-CRF 模型在实体识别任务上的巨大成功,所以许多后续的实体识别及实体关系联合抽取研究同样使用 Bi-LSTM 网络作为主体编码层。

3. 基于递归神经网络的方法

递归神经网络,又称结构循环神经网络,是为了解决传统基于时序的 RNN 只能建模线性关联的不足而提出的。历经多年发展,其已经成为深度学习领域的重要编码方式之一。该网络将输入语句建模为树状拓扑结构,令节点之间的信息按连接顺序进行传播。例如,Li 等人发现,实体识别结果和句子的语言结构是密切相关的:首先,实体更有可能是名词;其次,实体更有可能是句子中的单词、短语等基本语义单元。然而,传统的 RNN 是无法学习到这些结构化信息的。因此,使用递归神经网络,首先确定句子中文本片段的语言成分来识别哪些文本片段更有可能是实体,而后使用成分结构树对这些文本片段进行分类。虽然取得了显著的效果,但是递归神经网络的缺陷也很明显——需要使用其他算法或者工具预先确定输入语句的拓扑结构。这在增加数据预处理难度的同时,还会造成错误传播问题。

4. 基于 Transformer 的方法

如前文所述,RNN 难以并行计算,而 CNN 无法建模句子的全局依赖,Transformer 的出现打破了这一困境。该模型最早应用于机器翻译领域,与大多数 Seq2Seq（Sequence-to-Sequence）模型一样,Transformer 也是由编码器和解码

器（Decoder）两部分组成的。其中，编码器由 6 个堆叠的相同编码层组成，每层的输入都是上一层的输出，即

$$\text{Layer}_{i+1}(x) = \text{LayerNorm}(x + \text{Layer}_i(x)) \tag{1-3}$$

其中，$x + \text{Layer}_i(x)$ 表示残差连接（Residual Connection）。一个编码层主要包括两个计算步骤：多头自注意力（Multi-head Self-attention）和线性变换。多头自注意力首先通过 n 个不同的线性变换对普通自注意力机制中的 Q、K、V 进行投影，其中 n 为"头"的个数；而后将不同线性变换的注意力结果拼接起来：

$$\text{head}_i = \text{Attention}(\boldsymbol{QW}_i^Q, \boldsymbol{KW}_i^K, \boldsymbol{VW}_i^V) \tag{1-4}$$

$$\text{MultiHead}(\boldsymbol{Q}, \boldsymbol{K}, \boldsymbol{V}) = \text{Concat}(\text{head}_1, \text{head}_2, \cdots, \text{head}_n)\boldsymbol{W} \tag{1-5}$$

Transformer 中的自注意力机制计算过程如下

$$\text{Attention}(\boldsymbol{Q}, \boldsymbol{K}, \boldsymbol{V}) = \text{Softmax}\left(\frac{\boldsymbol{QK}^\text{T}}{\sqrt{d_k}}\right) \tag{1-6}$$

其中，d_k 为输入向量的维度。

解码器的结构与编码器类似，区别是解码器在计算注意力时，会使用掩膜掩码机制遮盖掉未来的信息。由于 Transformer 的计算过程以自注意力为主，因此它既可以支持高效的并行计算，又能有效获取输入信息的全局依赖。近年来，随着 GPT、BERT 等基于 Transformer 的预训练语言模型相继问世，使用预训练的 Transformer 及其变体作为编码器已成为实体识别和实体关系联合抽取领域的主流方式。具体实践主要有两种方式：第一，用预训练语言模型输出的单词向量表示替换传统的词向量作为 CNN、RNN 等网络的输入；第二，将预训练语言模型作为实体识别的编码器，在此基础上使用训练数据进行微调（Fine-tuning）。一般而言，后者效果优于前者。

1.2.1.3　不同解码层的实体识别模型

实体识别模型解码层的任务是根据每个单词或字符编码后的语义表示预测其对应的角色标签（如 B、I、O）。主流的解码方式有分类网络、CRF、RNN 和指针网络（Pointer Network）四种。在实体关系联合抽取中，关系抽取往往和实体解码结合在一起。因此，实体识别模型的解码层对实体关系联合抽取的架构设计同样有重要影响。

1. 分类网络解码

实体识别是一个序列标注任务，即为每一个输入单词或字符预测其对应的 B、I、O 等标签最直接的做法就是利用全连接分类网络对编码层的每一个输出进行多分类。设 h_i 为输入序列中的第 i 个单元的语义表示，该分类过程可以形式化定义为

$$(y_i|h_i) = \text{Softmax}(W^\mathrm{T} h_i + b) \quad (1-7)$$

其中，y_i 表示输入序列中的第 i 个单元所对应的标签。上述方法的优势就是简单、快捷；缺点是在分类过程中孤立地对待每个标签，忽略了标签之间的依赖特性。

2. CRF 解码

CRF 解码可以有效建模标签之间的依赖关系，因此广泛应用于实体识别模型的解码层。设 $h = (h_1, h_2, \cdots, h_n)$ 为输入序列中每个单元的语义表示，$y = (y_1, y_2, \cdots, y_n)$ 为对应的标签序列。CRF 的解码过程可以形式化定义为

$$P(y|h) = \frac{1}{Z(h)} \exp\left(\sum_{i=1}^{n}(W^\mathrm{T} y_i h_i + b_{y_i}) + \sum_{i=1}^{n-1} T_{y_i, y_{i+1}} \right) \quad (1-8)$$

其中，$Z(h)$ 是归一化因子，确保概率和为 1；W 是权重矩阵；b 是偏置向量；$T_{y_i, y_{i+1}}$ 表示标签 y_i 和 y_{i+1} 之间的转移特性。CRF 方法的优势在于能够有效地建模标签之间的依赖关系，从而提高预测的整体一致性和准确性；缺点是计算复杂度较高，特别是在长序列上进行训练和解码时。这种方法通过全局优化标签序列的概率，确保得到的输出序列在整体上是最优的。

3. RNN 解码

研究人员使用 CRF 层作为实体识别模型解码器的目的，是为了建模标签之间的依赖。但是当实体标签类别过多时，巨大的搜索空间会显著降低 CRF 层的解码速度。因此，一些研究使用 RNN 解码实体标签。就像机器翻译一样，解码器将所有单词对应的标签视为一个输出序列逐次生成。例如，输入语句是"北京邮电大学位于中国北京"，则模型对其"翻译"的结果就是"[Start]、B-ORG、I-ORG、I-ORG、I-ORG、I-ORG、I-ORG、O、O、B-LOC、I-LOC、B-LOC、I-LOC、[End]"，其中[Start]和[End]分别表示生成序列的开始和结束。

4. 指针网络解码

实体识别任务的目的是指出"句子中"的实体，换而言之，实体识别的结果

一定是输入语句中已经存在的单词序列。指针网络恰好可以有效应对这种输出序列是输入序列子集的情况，因此，在实体识别和实体关系联合抽取领域广泛使用。如图 1-4 所示，利用指针网络进行实体识别主要分为两步：首先，对句子进行语义分割，即判断句子中的哪些连续字符可以组成单词或者短语；然后，对前一步的分割结果分类。上述两个步骤会不断重复直到完全遍历输入序列。

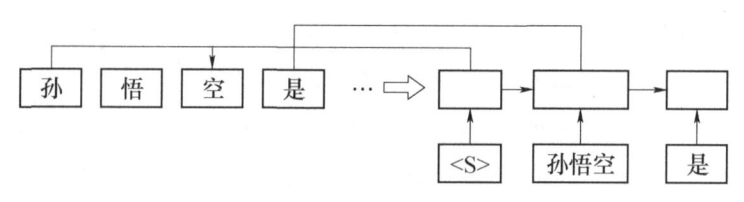

图 1-4 指针网络示意图

1.2.1.4 多模态实体识别

多模态实体识别任务首次在 2018 年由 Moon 等人提出，并构建了源自 Twitter 社交平台的 Twitter-2015 数据集，每个样本由一句文本和一张图像构成。Moon 等人提出了一种基于 Bi-LSTM 和 RNN 的方法，他们使用 RNN 编码图像所蕴含的特征，并通过 Bi-LSTM 编码文本所蕴含的特征，然后使用基于注意力的方法将图像特征和文本特征融合到一起，实现两种模态特征互补增强，最终提升下游任务的效果。随后，Lu 等人进一步提出了 SNAP 以及 Twitter 数据集，并使用 Bi-LSTM 和 CNN 分别编码文本特征和图像特征。与 Moon 等人的方法不同的是，Lu 等人结合视觉注意力探索图像特征中对于文本帮助较大的部分，并通过门控机制将图像特征融合到文本信息中。Zhan 等人进一步构建了协同注意力机制帮助文本特征和图像特征之间进行深层交互，尝试建模图像和文本之间的语义关系。以上方法将图像特征和文本特征融合到一起，令图像信息补充了文本所缺失的信息，进而提升了最终下游任务的效果。然而，上述方法将全部的图像信息和文本信息不加选择地融合到一起，忽略了一个重要事实：多模态实体识别任务的数据集来源于 Twitter 社交平台中用户发表的帖子，其中的文本信息和图像信息之间的相关性并没有得到保证。图像信息往往仅和一部分文本信息相关，甚至和文本信息完全不相关。

为了减少不相关图像带来的噪声，Yu 等人提出 UMT 方法，使用编码能力更强的 BERT 预训练模型和 ResNet 预训练模型分别编码文本和图像语义信息，并且使用基于 Attention 的方法，依据学习到的重要性将图像信息融入文本信息中。此外，Zhang 等人提出 UMGF 方法，将 BERT 预训练模型和 ResNet 预训练模型输出的文本特征向量和视觉特征向量视为节点并构建为图，通过图神经网络（Graph Neural Network，GNN）的方式，学习文本特征和视觉特征之间的对应关系。Chen 等人认为 BERT 预训练模型中的十二层 Transformer 注意力与 ResNet 预训练模型中四个 Block 具有不同的对应关系，并提出了动态路径映射模块学习 BERT 模型中十二层 Transformer 注意力和 ResNet 模型中四个 Block 之间的对应关系。与之前方法不同的是，Chen 等人将 ResNet 模型抽取的图像特征直接插入 BERT 模型的十二层 Transformer 注意力模块中，并依据动态路径映射模块学习到的不同 Block 和 Transformer 注意力之间的对应关系，为图像特征赋予不同的权值，完成多模态信息融合。由于使用能力更强的文本编码器和视觉编码器抽取出文本和图像的深层次特征，因此上述方法相比以往方法获得了极大提升。同时，基于 Attention 的方法、基于 GNN 的方法，以及基于动态路径映射的方法解决了部分图文之间相关性的问题，不相关的图像信息较少地融入文本信息中。

  Sun 等人提出了 RpBERT 方法，旨在进一步解决不相关图像的识别和融合问题。Sun 等人使用额外的图文数据集，以图文间相关性为任务训练了一个线性分类器，判断给定的图像和文本之间的对应关系，并训练了多模态 BERT 模型，同时进行图文相关性判断以及多模态信息融合。Chen 等人提出了 BGA－MNER 方法，采用跨模态生成式的方法对齐图像和文本。BGA－MNER 将图像和文本视为彼此不同模态中的表示，主旨思想是图像和文本具备相同的信息，从任意一种模态的表示可以生成另一种模态的表示。例如，使用图像特征生成对应的文本特征，或使用文本特征生成对应的图像特征。双向的生成方法间接对齐图像和文本中包含的信息。Wang 等人提出 ITA 方法，使用三种技术直接从图像中抽取所包含的知识：使用 OCR 技术从包含文字的图像中抽取文字；使用目标检测技术从图像中识别出视觉对象以及相应标签；使用 Image Caption 技术为每张图像生成一段描述。将上述技术获得的结果与原始文本进行拼接后，使用 BERT 模型进行语义抽取。从图像中抽取的各种知识辅助了原始文本中的实体识别。Wang 等人和 Li 等人分别提出了 MoPE 和 PGIM 方法，通过召回额外的文本知识辅助原始文本中的实体识别。MoPE 方法利用已有的文本和图像，通过搜索引擎检索相关的文本，并将检索文本和原始文本拼接后,使用 BERT 编码拼接文本的语义知识。PGIM 方法则是利用了 ChatGPT 大语言模型,通过 Prompt 方法令 ChatGPT 输出文本中实体的大量背景知识以及推断过程,并将其视为实体的解释性证据。将这些证据与原始文本拼接后,使用 BERT 模型抽取拼接文本中包含的语义知识,并完成实体识别任务。

尽管上述方法取得了有效的进展,但是针对图像和文本之间的细粒度相关性的问题依然没有得到很好的解决。现有方法的重心依然在融合图像信息或以图像为媒介检索外部证据辅助现有文本中的实体识别。然而,基于检索的方法导致了额外的成本和推理时间,造成了实用性的下降。而旨在融合图像信息的方法存在两个缺陷:一是模态间的匹配问题,缺乏图像和文本之间是否在语义上相关的判断,以及图像和文本之间的相关性的先验知识,语义不相关的图像信息融合到文本表征中,会引入额外的噪声并影响最终性能;二是文本对象和视觉对象的对齐问题,图像中包含多种信息,这些信息与文本中的不同部分呈现出对应关系。因此,精确地对齐图像和文本中的信息,可以确保每个实体仅学习到与其自身相关的视觉知识,从而提高多模态关系抽取(Multimodal Relation Extraction,MRE)任务的准确性和可靠性。

1.2.2 关系抽取

关系抽取的目的,是判断一句话中的两个实体之间是否存在特定的语义关系。作为信息抽取的核心任务之一,关系抽取广泛用于智能问答、语义检索、知识表示等领域。从上述定义可知,关系抽取任务有以下两个特点。第一,两个实体之间是有顺序区分的。例如,给定句子"北京是中国的政治、文化中心"和实体对(中国,北京),关系抽取的结果就是"首都"和"包含";如果将实体顺序更改为(北京,中国),则关系抽取的结果就变成了"位于"。第二,关系抽取的结果是依赖于句子语义的。例如,针对句子"北京不是中国面积最大的城市"和实体对(中国,北京),关系抽取的结果则只有"包含",并没有"首都"。

起初,研究人员将关系抽取视作单纯的文本分类任务:对于一个由 L 个字符组成的句子 $S=\{w_1, w_2, \cdots, w_L\}$,一个实体对 (h,t),以及 K 个预定义关系 $R=\{r_1, r_2, \cdots, r_K\}$,首先将单词 w_i 映射到向量空间 $\boldsymbol{x}_i$ 作为模型的输入。然后,利

用 CNN、RNN 等网络获取句子语义表示 $h \in \mathbb{R}^{1 \times d}$，即

$$h = \text{Encoder}([x_1, x_2, \cdots, x_L]) \quad (1-9)$$

其中，Encoder 表示句子编码器。最后，利用一个 K 分类网络得到句子中的实体对所表达的关系

$$\text{Output} = \text{Softmax}(hR^{\text{T}} + b) \quad (1-10)$$

其中，$R \in \mathbb{R}^{K \times d}$ 是随机初始化的关系向量表示，d 是句子特征和关系向量的维度。

后来，随着研究的不断深入，研究人员意识到关系抽取与普通文本分类之间存在较大差异，主要体现在以下两个方面。

第一，实体对关系抽取结果有重要影响。针对同一句话中的不同实体对，关系抽取的结果有可能是不同的。例如，句子"北京向中国的邻居蒙古表达了感谢"中，实体对（中国，北京）之间的关系是"首都"；而实体对（中国，蒙古）之间的关系是"邻国"。换而言之，如果实体对是（中国，北京），那么关系抽取模型应该更关注句子的前半部分；如果实体对是（中国，蒙古），那么关系抽取模型应该更关注句子的后半部分。因此，与传统的文本分类任务不同，关系抽取中的预设实体对既影响模型对句子的语义理解，又决定模型对句子的结构建模。

第二，关系抽取严重缺乏大规模训练数据。传统文本分类任务的预测标签较为固定，如立场检测（Stance Detection）就是分析人对个体、事物、事件等所表现出来的"支持""中立""反对"等看法；情感分析（Sentiment Classification）就是将带有感情色彩的主观性文本分为"正向""负向"等情感极性。由于预测标签较为固定，因此这些文本分类任务只需要相对大量的标注数据就能训练出可实际应用的模型。然而，关系抽取中的"关系标签"是严格依赖于领域和场景的。例如，同样是针对"人"这一类实体，在学校里就会关注他们之间的"师姐""师弟""导师"等关系；在职场中则会关注"领导""同事""合作"等关系。因此，随着应用领域和场景的不断变化，关系抽取任务永远都缺乏大规模标注数据集。

上述差异使得关系抽取领域演化出两个重要的研究方向：① 关系分类（Relation Classification）；② 远程监督关系抽取（Distant Supervised Relation Extraction）。

事实上，关系抽取存在很多子任务。例如，按照输入语句粒度可以分为句子

级关系抽取（Sentence-level Relation Extraction）、句包级关系抽取（Sentence-bag Level Relation Extraction）、文档级关系抽取（Document-level Relation Extraction）等；按照训练数据的标注程度可以分为监督关系抽取（Supervised Relation Extraction）、半监督关系抽取（Semi-supervised Relation Extraction）、远程监督关系抽取及开放域关系抽取（Open-domain Relation Extraction）等；按照模型设计思路可以分为基于问答的关系抽取（Question-answering based Relation Extraction）、基于生成的关系抽取（Generation based Relation Extraction）、基于分类的关系抽取（Classification based Relation Extraction）等。值得注意的是，不同任务的侧重点是不同的，例如，监督关系抽取聚焦于高质量语义表示，句包级关系抽取关注句包特征学习，基于生成的关系抽取侧重于建模关系依赖等。本节主要讨论最常见的关系分类及远程监督关系抽取。

1.2.2.1 关系分类

关系分类，泛指在标注数据基础上，充分考虑关系抽取任务本身特点而进行的文本分类，包括监督关系抽取及部分远程监督关系抽取。在下文中，就实体对句子语义的影响、实体对句子结构的影响、关系模式（Relational Pattern）识别等重要研究内容进行详细说明，并介绍其代表性工作。

1. 实体对句子语义的影响

针对同一个句子的不同实体对，关系抽取的结果是不同的。因此，模型需要根据不同的实体对学习句子对应的语义表示。解决这一问题的方法主要有两种。

1）相对位置特征

Zeng 等人在研究中发现了一个有趣的现象：在一句话中，距离实体较近的单词更有可能表达实体之间的关系。例如，"曹雪芹的作品《红楼梦》是中国古代文学史中的瑰宝"中，关键词"作品"直接表达了实体对（曹雪芹，红楼梦）之间的"著作"关系。因此，他们提出了位置特征（Position Feature）的概念：一个单词或者字符的位置特征指其到两个实体的相对距离。如图 1-5 所示，字符"作"到实体"曹雪芹"的距离为 2（2−0=2），到实体"红楼梦"的距离为 −2（2−4=−2）。因此，字符"作"在这句话中的位置特征就是（2，−2）。为了与绝对位置特征区分，本书将其称为相对位置特征。

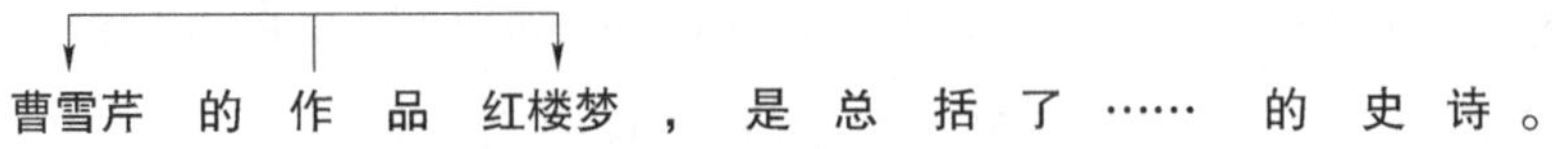

曹雪芹 的 作品 红楼梦 ， 是 总 括 了 …… 的 史 诗 。

图1-5 相对位置特征示意图

在实践中，假如句子长度为 L，预先随机初始化一个形状为 $L \times d_p$ 的矩阵 $\boldsymbol{P}$ 作为相对位置向量表，d_p 为向量维度。然后，为句子中的每一个单词或者字符计算其对应的相对位置特征，并根据特征从矩阵 $\boldsymbol{P}$ 中查询对应的位置向量 $\boldsymbol{p}_i^h$ 和 $\boldsymbol{p}_i^t$。其中，$\boldsymbol{p}_i^h$ 指句子中的第 i 个单词或字符相对于头实体的位置向量；$\boldsymbol{p}_i^t$ 同理。最后，每个输入单词的特征表示就是其词向量与两个位置向量的拼接，即

$$\boldsymbol{x}_i = [\boldsymbol{w}_i; \boldsymbol{p}_i^h; \boldsymbol{p}_i^t] \tag{1-11}$$

其中，$\boldsymbol{w}_i$ 表示第 i 个单词所对应的词向量。当句子中的实体对发生变化时，每个单词或者字符的相对位置特征会对应产生变化。因此，句子所对应的输入特征及模型编码后的语义表示也会随之改变。实验证明，在 SemEval 2010 Task 8 数据集上，相比于只使用预训练词向量作为单词表示，模型在使用相对位置特征之后的 F1 值从 69.7 提升至 78.9。由于该相对位置特征原理直观、实现快捷且效果显著，因此已几乎成为基于深度学习的关系抽取模型的必备组件。

2）注意力机制

另一种常用的根据实体对建模句子语义的方法，就是注意力机制。其背后的思想非常直观：针对不同的实体对，每个单词在计算句子语义表示时的贡献是不同的。因此，通过注意力机制为每个单词分配特定的权重，从而动态调整其对句子语义表示的影响。

设 w_i 是句子中的第 i 个单词的向量表示，h 和 t 分别是头实体和尾实体的向量表示，则第 i 个单词的最终表示为

$$\boldsymbol{x}_i^h = [\boldsymbol{w}_i : \boldsymbol{h}] \tag{1-12}$$

$$\boldsymbol{x}_i^t = [\boldsymbol{w}_i : \boldsymbol{t}] \tag{1-13}$$

则第 i 个单词和两个实体之间的关联性分别为

$$\boldsymbol{u}_i^h = W_a[\sigma(W_h \boldsymbol{x}_i^h + \boldsymbol{b}_h)] + \boldsymbol{b}_a \tag{1-14}$$

$$\boldsymbol{u}_i^t = W_a[\sigma(W_h \boldsymbol{x}_i^t + \boldsymbol{b}_t)] + \boldsymbol{b}_b \tag{1-15}$$

其中，u_i^h 表示第 i 个单词与头实体之间的相关性；u_i^t 表示第 i 个单词与尾实体之间的相关性；$\sigma(\cdot)$ 为 tanh、ReLU 等激活函数；W 和 b 是可训练的权重矩阵。接着，需要进一步缩放单词相对于实体的权重，以头实体为例

$$\alpha_i^h = \frac{\exp(u_i^h)}{\sum_{i=1}^{L}\exp(u_i^h)} \qquad (1-16)$$

最后，句子相对于两个实体的表示可由所有单词加权求和而得

$$s^h = \sum_{i=1}^{L}\alpha_i^h w_i \qquad (1-17)$$

$$s^t = \sum_{i=1}^{L}\alpha_i^t w_i \qquad (1-18)$$

s^h 和 s^t 是比单词表示更高层次的特征。因此，模型可以在 s^h 和 s^t 的基础上，进一步堆叠网络架构以获取句子级特征表示并预测其关系。值得注意的是，式（1-17）、式（1-18）的单词表示 w_i 不光是词向量，也可以是通过 ID-CNN、RNN、Bi-LSTM 等深度神经网络学习到的单词语义表示。

2. 实体对句子结构的影响

Zeng 等人研究发现，一句话中的两个实体自然地将文本分成了三个片段（实体对之前、实体对之中、实体对之后），且表达目标关系的关键特征可能出现在任意片段之中。为了更准确地捕获句子中的关键特征，他们提出了分段卷积神经网络（Piecewise Convolutional Neural Network，PCNN）。如图 1-6 所示，PCNN

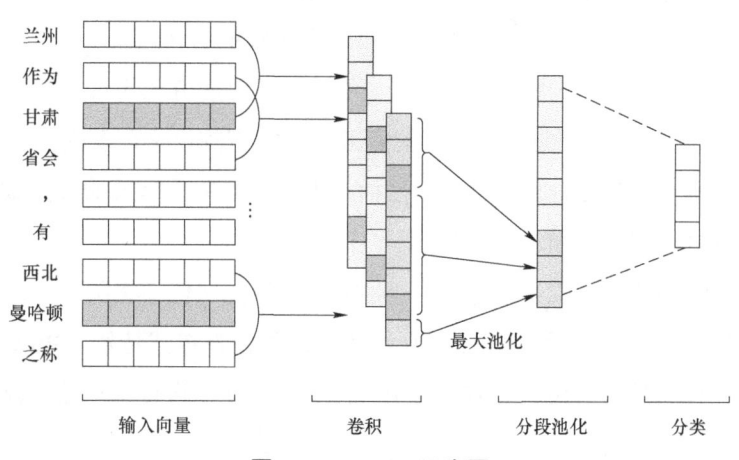

图 1-6　PCNN 示意图

的核心思想是根据实体位置将每个卷积核得到的特征划分为三部分,而后分别进行最大池化。这样,相当于在句子语义表示学习过程中人为强调了实体位置对句子结构的影响。

向量 x_i 为句子 S 的第 i 个单词表示,M 是需要训练的权重矩阵,PCNN 首先使用 1D-CNN 获取每个单词对应的 m-gram 特征 c,即

$$c_j = M^T x_{j-m+1:j} \qquad (1-19)$$

其中,$x_{i:j}$ 表示从 x_i 到 x_j 的向量拼接。原始卷积得到的特征 c_j 的个数为 $L-m+1$ 个,比单词数量少,因此要对输入矩阵的边界做填充,最终得到句子 S 对应的特征图 $C_i = \{c_1, c_2, \cdots, c_L\}$。

接下来,利用实体对的位置 (h,t),将每一个特征图 C_i 切分为三部分 $\{C_{i1}, C_{i2}, C_{i3}\}$。

之后,对切分完成的特征图进行分段最大池化,这里的分段指对上一步切分出来的三个部分分别进行最大池化,最后得到句子 S 的语义表示

$$s_i = [q_{i1}; q_{i2}; q_{i3}] \qquad (1-20)$$

其中,$q_{ij} = \max(C_{ij}), j \in \{1,2,3\}$。

由于 PCNN 能有效建模句子和实体的结构化特征,因此广泛应用于各类关系抽取模型之中并取得了优异的性能。

3. 关系模式识别

除了学习实体对句子的影响之外,关系分类方法还有一个重要的研究内容——挖掘句子中真正表达目标关系的特征,即关系模式识别。例如,句子"孙悟空出生在花果山"中,根据关键词"出生",可以轻易地知道这句话很有可能表达关系"出生地"。显然,挖掘关系模式能有效提升模型的语义理解能力、降低预测时的潜在搜索空间并提升预测效果。然而,由于缺乏关系模式的标注数据,因此模型无法直接学到部分知识。

目前主流的关系模式识别方法有两种:① 利用句法依存树配合注意力机制提升相关短语的权重;② 利用无监督自注意力网络挖掘模式特征(PSAN-RE)。由于第一种方法需要依赖第三方句法分析工具,存在错误传播问题,因此只介绍第二种方法 PSAN-RE。

给定一个由 L 个字符组成的句子 $S = \{w_1, w_2, \cdots, w_L\}$，PSAN-RE 用内积建模两个字符之间的相关性

$$c_{i,i+1} = \frac{q_i k_{i+1}}{\sqrt{d}} \qquad (1-21)$$

其中，q_i 表示第 i 个字符所对应的查询向量；k_{i+1} 是它的下一个字符所对应的值向量。上述计算步骤可以通过一步掩码自注意力操作并行求得。然后，计算任意两个相邻字符属于同一个关系模式的概率 p_i 为

$$p_i = \sqrt{c_{i,i+1} \cdot c_{i+1,i}} \qquad (1-22)$$

如果 p_i 的值较大，则说明 w_i 和 w_{i+1} 很有可能属于同一个关系模式，反之亦然。在此基础上，任意字符序列是否为关系模式的概率就可通过如下计算得到

$$p_{i:j} = \prod_{k=i}^{j-1} p_k \qquad (1-23)$$

$p_{i:j}$ 表示从字符 w_i 到字符 w_j 所组成的序列是关系模式的概率。值得注意的是，在式（1-23）中使用了连乘，而非加法来计算总体概率。其背后的原因有两个：首先，与加法相比，乘法能够更加精确地刻画关系模式边界，例如，如果 p_k 的值很小，那么所有包含 p_k 的序列在连乘之后的概率都会很小；其次，使用乘法相当于变相地鼓励模型划分更多、更短的关系模式。因为即便每一个概率值 p_k 都很大，当序列足够长时，$p_{i:j}$ 都会趋近于零。

上述方法可以获得句子中所有关系模式的概率分布，将其应用到语义特征表示、句子结构划分等多个场景中，从而提升关系抽取的性能。

1.2.2.2　远程监督关系抽取

起初，研究人员将关系抽取视作一个单纯的文本分类任务，使用人工构造的特征来训练关系分类器。随着应用领域不断增多、业务场景越发丰富，标注训练数据短缺的问题日益凸显。为了解决这一问题，Mintz 等人提出了远程监督方法，希望借用已有大规模知识图谱的帮助来自动生成标注数据。该方法的核心假设是假如知识图谱中存在（实体 a，关系 r，实体 b），那么所有包含"实体 a"和"实体 b"的句子都表达了"关系 r"。显然，这一假设太过绝对。因此，使用远程监督方法构建的关系抽取数据集中往往存在大量错误标注的噪声数据。

为了解决噪声问题，Riedel 等人提出了"至少一个成立"（Expressed at least

Once）假设，他们将所有包含相同实体对的句子组成一个句包，认为整个句包中至少有一个句子表达了远程监督方法所标注的关系。对应的，模型所预测的关系也是整个句包的，而非特定语句的。至此，远程监督关系抽取进入了多实例学习（Multi-instance Learning，MIL）时代。显然，Riedel 等人的假设依然存在缺陷：第一，有可能句包中的所有句子都不表达目标关系，这会导致训练过程错误；第二，有可能句包中的多个语句都表达了目标关系，这会造成训练数据的浪费。为了解决这一问题，Hoffmann 等人将多实例学习改进为多实例多标签学习（Multi-instance Multi-label Learning，MIML）。至此，远程监督关系抽取任务的基本范式已经形成。

近年来，随着深度学习技术的快速发展，大量研究工作探索如何在 MIML 框架下利用深度神经网络进行远程监督关系抽取。其中，Zeng 等人在"至少一个成立"假设的基础上设计 PCNN 建模实体和句子的结构化特征。然而，他们忽略了句包中其他句子的信息。为了解决这一问题，Lin 等人将注意力机制应用于句包特征融合，并提出了 PCNN+ATT 模型。该方法以目标关系为查询向量，通过注意力机制为句包中的每个句子分配不同的权重，最终的句包表示就是其中所有句子特征的加权求和。后来，很多在 PCNN+ATT 基础上的改进工作相继提出。例如，Yuan 等人利用非独立同分布（Non-independent and Identical Distribution）假设为句包中的句子及句子中的每个单词分配不同的权重；Ye 等人同时考虑句包之内和句包之间（Intra-bag and Inter-bag）的相关性，从句子和句包两个维度入手消除噪声；Shang 等人提出了将噪声数据转化为有用的训练数据的思想，利用深度无监督聚类为所有的噪声数据生成新的标签；Gou 等人利用实体作为查询向量动态决定句子中的每个单词对句子语义表示的贡献；Zhao 等人将分层神经网络与帧语义结合在一起处理噪声；Yu 等人根据关系之间的树形结构，将关系抽取建模为一个从上至下的层级抽取任务。

最近，知识增强、强化学习（Reinforcement Learning）、注意力机制、预训练语言模型等新技术相继应用到远程监督关系抽取任务之中并取得了巨大的成功。例如，Liu 等人将实体类型信息引入关系抽取过程中以限制模型预测时的搜索空间；Ji 等人将知识图谱中的实体描述信息编码之后作为实体的补充特征融入关系抽取模型以提升模型的句编码质量；Vashishth 等人将实体类型、关系依赖等多种辅助信息编码后融入关系抽取模型；Wang 等人利用知识图谱表示学习（Knowledge Graph Representation Learning）中的关系推理，使用 $t-h$ 代替关系作为训练标签，缓解了远程监督数据集中由于标签错误而产生的噪声影响，其中，h、t 分别是头实体、尾实体的向量表示；Lei 等人把知识、规则等信息加入模型编码过程中；Zhang 等人以知识图谱表示学习技术为基础，设计了注意力机制以实现噪声处理；Feng 等人通过强化学习训练了噪声辨别器，将句包中的噪声数据全部删除以达到去噪的目的；Qin 等人同样是利用强化学习来减少句包中的噪声，与 Feng 等人工作的不同之处在于，他们将探测到的噪声数据加入负样本中，而非直接删除；Alt 等人首次将预训练语言模型作为关系抽取任务的编码器，利用 GPT-2 中已经学到的外部知识提升模型在长尾关系上的预测效果。

远程监督关系抽取，因其贴近真实的应用场景、充满挑战的噪声数据、丰富多样的任务设置，已经成为关系抽取领域最主要的研究方向。

1.2.2.3 MRE

MRE 任务首次由 Zheng 等人在 2021 年提出，并推出了相应数据集。每个样本由一句文本和一张图像构成，并且已经预先识别出头尾实体。MRE 任务旨在借助图像的帮助，识别出头尾实体之间的关系。

Zheng 等人提出了 MEGA 方法，旨在从图像中识别出可以反映关系种类的对象或对象之间的交互。MEGA 方法通过基于 Fast-R-CNN 的目标检测方法，抽取出图像中包含的子对象，并通过场景图生成方法将子对象之间构建为视觉图；在文本特征方面，MEGA 方法通过句法分析方法以文本中 Token 为节点构建文本图。依据文本图节点和视觉图节点之间的共现节点来得到视觉对象和文本对象之间语义关联和权重，在基于 Attention 的方法进行多模态信息融合时，将权重乘以文本特征和视觉特征。Li 等人提出 Iformer 方法，使用目标检测工具将视觉子对象抽取出，进行多模态信息融合。Zhao 等人提出 TSVFN 方法，采取两阶段式融合多模态信息：第一阶段使用基于 Graph 的方法融合多模态信息；第二阶段采取图像中的细粒度信息，并将图像信息插入 BERT 模型的注意力计算过程中。Cui 等人认为图像和文本包含大量信息，并非所有信息对最终的关系分类都是有益的，并提出了 MMIB 方法，使用信息瓶颈理论，过滤无用信息并保留有用信息，相比以往方法，MMIB 方法获得了 1.5%左右的提升。

　　Wu 等人认为现有方法存在数据中的信息冗余和外部知识利用不足问题，并提出 MRE-ISE 方法，使用图信息瓶颈过滤文本和图像数据中的冗余信息，并通过主题建模方法引入额外信息。由于外部信息的引入，相比 MMIB 方法其进一步获得 0.8%左右的提升。Hu 等人提出基于检索的方法，分别使用已有的文本和图像在搜索引擎中召回相关的图像和文本，并使用基于注意力的方法进行多模态融合。由于额外召回了外部知识，相比 MRE-ISE 方法获得了 0.75%左右的提升。此外，Hu 等人使用大规模图像标题对作为外部数据集，通过预训练的方法学习图像和文本知识。通过目标检测方法抽取出图像中包含对象，并与文本进行对齐，学习图文间对应关系。经过充足的预训练过程后，在 MRE 下游任务数据进行微调。Feng 等人提出了新的见解，图像中的对象和关系种类之间存在较大的语义鸿沟，关系种类较抽象，而图像中的对象较具体。例如，Alumi 代表头尾实体之间的关系为"校友"，而"校友"在图像中可能反映为两个穿着同样学士服的人站在同一所大学前。学士服、大学等视觉对象可能无法直接和"校友"联系起来。于是，Feng 等人提出了 RECK 方法，借由外部知识库寻找合适的知识路径，将视觉对象和文本中关系联系起来，并使用 GNN 建模视觉信息和文本的语义关系。Zheng 等人提出 TMR 方法，借助机器翻译领域中反向翻译的思路将文本和图像视为彼此的翻译，并使用外部图像标题数据训练了线性分类器，来判断图文关系。此外，Zheng 等人还通过现有的图文生成工具，以现有文本为 Prompt，生成了新的图像来辅助关系识别。在外部数据集的训练以及新图像的帮助下，TMR 方法相比以往方法获得较大提升，效果达到 89.05%。

　　上述方法的发展推动了 MRE 任务的研究进程。然而，对于视觉信息在 MRE 任务中承担的角色和实际意义缺乏探索。在以往的 SOTA（State-of-the-Art）方法中，引入视觉信息后相比纯文本方法大约有了 20%的 F1 值提升，但是目前缺乏对于此巨大提升背后的运行机制探索。并且，在 MRE 任务中，对于视觉信息如何辅助模型最终的关系分类或影响最终的决策过程，依然缺乏探讨。对上述研究的缺乏导致了对视觉信息潜在价值的低效挖掘，并限制了视觉信息发挥作用的上限。

1.2.3 实体关系联合抽取

随着实体识别和关系抽取任务的不断发展，开始将实体识别和关系抽取融合为一个任务，即实体关系联合抽取。早期的实体关系联合抽取任务都采用流水线（Pipeline）的方式完成，这种方式虽然可以针对实体识别和关系抽取任务的特点，灵活设计两个任务的模型，但是这类模型存在的错误传播、忽略了两个子任务的联系和信息冗余问题，都会影响联合抽取结果的精度。针对流水线方式中存在的缺陷，研究人员提出了实体关系联合抽取任务来通过端到端模型直接从非结构化文本中获取其中（头实体，关系，尾实体）关系三元组。主流的实体关系联合抽取方式有共享参数的联合抽取方式、联合解码的联合抽取方式和基于穷举策略的实体关系联合抽取方式三种。

1.2.3.1 共享参数的联合抽取方式

基于共享参数的联合抽取模型将联合抽取分解成不同的子任务，子任务间共享序列编码层信息。子任务共享参数的方式，根据关系三元组 (h,r,t) 中元素的抽取顺序，分为三类：① 实体对映射到关系，先抽取实体，再根据实体对进行关系分类；② 头实体映射到关系、尾实体，先抽取头实体 h，再抽取对应的关系 r 和尾实体 t；③ 关系映射到头实体、尾实体，先抽取关系 r，再抽取对应的头实体 h 和尾实体 t。接下来分别对这三类方式进行介绍。

实体对映射到关系的方式，将联合抽取分解成两个子任务：实体识别和关系抽取。目前，两个子任务都有较为成熟的处理方法。SPTree 模型首次采用神经网络的方法实现联合抽取。底层的词嵌入层将单词和单词词性转换成嵌入向量。序列层则由 Bi-LSTM 和两层前馈神经网络构成，输出为单词的 BILOU[①] 标注，通过标注信息实现实体识别子任务。SPTree 模型采用序列标注方案时融入了实体间的依赖信息，利用上一个单词的标注信息预测下一个单词的 BILOU 标注。该类方法在后续的研究中，主要从两方面提升联合抽取的性能：一是提升实体识别和关系抽取的准确性；二是增加两个子任务间的交互性。为了提升实体识别和关系抽取的准确性，Zheng 等人采用 LSTM 解码实体信息，采用 CNN 实现关系抽取；

---

① BILOU 标注是一种用于序列标注任务的编码方案。它包括五种类型：B（Beginning，实体的开头）, I（Inside, 实体的中间部分）, L（Last，实体的结尾）, O（Outside，不属于任何实体），以及 U（Unit，单独的实体）。

Li 等人在实体识别和关系抽取时都采用 LSTM 实现；Tan 等人和 Liu 等人在序列编码层上采用 CRF 提升实体识别的准确性。为了增强两个子任务间的交互性，Gupta 等人将联合抽取转换为表格填充任务；Zhang 等人在其基础上进一步改进，采用 LSTM 进行特征抽取；Sun K 等人在 RIN 模型上采用 Bi-LSTM 学习共享参数层的动态交互信息；Feng 等人则采用强化学习的方式增强子任务间的交互；Sun 等人设计最小化风险的全局损失函数进行联合训练，在后续的改进版本中，Sun 等人将实体类型和关系类型构造成二分图，用图卷积网络（Graph Convolutional Network，GCN）进行联合推理。总之，实体对映射到关系的联合抽取模型，两个子任务的实现方法较为成熟，通过共享参数的方法容易实现联合抽取，但在现有的模型中，联合抽取过程中会产生无关系的冗余实体对，无关系实体对的存在，使得模型难以有效解决关系重叠的问题。

头实体映射到关系、尾实体的方式，则将联合抽取分解成两步，先抽取头实体 h，再根据头实体抽取相应的关系 r 和尾实体 t。一个直观的解释：模型如果不能准确地抽取头实体 h，那么模型抽取的关系 r 和尾实体 t 的置信度同样较低。Katiyar 等人在识别实体的过程中采用 BILOU 标注的方法，识别出实体后，使用指针网络的方法，根据关系类型识别出另一个实体。为了抽取句子中的多个关系类型，Bekoulis 等人采用多头选择机制，在后续的改进版本中，Bekoulis 等人在词嵌入向量中添加一个最坏情况扰动项产生对抗样本，通过对抗样本学习提升了联合抽取模型的鲁棒性。Wei 等人提出 CasRel 模型将关系类型当作一种头实体映射到尾实体的函数，根据函数 $fr(h) \rightarrow t$ 设计头实体触发器和特定关系的尾实体触发器；Wang 等人提出的 TP-Linker 模型设计了一种新颖的握手标注方案，将长度为 n 的句子转换成长度为 $(n^2+n)/2$ 的序列后进行编码，解决了曝光偏差[①]的问题。Li 等人和 Zhao 等人则采用机器阅读理解的方法，将先验信息融入问题中，在问题和句子的交互中捕捉语义信息，提高了模型的准确性。头实体映射到关系、尾实体的方法能够有效解决关系重叠的问题，增强了实体类型信息和关系类型信息的交互，但模型设计相对复杂。

关系映射到头实体、尾实体的方式，认为句子中存在的关系类型是由上下文

---

① 曝光偏差（Exposure Bias）是生成模型中常见的问题，是指在训练和生成阶段的不一致性。在训练中，模型使用真实数据作为前文输入，而在生成时使用自身输出。这种不一致可能导致误差积累，影响生成质量。

信息触发,而不是实体信息触发的。比如,句子中若有类似"出生于"的信息,那么可以判断出存在"出生地"的关系类型。关系映射到头实体、尾实体的联合抽取方法便是基于这种现象,先识别出关系,将关系作为先验信息抽取实体,使模型更关注该关系相关的语义信息,减少冗余的抽取操作。另外,句子中关系类型的数量通常少于实体数量,关系映射到头实体、尾实体的联合抽取方法也降低了计算复杂度,提高了联合抽取的效率。分层强化学习(Hierarchical Reinforcement Learning,HRL)将实体当作特定关系类型的参数,并设计分层的强化学习框架完成联合抽取。Zhou 等人通过在 Bi-LSTM 上叠加 CNN 提升了关系抽取的准确性,并采用单向 LSTM 解码当前关系类型对应的实体对;关系特定注意力网络 RSAN 根据不同的关系类型,用关系敏感的注意力方法获得句子的不同特征信息,通过门机制降低了无关关系类型对实体识别的影响。关系映射到头实体、尾实体的方法减少了冗余信息的抽取,能够解决关系重叠的问题,但识别候选关系类型的难度较大,模型设计相对复杂,而且当候选关系类型出错时,将对后续的抽取工作造成不可弥补的级联误差。

1.2.3.2 联合解码的联合抽取方式

基于共享参数的联合抽取模型,每个子任务拥有独立的解码器,通过共享参数的方法实现信息交互,子任务间的交互性并不强。为了增强不同子任务之间的交互性,基于联合解码的联合抽取方式被提出。该方式通常在序列编码层上叠加统一解码器,直接解码得到关系三元组信息。其主要存在两种方法:① 序列标注方法,将联合抽取转换成序列标注进行解码;② Seq2Seq 方法,采用序列到序列的方法生成关系三元组。

序列标注方法对于实体识别任务,模型通过预测每个单词 w 的 BILOU 标注来识别实体。用序列标注实现联合抽取的优点是方法成熟、实现简单,缺点是需要设计统一的标注方案,以在标注中融入实体类型信息和关系类型信息。NovingTagging 模型首次采用序列标注的方法实现联合抽取,模型只有唯一的解码器,编码后的句子序列直接解码得到序列标注信息,根据标注信息获得关系三元组。Dai 等人在标注方案上进一步改进,将长度为 n 的句子根据每个单词 w 的位置进行 n 次不同标注,使得每个单词可被多次标注,从而解决了 NovingTagging 的嵌套问题。序列标注方法容易实现联合抽取,但真实数据间的关系通常比较复杂，在解决实体嵌套、关系重叠等具体问题时，序列标注方法需要设计更加复杂的标注方案，增加了联合抽取的难度。

基于 Seq2Seq 的模型，主要由两个分别称为编码器和解码器的 RNN 构成，编码器将任意长度的输入序列转换成固定长度的语义向量，解码器将语义向量转换成另一个输出序列。Zeng 等人采用 Seq2Seq 的方法设计了模型 CopyRE 同时引入了复制机制；随后在 CopyRE 的文章中认为，句子中的多个三元组之间应该存在顺序关系，并在模型中采用了强化学习方法；Nayak 等人提出的 SPN 认为句子中的关系三元组应该是无序的，自回归解码器将无序的关系三元组有序生成，将增加模型的负担，因此 SPN 采用基于 Transformer 的非自回归解码器，并设计基于集合的二分匹配损失函数，一次性产生包含所有关系三元组的集合。Seq2Seq 的方法能有效解决关系重叠的问题，但当句子长度较长时，构造具有丰富语义特征向量的难度将会提升，模型的效果将会受到限制。

1.2.3.3　基于穷举策略的实体关系联合抽取方式

随着硬件计算性能的增强，基于穷举策略的实体关系联合抽取方法逐渐诞生。这类方法是对句中的所有词（Token）进行子串的遍历来实现实体的抽取，同时抽取相应的关系。2020 年，Wang 等人提出了 TP-Linker 的单步骤实体关系联合抽取方法，该方法穷举了句中所有的位置对，并对每一个位置对进行三次二分类，来回答这个位置对：① 是否为同一个实体的头和尾；② 是否为关系 r 下的头实体头部和尾实体头部；③ 是否为关系 r 下的头实体尾部和尾实体尾部。并通过后续相应的解码来一次性地抽取实体和关系。Shang 等人于 2022 年提出了单步实体关系联合抽取方法 OneRel，该模型也抛弃以往的分步做法，直接使用连续子串的排列组合来和所有的关系进行二分类，从而实现单步骤、单模块的实体关系联合抽取。穷举方法的优势在于，能够同时解决实体嵌套、单实体重叠和实体对重叠这三个关系抽取中的固有问题。但是该方法的缺点有三个：一是更多的计算量；二是产生大量的负样本；三是对于一个三元组的判定需要多个分类器同时识别成功，这就会产生木桶效应。

1.2.4　事件抽取

事件抽取旨在从非结构化文本中自动识别和抽取与事件相关的信息。其目标是确定文本中发生的事件、事件的触发词（Trigger Word），并识别与事件相关的实体和属性（称为论元），如参与者、时间、地点、工具、原因等。事件抽取在不同时期的主要方法可以大致归为三类，分别是基于模式匹配的事件抽取方法、基于机器学习的事件抽取方法和基于深度学习的事件抽取方法。

1.2.4.1 基于模式匹配的事件抽取方法

早期的研究大多使用基于模式匹配的方法，即在一些模式的指导下，对某种类型事件进行识别和抽取。使用模式匹配的方法进行事件抽取，一般需要经过两个步骤：模式获取和模式匹配，而模式匹配的过程就是事件识别和抽取的过程。按照模式构建过程中所使用的训练数据的来源，基于模式匹配的事件抽取主要分为有监督的模式匹配方法和弱监督的模式匹配方法两大类。

有监督的模式匹配方法基于人工标注的语料，模式的效果高度依赖人工标注的质量。文献 [136] 利用事件元素的相关描述和上下文语义环境人工构建了 13 种事件模式，使用这些模式和人工构建得到的触发词词典对 MUC 数据集中的数据进行事件抽取，在此基础上开发出了基于模式匹配的 AutoSlog 事件抽取系统。文献 [137] 还引入了 WordNet[①] 词典作为外部补充知识并提出新的事件抽取系统 PALKA。上述方法严重依赖大量的人工劳动并需要特定的专业知识，因此后来出现了弱监督的模式匹配方法。

弱监督的模式匹配方法不需要对语料进行完整标注，只需要对语料进行对应的事先分类或者固定模式的学习。文献 [138] 在文献 [137] 的基础上构建的 AutoSlog-ST 系统省去了对数据集中事件元素的标注工作，通过对事件类型标注进行预先分类，从而实现对事件模式的自动学习，在一定程度上减少了模式训练产生的工作量。文献 [8] 在 2005 年提出一种特定领域无关的模式表示方法 IEPAM，无须人工进行数据标注，无须人工对事件类型提前分类，减少人工的同时降低了解特定领域知识的要求，将事件信息抽取模式分为事件语义模式、事件触发模式和事件抽取模式，在对 MUC-7 的飞行事故事件数据进行实验中，取得了不错的效果。

---

① WordNet 是一种基于认知语言学的英语词典，它不是光把单词以字母顺序排列，而是按照单词的意义组成一个"单词的网络"。

虽然基于模式匹配的事件抽取方法在特定领域具有优异的性能表现，但是模式的产生可能会消耗大量人力、物力，导致效率降低，并且特定的模式往往局限于特定领域背景，难以应用于通用领域的事件抽取任务。

1.2.4.2 基于机器学习的事件抽取方法

随着机器学习的流行，研究人员的目光纷纷转向各类机器学习方法，通过构造特征工程和分类器将事件抽取转换为分类问题，一定程度上减轻了对特定领域知识和大量人力的依赖。传统的机器学习方法将事件抽取建立在统计模型的基础上，将事件抽取的两个子任务事件检测（Event Detection）和论元抽取（Event Argument Extraction）分别转换成分类问题，即先抽取文本的语义特征，再输入分类器进行归类。这类方法的核心在于特征值的选取和分类器的构造，训练方式上分为流水线训练方式和联合训练方式。

Ahn等人在2006年将事件抽取建模为分类问题，采用流水线训练方式，将整个过程分为触发词分类、论元检测、事件属性分类和事件对齐4个阶段，利用词汇特征、句法特征、实体特征等，通过Timbl和Megam模型执行分类。虽然使用流水线训练方式划分问题可以简化整个事件抽取任务，但是由于各阶段的子分类任务是相互独立的，误差不可避免地从前面环节传递到后面环节，模型表现会逐级衰减，并且在触发词分类阶段无法考虑后面阶段的信息，如论元信息等，从而限制了触发词抽取的表现，因此出现了联合训练方式。

Li等人在2013年和2014年提出基于结构预测的联合训练方式，通过使用结构化感知机模型联合学习事件抽取的子任务，并使用柱搜索策略，获得最好的抽取结果。在特征表示方面，该研究使用了一系列离散特征，包括触发词和论元的词性、语法、句法、语义信息等局部特征，以及能够表示触发词和论元信息交互的全局特征。通过联合学习的方式能利用全局特征和整体结构，可以更全面地抽取所有事件信息，避免误差传播带来的性能下降。

Sha等人在2016年提出一种基于正则化的模式平衡方法，该模型将触发词嵌入、句子级嵌入和模式特征作为最大熵分类器的输入，并提出一种正则化方法，通过利用候选论元之间的关系来提升论元抽取的效果。

虽然基于机器学习的事件抽取方法不需要费时费力地手动制作事件模式，但是这类方法往往依赖人工精心设计的特征，并且需要借助外部的NLP工具抽取各种特征,而部分领域和语言可能缺少相关的 NLP 工具,如何构建合适的特征工程也是一项挑战。此外,在抽取各种特征时可能会产生误差,导致误差的累积和传播。

1.2.4.3 基于深度学习的事件抽取方法

基于深度学习的事件抽取方法,能够自动学习并获取连续型向量特征,这类特征不仅可以建模语义信息,还可以自动组合从而构建更上层的特征。因此,越来越多的神经网络模型(如 CNN、RNN、GNN)以及注意力机制应用到事件抽取任务中,并取得了很好的效果。

Nguyen 等人在 2015 年较早地将 CNN 运用到事件抽取领域,该工作将句中每个单词的词向量、位置向量和实体类型向量拼接作为 CNN 的输入,经过处理最后对单词的输出表示进行事件类型的归类,相比 Li 等人在 2013 年的研究工作,使用 CNN 避免了复杂的特征工程,取得了较好的效果。Chen 等人在 CNN 的基础上采用动态多池化策略,可以同时抽取多个事件的关键信息,进一步提升了事件抽取的效果。

CNN 能够关注局部的上下文信息,但是却不能很好地捕捉句中的长距离依赖关系。因此有研究尝试使用 RNN 来做事件抽取。Nguyen 等人在 2016 年提出基于 RNN 的模型对事件检测和论元抽取进行联合训练,该工作使用 Bi-GRU 以及记忆矩阵,自动抽取和存储句子的局部特征和全局特征,虽然使用记忆矩阵可以存储论元之间的依赖关系,但是借助已标注的实体提及使得实际应用场景比较受限。为了更好地利用依存关系分析中的句法特征,Sha 等人在 2018 年提出了一种具有依赖桥的 RNN 模型,将语句的依存关系信息融入 LSTM 的结构中,增强单词的信息表示。由于依赖桥的信息对网络隐藏层单元的影响有限,因此该方法未能充分发挥依存句法信息对事件抽取任务的作用。

GNN 在事件抽取任务中也表现出巨大潜力。其在事件抽取任务中可以有效利用句法依赖图中节点之间的关系来抽取句子特征。Nguyen 等人和 Liu 等人较早地使用 GCN,并引入句法信息进行事件检测。虽然 GNN 可以有效利用句法依赖关系,但是随着网络层数的增多,某些节点的表示会变得相似,造成过平滑问题。为了解决这个问题,研究人员将注意力机制与 GCN 结合从而得到图注意力网络(Graph Attention Network,GAT)。Yan 等人通过采用 GAT 编码多阶句法依赖，避免了由增加网络层数而带来的过平滑问题。但是和已有方法一样，目前大多数基于 GNN 的事件抽取方法，使用传统词向量作为输入，缺乏深层双向的初始特征。

随着预训练技术的发展，BERT 使用 Transformer 作为特征抽取器应用广泛且效果好，可以覆盖大多数 NLP 任务。Yang 等人在 2019 年提出 PLMEE 模型，通过在 BERT 上添加一个多分类器构成触发词抽取器，通过设置多组二分类器解决论元角色重叠问题。Liu 等人在 2020 年提出 MFULL 模型，使用 BERT 获取句中每个单词的特征表示以及除了触发词以外的上下文信息，通过增强触发词的上下文信息来提高模型的鲁棒性和泛化能力。与基于 GNN 的方法相比，上述方法在事件抽取过程中均依赖 BERT 学习到的特征表示，只关注了句子的语义特征，而忽略了重要的句法特征。

综上所述，目前各类主流神经网络方法在事件抽取中有所应用并发挥着重要作用。相比传统事件抽取方法，基于深度学习的事件抽取方法通过自动学习数据的特征表示，一方面极大地减少了人为构造特征的成本，另一方面通过自动学习的特征表示相比人为构造的表示更具有泛化能力，在识别准确度方面得到很大的提升。同时事件抽取任务仍然面临一定的挑战，例如，在事件检测过程中，已有的大多数方法往往单独使用语义特征或依存句法特征进行建模，未能同时发挥两种特征对事件检测任务的作用。在论元抽取过程中，现有方法通常借助已有实体标注结果，独立地对每个实体进行分类，忽略了论元之间的依赖，并且不适用于没有实体标注结果的场景。

1.3 数据集

为了方便读者学习，本节收集和整理了信息抽取领域的常用数据集，并从数据集的来源、任务、规模和特点 4 个方面进行介绍。

1.3.1 ACE2005 数据集

来源：ACE2005 数据集由美国国家标准及技术协会（National Institute of Standards and Technology，NIST）发布，数据来源包括新闻报道、对话文本和网

络数据等多种形式的自然语言文本。其目标是推动信息抽取技术的发展，特别是在自然场景下的实体、关系和事件抽取任务。

任务：ACE2005 数据集广泛应用于实体识别、关系抽取和事件抽取任务。

规模：该数据集包含 599 篇文档，标注了 7 种实体类型、6 种关系类型以及 33 种事件类型。ACE2005 数据集的文档来自不同语料来源，包括新闻、对话和在线文本，涵盖了丰富的语言现象。

特点：ACE2005 数据集的特点是标注非常细致，特别是在事件抽取任务中，每个事件不仅标注了触发词，还标注了事件的多个参数（如时间、地点、参与者等）。此外，ACE2005 数据集是事件抽取领域的经典数据集，并且是许多后续研究的基准。

1.3.2 ACE2006 数据集

来源：ACE2006 数据集是对 ACE2005 数据集的扩展，依然由 NIST 发布，数据同样来自新闻、对话和网络文本等多种来源。ACE2006 数据集在规模和标注上进行了扩展，特别是针对关系和事件抽取任务进行了进一步的优化。

任务：ACE2006 数据集主要用于实体识别、关系抽取和事件抽取任务。

规模：ACE2006 数据集包含数百篇文档，涵盖了 8 种实体类型、7 种关系类型以及 33 种事件类型。与 ACE2005 数据集相比，ACE2006 数据集对关系的标注更加细致，提供了更多的上下文信息。

特点：ACE2006 数据集的特点是对关系抽取任务的更深入支持，特别是在实体关系的上下文信息标注上更细致，适合用于研究实体和关系的联合抽取任务。该数据集是研究跨句子关系抽取和复杂事件抽取任务的重要资源。

1.3.3 ACE2009 数据集

来源：ACE2009 数据集是 ACE 数据集的最新版本，依然由 NIST 发布。与之前的版本相比，ACE2009 数据集在事件抽取方面进行了更大的扩展，增加了更多的事件类型和标注细节。

任务：ACE2009 数据集主要用于事件抽取任务，特别是复杂事件的识别和参数抽取。与 ACE2005 数据集和 ACE2006 数据集相比，ACE2009 数据集更加侧重事件抽取任务,涉及的事件类型也更加丰富。

规模:ACE2009 数据集包含大量文本文档,标注了 7 种实体类型、36 种事件类型。其事件标注更加细致,涵盖了事件的触发词、参与者、时间、地点等复杂参数。

特点:ACE2009 数据集的最大特点是其对事件抽取任务的专注和扩展,特别是在复杂事件的参数标注和多事件场景的处理上提供了更高的精度和复杂性。

1.3.4　SemEval 2010 Task 8 数据集

来源:SemEval 2010 Task 8 数据集是由 SemEval 竞赛组织的一项任务,专注于名词对之间的关系分类。该数据集来源于真实的自然语言文本,数据主要从互联网和新闻语料库中抽取。

任务:SemEval 2010 Task 8 数据集主要目标是对一对名词进行语义关系分类。具体来说,模型需要从给定的句子中识别两个名词之间的语义关系类型。任务共定义了 9 类关系,包括因果关系(Cause-Effect)、工具-代理关系(Instrument-Agency)等。

规模:该数据集包含 10 717 个标注句子,其中训练集 8 000 句,测试集 2 717 句。每个句子中标注了两个名词及其对应的语义关系。

特点:SemEval 2010 Task 8 数据集的特点在于其多分类问题的设置,要求模型能够区分多个细粒度的语义关系类型。该数据集用于评估关系抽取模型对不同语义关系的区分能力,是关系分类任务的经典基准数据集之一。

1.3.5　SemEval 2018 Task 7 数据集

来源:SemEval 2018 Task 7 数据集是专门为科学文献中的语义关系抽取而设立的任务,数据集来自科学领域的论文,特别是计算机科学和 NLP 相关的研究论文。

任务:该任务分为两个子任务——① 从科学论文中抽取实体之间的语义关系;② 对这些关系进行分类。具体关系类型包括 Uses、Part-of、Compare 等,模型需要自动从句子中识别并分类这些关系。

规模:SemEval 2018 Task 7 数据集包含来自科学论文的 5 000 多个句子,标注了超过 20 000 个实体对及其关系。该数据集分为训练集、开发集和测试集，涵盖了大量的技术术语和研究概念。

特点：SemEval 2018 Task 7 数据集的特点在于其对学术领域的专注，特别是科学文献中的术语和概念之间的关系抽取。该数据集适合用于研究跨领域的关系抽取问题。

1.3.6 SemEval 2017 Task 10 数据集

来源：SemEval 2017 Task 10 的数据集来源于科学文献，特别是计算机科学和材料科学领域的学术论文。这些文献经过人工标注，包含了大量的术语和关系信息。

任务：该任务的目标是从科学论文中抽取关键短语（Key Phrase）并识别它们之间的语义关系。任务分为三个子任务：① 术语识别；② 术语分类；③ 术语之间的关系抽取。

规模：该数据集包含 500 篇科学文献，标注了数千个术语和术语之间的关系。标注数据由领域专家完成，确保了标注的准确性和一致性。

特点：SemEval 2017 Task 10 数据集的特点是结合了实体识别和关系抽取两个任务，特别适合用于科学文献的自动处理与知识图谱构建。数据集中的术语主要来自计算机科学和材料科学领域，具有较高的领域特异性。

1.3.7 CoNLL 数据集

来源：CoNLL 数据集由自然语言学习会议（Conference on Natural Language Learning，CoNLL）提供，专门用于实体识别以及其他 NLP 任务的评测。CoNLL-2003 数据集是命名实体识别（Named Entity Recognition，NER）任务的经典版本，数据主要来源于新闻语料库（如路透社新闻）。

任务：CoNLL 数据集主要用于实体识别任务，要求模型识别出文本中的四类实体，即人名（PER）、地点名（LOC）、组织名（ORG）和杂项（MISC）。

规模：CoNLL 数据集包含约 20 000 个句子，标注了超过 300 000 个词。该数据集分为训练集、验证集和测试集，广泛用于 NER 任务的模型训练和评估。

特点：CoNLL 数据集的标准化标注和广泛数据覆盖使其成为实体识别研究

的一个重要基准。其数据来源广泛，涵盖了新闻报道和多种文本类型，提供了丰富的上下文信息，是 NER 领域广泛使用的评测数据集之一。

1.3.8 GENIA 数据集

来源：GENIA 数据集由日本国立生物信息学研究所（National Institute of Informatics，NII）开发，专门用于生物医学领域的实体识别任务。该数据集来源于生物医学文献，特别是 PubMed 上的学术论文。

任务：GENIA 数据集的主要任务是生物医学领域的实体识别，涵盖的实体类别包括基因、蛋白质、细胞类型、化合物、疾病等。

规模：GENIA 数据集 3.0 版本涵盖了约 2 000 篇生物医学文献，总词数超过 150 000 个。数据集标注了超过 40 000 个实体，提供了详细的实体类别和上下文信息。

特点：GENIA 数据集的特点是其生物医学领域的强领域特异性，标注精细且全面，支持针对生物医学文献的实体识别和信息抽取任务。该数据集在生物信息学和医学文本分析研究中具有重要地位，广泛用于生物医学文本的自动化处理。

1.3.9 NYT 数据集

来源：NYT 数据集由《纽约时报》提供，数据来源为《纽约时报》的新闻报道，涵盖了广泛的新闻事件和主题。数据经过整理并公开用于关系抽取和实体识别等任务。

任务：NYT 数据集的主要任务是新闻文本中的实体识别和关系抽取。模型需要识别新闻文本中的实体类别，并且识别实体之间的语义关系。

规模：NYT 数据集包含超过 1 000 000 个单词，数据集中的新闻文章涵盖了丰富的实体类型和关系。标注数据包括实体的类别、边界和上下文信息，支持多种信息抽取任务。

特点：NYT 数据集的特点在于其庞大的规模和多样性，特别适合用于新闻领域的实体识别和关系抽取任务。其新闻语料来源广泛，涵盖了不同时期和主题的新闻报道，为实体识别模型提供了丰富的训练和评估资源。

1.3.10 GIDS 数据集

来源：GIDS 数据集由多个研究团队开发，旨在提供一个通用的数据集，用于广泛关系抽取和实体识别任务。数据集的文本来源多样，包括新闻文章、社交媒体和维基百科等公开文本。

任务：GIDS 数据集的主要任务是通用的实体识别和关系抽取。数据集涵盖多种实体类别，如人名、组织名、地点名等，模型需要识别实体及其关系，并抽取相关的上下文信息。

规模：GIDS 数据集包含约 5 000 篇英文文本，总词数接近 300 000 个。数据集标注了多种实体类别和关系，提供了丰富的上下文信息，支持多任务的实体识别和关系抽取。

特点：GIDS 数据集的特点在于其通用性，适用于多种文本类型和任务场景。数据集的多样化来源使其成为评估和发展通用实体识别和关系抽取模型的重要工具，能够广泛应用于新闻、社交媒体、百科文本等多种场景。

1.3.11 TAC–KBP 2014 数据集

来源：TAC–KBP 2014 数据集由文本分析会议（Text Analysis Conference，TAC）组织提供，旨在推动知识库填充和事件抽取的研究。TAC–KBP 自 2009 年起每年发布新的数据集，涵盖了丰富的新闻和网络文本。

任务：TAC–KBP 2014 数据集的任务主要包括事件抽取、实体识别、关系抽取。

规模：TAC–KBP 2014 数据集包含约 10 000 篇英文新闻文章，总词数接近 500 000 个。数据集标注了丰富的事件类型、角色和实体关系，并提供了标准化的评估格式，适合模型的开发和评估。

特点：TAC–KBP 2014 数据集的特点在于其规模大、标注细致，特别是对事件中的角色和关系的标注。

1.3.12 AIDA 数据集

来源：AIDA 数据集由德国马尔堡大学（University of Marburg）开发，专注

于事件抽取和实体链接任务。数据集来源于新闻文章、博客等多样化的文本资源。

任务：AIDA 数据集的任务包括事件抽取和实体链接。模型需要识别文本中的事件触发词、事件角色以及事件类型。此外，AIDA 数据集还用于实体链接任务，将文本中的实体与知识库中的实体进行匹配。

规模：AIDA 数据集包含约 5 000 篇英文新闻文章，总词数约为 200 000 个。数据集中标注了事件的触发词、角色和类型等信息，数据来源广泛，涵盖了多种文本类型。

特点：AIDA 数据集的特点在于其多样化的文本来源和标注的全面性，特别是在事件抽取和实体链接任务中的应用。丰富的标注内容使其成为事件抽取和实体链接研究中的重要资源，推动了相关技术的发展和应用。

1.3.13　GEM 数据集

来源：GEM 数据集由斯坦福大学、加州大学伯克利分校等多个研究团队联合开发，旨在为通用事件抽取模型提供基础数据。该数据集来源于多个领域，涵盖了不同类型的文本。

任务：GEM 数据集的主要任务是事件抽取，要求模型识别事件的触发词、参与角色、事件类型及其上下文。该数据集广泛用于研究通用事件抽取模型，特别是在不同领域和应用场景下的适应性。

规模：GEM 数据集包含约 4 000 篇英文文本，总词数超过 300 000 个。数据集标注了事件类型、触发词和角色，覆盖了多个应用场景，包括新闻、科研文献和网络文本等。

特点：GEM 数据集的特点在于其通用性和适应性，涵盖了广泛的事件类型和文本来源，适合用于研究跨领域的事件抽取任务。该数据集为研究通用事件抽取模型提供了重要的资源，推动了事件抽取技术的普及和发展。

1.3.14　DUIE 数据集

来源：DUIE 数据集是由百度推出的开放域信息抽取数据集，旨在助力知识图谱构建和信息抽取任务。数据集来源广泛，涵盖了百科、新闻、社交媒体等多种文本类型，确保了其在开放领域中具有较强的通用性。

任务：DUIE 数据集广泛用于中文实体关系联合抽取任务，特别是在开放领域的信息抽取场景中。研究人员通常使用该数据集进行知识图谱的结构化信息抽取，构建关系三元组。

规模：DUIE 数据集包含超过 50 000 条标注样本，涉及 48 种不同的关系和大量的实体类型。标注数据中涵盖了丰富的关系类型，如"人物–出生地""公司–创始人"等关系。

特点：DUIE 数据集的开放域特点使其特别适合处理多领域的关系抽取任务。它的另一大特点是数据来源的多样性，能够应对不同领域和场景下的关系抽取问题。此外，DUIE 数据集的标注细致、关系类型丰富，是中文信息抽取领域的重要基准数据集。

1.3.15 DocRED 数据集

来源：DocRED 数据集是由清华大学团队推出，基于 Wikipedia 和 Wikidata 构建的文档级关系抽取数据集。该数据集中的文档来自维基百科页面，关系来源则依赖 Wikidata 的知识库，为每篇文档关联相应的结构化知识。

任务：DocRED 数据集主要用于文档级的关系抽取任务，特别适合跨句子、跨段落的复杂关系识别。与其他句子级的关系抽取任务不同，DocRED 数据集强调在文档整体层面上进行关系抽取。

规模：DocRED 数据集包含超过 5 000 篇文档，标注了 132 000 多个关系三元组。该数据集涉及 96 种不同的关系类型，涵盖了广泛的实体和关系类型，常用于实体关系的推理和跨句子信息抽取任务。

特点：DocRED 数据集是第一个大规模的文档级关系抽取数据集，它的特点是跨句子关系的抽取和多关系推理。该数据集的复杂性较高，要求模型具备跨句子推理能力，能够处理文档中的隐含关系，是文档级信息抽取的重要基准。

1.3.16 CMeiE 数据集

来源：CMeiE 数据集是一个中文医疗信息抽取数据集，来源于海量的医学文献、病例报告和知识库。该数据集由中国的多个医学机构联合发布，旨在推动中文医学领域的信息抽取任务，特别是医疗知识图谱的构建。

任务：CMeiE 数据集广泛用于医疗领域的实体识别和关系抽取任务，尤其是药物、疾病、症状等医疗相关实体之间的关系抽取任务。它常用于构建医疗知识图谱、医学文本挖掘以及医疗决策支持系统。

规模：CMeiE 数据集包含超过 10 万条数据，涵盖了多种实体类型，包括药物、疾病、症状、治疗等，关系类型超过 20 种。标注数据来源于真实的医疗场景，确保了数据的可靠性和实际应用价值。

特点：CMeiE 数据集的最大特点是其中文医疗领域的专业性，标注细致且涵盖广泛的医疗实体和关系。该数据集特别适合用于解决中文医学文本中的信息抽取问题，具有较高的领域特异性，常用于医疗知识图谱的构建和医学文本分析。

1.3.17　MNRE 数据集

来源：MNRE 数据集是一个用于多模态实体识别的数据集，结合了来自社交媒体的文本和图像数据。该数据集来源于在线平台，尤其是社交媒体和新闻报道，这些内容通常包含丰富的图文信息。

任务：MNRE 数据集用于多模态的实体识别和关系抽取任务，重点是结合图像和文本进行信息的联合抽取。研究人员可以利用该数据集进行图文结合的实体识别、关系抽取，适用于多模态场景下的知识图谱构建。

规模：MNRE 数据集包含超过 10 000 条样本，结合了文本与图像数据，标注了多种实体和关系类型。每条数据都有对应的图像和文本描述，确保了多模态信息的丰富性。

特点：MNRE 数据集的特点在于其多模态性，能够融合视觉和文本信息进行实体识别和关系抽取。这种多模态的特性使其在处理社交媒体等多模态数据时表现出色，适合跨模态任务的研究，是 MRE 领域的重要基准数据集。

1.3.18　ADE 数据集

来源：ADE 数据集源自医学文献，专注于药物与不良反应之间的关系。这些文献主要来自药物安全性监测和临床研究报告，标注了药物使用过程中的不良反应事件。

任务：ADE 数据集广泛用于医疗领域的实体识别与关系抽取任务，特别是药物不良反应的识别和分类。研究人员使用该数据集来构建药物与不良反应之间的知识图谱，并用于药物安全性监控。

规模：ADE 数据集包含约 4 000 个句子，标注了超过 1 000 个药物与不良反应之间的关系实例。该数据集中的实体类型主要包括药物名称和不良反应，这些实体之间的关系通过句子级的标注呈现。

特点：ADE 数据集的最大特点在于其专注性，集中于药物和不良反应的关系抽取，适合药物安全性监测和药物不良反应分析。该数据集的标注质量高，适合医疗文本挖掘和药物不良反应监测等任务。

1.3.19　VisualRED 数据集

来源：VisualRED 数据集是一个由多模态数据构成的视觉关系抽取数据集，结合了来自真实场景的图像和文本描述。该数据集的图像部分主要来源于图片库，而文本则是对图像内容的自然语言描述。

任务：VisualRED 数据集用于多模态信息的关系抽取，特别是在视觉和文本结合的场景下识别实体及其关系。研究人员可以利用该数据集进行图像与文本的联合信息抽取，适合多模态知识图谱的构建任务。

规模：VisualRED 数据集包含数万张图像及其文本描述，标注了多种实体类型和关系类型，数据集中的图像和文本内容相互对应，确保了多模态信息的充分结合。

特点：VisualRED 数据集的最大特点是其多模态融合能力，能够将视觉信息和文本信息结合起来进行关系抽取。该数据集特别适合视觉与 NLP 任务的结合，有助于研究人员探索图像和文本的联合理解问题。

1.3.20　SciREX 数据集

来源：SciREX 数据集是一个基于科学文献构建的文档级关系抽取数据集，数据来源于科学论文，特别是涵盖 NLP、机器学习等领域的研究论文。

任务：SciREX 数据集主要用于从科学文献中抽取实体和关系，适合跨句子的复杂关系识别和知识图谱构建。该数据集通常用于信息抽取、学术知识图谱构建以及学术文献分析。

规模：SciREX 数据集包含约 500 篇科学论文，标注了超过 10 000 个关系三元组。每篇论文包含多个句子，涉及的实体和关系覆盖了广泛的科学领域，特别是技术概念和研究成果之间的关系。

特点：SciREX 数据集的特点在于其面向科学文献的复杂关系抽取，数据集中的关系通常涉及多个句子和段落，因此特别适合用于处理长文本中的信息抽取任务。该数据集为学术领域的知识图谱构建提供了重要的基准。

1.3.21　BioInfer 数据集

来源：BioInfer 数据集来自生物医学领域的文献，特别是生物学和医学研究报告。该数据集由学术机构发布，旨在推动生物医学领域的 NLP 和信息抽取任务。

任务：BioInfer 数据集主要用于生物医学领域的实体识别和关系抽取，广泛应用于生物医学文本挖掘、基因和蛋白质关系抽取以及生物医学知识图谱的构建。

规模：BioInfer 数据集包含超过 1 100 个句子，标注了大量的生物实体及其关系，涵盖基因、蛋白质、药物、疾病等实体类型。这些标注数据来自生物医学领域的专业文献，确保了标注的准确性和质量。

特点：BioInfer 数据集的特点在于其专注于生物医学领域，数据集中的实体和关系类型非常专业，适合生物信息学和医学文本分析等任务。该数据集是生物医学 NLP 领域的重要基准之一，常用于生物医学知识的结构化抽取和分析。

1.4　评价指标

1.4.1　二分类任务的评价指标

1.4.1.1　准确率

准确率（Accuracy，ACC）是模型预测正确的样本数占总样本数的比例。准确率是一个直观的指标，适合类别均衡的情况。然而在类别不平衡的任务中，准确率可能会产生误导。例如，如果正类样本非常少，模型只要预测全部为负类就能获得很高的准确率。其计算公式为

$$ACC = \frac{TP+TN}{TP+TN+FP+FN} \quad (1-24)$$

其中，TP（True Positive）是预测为正类且实际为正类的样本数；TN（True Negative）是预测为负类且实际为负类的样本数；FP（False Positive）是预测为正类但实际为负类的样本数；FN（False Negative）是预测为负类但实际为正类的样本数。

1.4.1.2 精确率

精确率（Precision，P）是模型预测为正类的样本中，实际为正类的比例。精确率关注的是模型预测为正类的样本中有多少是正确的，适合在意"假阳性"错误的场景（例如，在医学诊断中，误诊为患病的代价较高）。其计算公式为

$$P = \frac{TP}{TP+FP} \quad (1-25)$$

1.4.1.3 召回率

召回率（Recall，R）是实际为正类的样本中，被模型正确预测为正类的比例。召回率关注的是模型在实际正类样本中的识别能力，适合在意"假阴性"错误的场景（例如，在安全监控中，漏报危险事件的代价较高）。其计算公式为

$$R = \frac{TP}{TP+FN} \quad (1-26)$$

1.4.1.4 F1 值

F1 值（F1-score）在精确率和召回率之间找到了一个平衡点，适合在精确率和召回率都很重要的场景。F1 值的优势在于避免了只看单一指标（如精确率或召回率）可能带来的误导。其计算公式为

$$F1 = \frac{2P \cdot R}{P+R} \quad (1-27)$$

其中，P 表示精确率，R 表示召回率。一般来说，P 值较高时，R 值往往偏低；而 R 值较高时，P 值往往偏低。

1.4.1.5 AUC

AUC（Area Under ROC Curve）是 ROC 曲线下的面积。ROC 曲线展示的是模型的假阳性率（False Positive Rate，FPR）与真阳性率（True Positive Rate，TPR）之间的关系。AUC 是评估分类模型整体表现的一个指标，特别适用于类别不均衡的问题。AUC 值越大，表示模型在所有阈值下的表现越好。AUC 的优势在于

不依赖特定的阈值选择，而是综合考虑模型在不同决策阈值下的性能。AUC=1表示模型能完美区分正类和负类。AUC=0.5 表示模型无法区分正类和负类，效果等同于随机猜测。AUC<0.5 说明分类效果比随机猜测还差，通常表示模型存在严重问题。

在给出 AUC 的计算公式前，本书先介绍 ROC 曲线。ROC 曲线的横轴是 FPR，纵轴是 TPR。通过调整模型的决策阈值，TPR 和 FPR 会发生变化，最终绘制出 ROC 曲线。ROC 曲线展示了模型在不同阈值下，识别正类和负类的能力。理想的 ROC 曲线会尽量靠近左上角（即 FPR 接近 0，TPR 接近 1），这意味着模型能在保证低 FPR 的同时，获得高 TPR。随机猜测：如果模型随机预测正负类，ROC 曲线会是一条对角线（TPR=FPR），对应的 AUC 值为 0.5。

$$\text{TPR} = \frac{\text{TP}}{\text{TP} + \text{FN}} \tag{1-28}$$

$$\text{FPR} = \frac{\text{FP}}{\text{FP} + \text{TN}} \tag{1-29}$$

ROC 曲线的面积可以通过数值积分计算，通常采用梯形法。在绘制 ROC 曲线时，常通过离散的点连接成线段，再通过这些线段围成的面积来近似计算出 AUC。假设 ROC 曲线是基于一系列离散点 $(x_1, y_1, x_2, y_2, \cdots, x_n, y_n)$ 绘制的，则可以使用梯形法近似计算 ROC 曲线下的面积 AUC，即

$$\text{AUC} = \sum_{i=1}^{n-1} \left(\text{FPR}_{i+1} - \text{FPR}_i \right) \cdot \frac{\text{TPR}_{i+1} + \text{TPR}_i}{2} \tag{1-30}$$

其中，FPR_i 和 TPR_i 是 ROC 曲线上第 i 个点对应的 FPR 和 TPR。

AUC 不依赖某个特定的分类阈值，而是综合考虑了所有可能的阈值。因此，AUC 可以更全面地反映模型的整体性能，在类别不平衡的情况下表现良好。

1.4.1.6 平均精度

平均精度（Average Precision，AP）是 PR 曲线下的面积。PR 曲线是由模型在不同阈值下的精确率和召回率所构成的一条曲线。AP 衡量的是模型在不同阈值下的精确率与召回率的整体表现。随着阈值的变化，精确率和召回率通常表现出一种相互抗衡的关系：当提高阈值时，精确率可能升高，但召回率下降；当降低阈值时，召回率上升，但精确率下降。

AP 的值通常使用插值方法来计算

第 1 章 绪 论　43

$$AP = \sum_{n}(R_n - R_{n-1}) \cdot P_n \qquad (1-31)$$

其中，P_n 和 R_n 分别是第 n 点的精确率和召回率。

1.4.2 多分类任务的评价指标

多分类任务涉及多个类别的分类问题，典型例子如关系抽取任务（如识别不同类型的关系：亲属关系、工作关系、合作关系等）。多分类任务中的评价指标通常是对二分类指标的扩展。

1.4.2.1 准确率

在多分类任务中，准确率同样表示模型预测正确的样本数占总样本数的比例。与二分类任务类似，准确率在类别均衡时效果较好，但在类别不平衡时可能会掩盖模型在小类别上的低性能，其计算公式为

$$ACC = \frac{\sum_{i=1}^{n} I(\hat{y}_i = y_i)}{n} \qquad (1-32)$$

其中，$I(\hat{y}_i = y_i)$ 表示模型预测与真实标签是否一致；n 为样本总数。

1.4.2.2 宏平均精确率、召回率和 F1 值

宏（Macro）平均方法是先对每个类别分别计算精确率、召回率和 F1 值，然后对所有类别取平均。宏平均方法对每个类别赋予相同的权重，因此在类别不平衡时，小类别的表现对最终结果有较大影响。计算公式为

$$\text{Macro Precision} = \frac{1}{C}\sum_{i=1}^{C}\frac{TP_i}{TP_i + FP_i} \qquad (1-33)$$

$$\text{Macro Recall} = \frac{1}{C}\sum_{i=1}^{C}\frac{TP_i}{TP_i + FN_i} \qquad (1-34)$$

$$\text{Macro F1} = \frac{1}{C}\sum_{i=1}^{C}F1_i \qquad (1-35)$$

其中，C 是类别的数量；TP_i、FP_i、FN_i 分别为第 i 类的真阳性、假阳性和假阴性。

1.4.2.3 微平均精确率、召回率和 F1 值

微（Micro）平均方法是将所有类别的 TP、FP 和 FN 累加后，计算整体的精确率、召回率和 F1 值。计算公式为

$$\text{Micro Precision} = \frac{\sum_{i=1}^{C} \text{TP}_i}{\sum_{i=1}^{C}(\text{TP}_i + \text{FP}_i)} \qquad (1-36)$$

$$\text{Micro Recall} = \frac{\sum_{i=1}^{C} \text{TP}_i}{\sum_{i=1}^{C}(\text{TP}_i + \text{FN}_i)} \qquad (1-37)$$

$$\text{Micro F1} = 2 \times \frac{\text{Micro Precision} \cdot \text{Micro Recall}}{\text{Micro Precision} + \text{Micro Recall}} \qquad (1-38)$$

微平均方法的特点是对每个样本赋予相同的权重,因此在类别不平衡时,大类别的表现会对最终结果有较大影响。微平均方法适合在意整体分类效果的任务。

1.4.2.4 加权平均

加权平均(Weighted Average)方法是根据类别样本数对不同类别的精确率、召回率和F1值的加权平均。加权平均方法在类别不平衡时能较好地反映模型在不同类别上的综合表现,避免了单独使用宏平均方法或微平均可能带来的偏差。其计算公式为

$$\text{Weighted Precision} = \frac{1}{n}\sum_{i=1}^{C} N_i \cdot \text{Precision}_i \qquad (1-39)$$

其中,N_i是类别i的样本数;n是总样本数。加权召回率和加权F1值类似计算。

参考文献

[1] XIONG C, POWER R, CALLAN J. Explicit Semantic Ranking for Academic Search via Knowledge Graph Embedding [C]// In Proceedings of the 26th International Conference on World Wide Web, 2017: 1271–1279.

[2] WANG X, HUANG T, WANG D, et al. Learning Intents Behind Interactions with Knowledge Graph for Recommendation [C]// In Proceedings of the Web Conference 2021, 2021: 878–887.

[3] DU Y, ZHU X, CHEN L, et al. MetaKG: Meta-learning on Knowledge Graph

for Cold-start Recommendation [J]. IEEE Transactions on Knowledge and Data Engineering, 2022, 35(10): 9850-9863.

[4] HUANG X, ZHANG J, LI D, et al. Knowledge Graph Embedding Based Question Answering [C]// In Proceedings of the Twelfth ACM International Conference on Web Search and Data Mining, 2019: 105-113.

[5] 魏瑾，李伟华，潘炜. 基于知识图谱的智能决策支持技术及应用研究 [J]. 计算机技术与发展，2020, 30 (1): 1-6.

[6] LI J, SUN A, HAN J, et al. A Survey on Deep Learning for Named Entity Recognition [J]. IEEE Transactions on Knowledge and Data Engineering, 2020, 34 (1): 50-70.

[7] ZELENKO D, AONE C, RICHARDELLA A. Kernel Methods for Relation Extraction [J]. J. Mach. Learn. Res., 2003, 3: 1083-1106.

[8] 姜吉发. 一种事件信息抽取模式获取方法 [J]. 计算机工程，2005, 31(15): 96-98.

[9] BABYCH B, HARTLEY A. Improving Machine Translation Quality with Automatic Named Entity Recognition [C]// In Proceedings of the 7th International EAMT Workshop on MT and Other Language Technology Tools, Improving MT through Other Language Technology Tools, Resource and Tools for Building MT at EACL 2003, 2003.

[10] ZHENG S, WANG F, BAO H, et al. Joint Extraction of Entities and Relations Based on a Novel Tagging Scheme [C]// In Proceedings of the 55th Annual Meeting of the Association for Computational Linguistics (Volume 1: Long Papers), 2017: 1227-1236.

[11] MIKOLOV T, CHEN K, CORRADO G, et al. Efficient Estimation of Word Representations in Vector Space [C]// In 1st International Conference on Learning Representations, 2013.

[12] YAO L, LIU H, LIU Y, et al. Biomedical Named Entity Recognition Based on Deep Neutral Network [J]. Int. J. Hybrid Inf. Technol, 2015, 8 (8): 279-288.

[13] NGUYEN T H, SIL A, DINU G, et al. Toward Mention Detection Robustness

with Recurrent Neural Networks [J]. arXiv preprint arXiv:1602.07749, 2016.

[14] ZHAI F, POTDAR S, XIANG B, et al. Neural Models for Sequence Chunking [C]// In Proceedings of the AAAI Conference on Artificial Intelligence, 2017.

[15] COLLOBERT R, WESTON J. A Unified Architecture for Natural Language Processing: Deep Neural Networks with Multitask Learning [C]// In Proceedings of the 25th International Conference on Machine Learning, 2008: 160–167.

[16] RIEDEL S, YAO L, MCCALLUM A. Modeling Relations and Their Mentions without Labeled Text [C]// In Joint European Conference on Machine Learning and Knowledge Discovery in Databases, 2010: 148–163.

[17] FU T J, LI P H, MA W Y. GraphRel: Modeling Text as Relational Graphs for Joint Entity and Relation Extraction [C]// In Proceedings of the 57th Annual Meeting of the Association for Computational Linguistics, 2019: 1409–1418.

[18] ZENG X, ZENG D, HE S, et al. Extracting Relational Facts by an End–to–end Neural Model with Copy Mechanism [C]// In Proceedings of the 56th Annual Meeting of the Association for Computational Linguistics, 2018: 506–514.

[19] MA X, HOVY E. End–to–end Sequence Labeling via Bi–directional LSTM–CNNs–CRF [C]// In Proceedings of the 54th Annual Meeting of the Association for Computational Linguistics (Volume 1: Long Papers), 2016: 1064–1074.

[20] LI P H, DONG R P, WANG Y S, et al. Leveraging Linguistic Structures for Named Entity Recognition with Bidirectional Recursive Neural Networks [C]// In Proceedings of the 2017 Conference on Empirical Methods in Natural Language Processing, 2017: 2664–2669.

[21] KURU O, CAN O A, YURET D. Charner: Character–level Named Entity Recognition [C]// In Proceedings of COLING 2016, the 26th International Conference on Computational Linguistics: Technical Papers, 2016: 911–921.

[22] REI M, CRICHTON G K O, PYYSALO S. Attending to Characters in Neural Sequence Labeling Models [C]// In Proceedings of COLING 2016, the 26th International Conference on Computational Linguistics: Technical Papers, 2016: 309–318.

[23] TRAN Q H, MACKINLAY A, YEPES A J. Named Entity Recognition with Stack Residual LSTM and Trainable Bias Decoding [C]// In Proceeding of the Eighth International Joint Conference On Natural Language Processing (Volume 1: Long Papers), 2017: 566−575.

[24] YANG Z, SALAKHUTDINOV R, COHEN W. Multi−task Cross−lingual Sequence Tagging from Scratch [J]. arXiv preprint arXiv:1603.06270, 2016.

[25] LIU T, YAO J G, LIN C Y. Towards Improving Neural Named Entity Recognition with Gazetteers [C]// In Proceedings of the 57th Annual Meeting of the Association for Computational Linguistics, 2019: 5301−5307.

[26] GHADDAR A, LANGLAIS P. Robust Lexical Features for Improved Neural Network Named−entity Recognition [C]// In Proceedings of the 27th International Conference on Computational Linguistics, 2018: 1896−1907.

[27] JIE Z, LU W. Dependency−guided LSTM−CRF for Named Entity Recognition [C]// In Proceedings of the 2019 Conference on Empirical Methods in Natural Language Processing and the 9th International Joint Conference on Natural Language Processing (EMNLP−IJCNLP), 2019: 3862−3872.

[28] LU D, NEVES L, CARVALHO V, et al. Visual Attention Model for Name Tagging in Multimodal Social Media [C]// In Proceedings of the 56th Annual Meeting of the Association for Computational Linguistics (Volume 1: Long Papers), 2018: 1990−1999.

[29] JANSSON P, LIU S. Distributed Representation, LDA Topic Modelling and Deep Learning for Emerging Named Entity Recognition from Social Media [C]// In Proceedings of the 3rd Workshop on Noisy User−generated Text, 2017: 154−159.

[30] XU M, JIANG H, WATCHARAWITTAKUL S. A Local Detection Approach for Named Entity Recognition and Mention Detection [C]// In Proceedings of the 55th Annual Meeting of the Association for Computational Linguistics (Volume 1: Long Papers), 2017: 1237−1247.

[31] MOON S, NEVES L, CARVALHO V. Multimodal Named Entity Recognition

for Short Social Media Posts [C]// In Proceedings of the 2018 Conference of the North American Chapter of the Association for Computational Linguistics: Human Language Technologies, (Volume 1:Long Papers), 2018: 852–860.

[32] SHANG Y M, HUANG H, SUN X, et al. A Pattern–aware Self–attention Network for Distant Supervised Relation Extraction [J]. Information Sciences, 2022, 584: 269–279.

[33] KALCHBRENNER N, GREFENSTETTE E, BLUNSOM P. A Convolutional Neural Network for Modelling Sentences [C]// In Proceedings of the 52nd Annual Meeting of the Association for Computational Linguistics (Volume 1: Long Papers), 2014: 655–665.

[34] WU Y, JIANG M, LEI J, et al. Named Entity Recognition in Chinese Clinical Text Using Deep Neural Network [J]. Studies in Health Technology and Informatics, 2015, 216: 624.

[35] ZHOU P, ZHENG S, XU J, et al. Joint Extraction of Multiple Relations and Entities by Using a Hybrid Neural Network [C]// Chinese Computational Linguistics and Natural Language Processing Based on Naturally Annotated Big Data: 16th China National Conference, CCL 2017, and 5th International Symposium, NLP–NABD 2017, Nanjing, China, October 13–15, 2017, Proceedings 16. Springer International Publishing, 2017: 135–146.

[36] STRUBELL E, VERGA P, BELANGER D, et al. Fast and Accurate Entity Recognition with Iterated Dilated Convolutions [C]// In Proceedings of the 2017 Conference on Empirical Methods in Natural Language Processing, 2017: 2670–2680.

[37] LAMPLE G, BALLESTEROS M, SUBRAMANIAN S, et al. Neural Architectures for Named Entity Recognition [C]// In Proceedings of the 2016 Conference of the North American Chapter of the Association for Computational Linguistics: Human Language Technologies, 2016: 260–270.

[38] VASWANI A, SHAZEER N, PARMAR N, et al. Attention Is All You Need [C]// In Proceedings of the 31st International Conference on Neural Information

Processing Systems, 2017: 6000−6010.

[39] RADFORD A, NARASIMHAN K, SALIMANS T, et al. Improving Language Understanding by Generative Pre−training [J]. 2018.

[40] DEVLIN J, CHANG M, LEE K, et al. BERT: Pre−training of Deep Bidirectional Transformers for Language Understanding [C]// In Proceedings of the 2019 Conference of the North American Chapter of the Association for Computational Linguistics: Human Language Technologies (Volume 1: Long and Short Papers), 2019: 4171−4186.

[41] LIU Y, MENG F, ZHANG J, et al. GCDT: A Global Context Enhanced Deep Transition Architecture for Sequence Labeling [C]// In Proceedings of the 57th Annual Meeting of the Association for Computational Linguistics, 2019: 2431−2441.

[42] JIANG Y, HU C, XIAO T, et al. Improved Differentiable Architecture Search for Language Modeling and Named Entity Recognition [C]// In Proceedings of the 2019 Conference on Empirical Methods in Natural Language Processing and the 9th International Joint Conference on Natural Language Processing (EMNLP−IJCNLP), 2019: 3585−3590.

[43] LI X, SUN X, MENG Y, et al. Dice Loss for Data−imbalanced NLP Tasks [C]// In Proceedings of the 58th Annual Meeting of the Association for Computational Linguistics, 2020: 465−476.

[44] LI X, FENG J, MENG Y, et al. A Unified MRC Framework for Named Entity Recognition [C]// In Proceedings of the 58th Annual Meeting of the Association for Computational Linguistics, 2020: 5849−5859.

[45] VINYALS O, Fortunato M, Jaitly N. Pointer networks[J]. Advances in neural information processing systems, 2015:2692−2700.

[46] SHEN Y, YUN H, LIPTON Z C, et al. Deep Active Learning for Named Entity Recognition [C]// In 6th International Conference on Learning Representations, 2018.

[47] VASWANI A, BISK Y, SAGAE K, et al. Supertagging with LSTMs [C]// In

Proceedings of the 2016 Conference of the North American Chapter of the Association for Computational Linguistics: Human Language Technologies, 2016: 232–237.

[48] CHEN Y, ZHANG Y, HU C, et al. Jointly Extracting Explicit and Implicit Relational Triples with Reasoning Pattern Enhanced Binary Pointer Network [C]// In Proceedings of the 2021 Conference of the North American Chapter of the Association for Computational Linguistics: Human Language Technologies, 2021: 5694–5703.

[49] MOON S, NEVES L, CARVALHO V. Multimodal Named Entity Recognition for Short Social Media Posts[C]//Proceedings of the 2018 Conference of the North American Chapter of the Association for Computational Linguistics: Human Language Technologies（Volume 1:Long Papers），2018: 852-860.

[50] DI L，LEONARDO N, VITOR C, et al. Visual Attention Model for Name Tagging in Multimodal Social Media[C]//In Proceedings of the 56th Annual Meeting of the Association for Computational Linguistics (Volume 1: Long Papers), 2018：1990–1999.

[51] ZHANG Q, FU J, LIU X, et al. Adaptive Co-attention Network for Named Entity Recognition in Tweets[C]. McIlraith S A, Weinberger K Q. Proceedings of AAAI，2018：5674-5681.

[52] YU J, JIANG J, YANG L, et al. Improving Multimodal Named Entity Recognition via Entity Span Detection with Unified Multimodal Transformer[C]//Proceedings of the 58th Annual Meeting of the Association for Computational Linguistics，2020: 3342-3352.

[53] ZHANG D, WEI S, LI S, et al. Multi-modal Graph Fusion for Named Entity Recognition with Targeted Visual Guidance[C]//Proceedings of the AAAI Conference on Artificial Intelligence，2021, 35(16): 14347-14355.

[54] CHEN X, ZHANG N, LI L, et al. Good Visual Guidance Make a Better Extractor: Hierarchical Visual Prefix for Multimodal Entity and Relation Extraction[C]// In Findings of the Association for Computational Linguistics: NAACL，2022:

1607–1618.

[55] SUN L, WANG J, ZHANG K, et al. RpBERT: A Text-image Relation Propagation-based BERT Model for Multimodal NER[C]//Proceedings of Association for the Advancement of Artificial Intelligence, 2021: vol. 35.

[56] CHEN F, LIU J J, JI K X, et al. Learning Implicit Entity-object Relations by Bidirectional Generative Alignment for Multimodal NER[C]//In Proceedings of the 31st ACM International Conference on Multimedia (MM '23). Association for Computing Machinery, New York, NY, USA, 2023:4555–4563.

[57] WANG X, GUI M, JIANG Y, et al. ITA: Image Text Alignments for Multi-modal Named Entity Recognition[C]// Proceedings of the 2022 Conference of the North American Chapter of the Association for Computational Linguistics. Seattle, United States: Association for Computational Linguistics,2022:3176-3189.

[58] WANG X, CAI J, JIANG Y, et al. Named entity and Relation Extraction with Multi-modal Retrieval[C]//Findings of the Association for Computational Linguistics: EMNLP,2022:5925–5936.

[59] LI J, LI H, PAN Z, et al. Prompting ChatGPT in MNER: Enhanced Multimodal Named Entity Recognition with Auxiliary Refined Knowledge[C]// In Findings of the Association for Computational Linguistics: EMNLP ,2023:2787–2802.

[60] HAO Y, LIU X, WU J, et al. Exploiting Sentence Embedding for Medical Question Answering [C]// In Proceedings of the AAAI Conference on Artificial Intelligence, 2019: 938–945.

[61] GUO J, XU G, CHENG X, et al. Named Entity Recognition in Query [C]// In Proceedings of the 32nd International ACM SIGIR Conference on Research and Development in Information Retrieval, 2009: 267–274.

[62] GENG Z, LI Z, HAN Y. A Novel Asymmetric Embedding Model for Knowledge Graph Completion [C]// In 2018 24th International Conference on Pattern Recognition (ICPR), 2018: 290–295.

[63] SUN Q, WANG Z, ZHU Q, et al. Stance Detection with Hierarchical Attention Network[C]// In Proceedings of the 27th International Conference on Computational

Linguistics, 2018: 2399−2409.

[64] WANG Y, HUANG M, ZHU X, et al. Attention−based LSTM for Aspect−level Sentiment Classification [C]// In Proceedings of the 2016 Conference on Empirical Methods in Natural Language Processing, 2016: 606−615.

[65] ZHOU G, SU J, ZHANG J, et al. Exploring Various Knowledge in Relation Extraction[C]// In Proceedings of the 43rd Annual Meeting of the Association for Computational Linguistics, 2005: 427−434.

[66] SU S, JIA N, CHENG X, et al. Exploring Encoder−decoder Model for Distant Supervised Relation Extraction [C]// In IJCAI, 2018: 4389−4395.

[67] YAO Y, YE D, LI P, et al. DocRED: A Large−scale Document−level Relation Extraction Dataset [C]// In Proceedings of the 57th Annual Meeting of the Association for Computational Linguistics, 2019: 764−777.

[68] ZENG D, LIU K, LAI S, et al. Relation Classification via Convolutional Deep Neural Network [C]// In Proceedings of COLING 2014, the 25th International Conference on Computational Linguistics: Technical Papers, 2014: 2335−2344.

[69] SUN A, GRISHMAN R, SEKINE S. Semi−supervised Relation Extraction with Large−scale Word Clustering [C]// In Proceedings of the 49th Annual Meeting of the Association for Computational Linguistics: Human Language Technologies, 2011: 521−529.

[70] LIU T, WANG K, CHANG B, et al. A Soft−label Method for Noise−tolerant Distantly Supervised Relation Extraction [C]// In Proceedings of the 2017 Conference on Empirical Methods in Natural Language Processing, 2017: 1790−1795.

[71] YU D, HUANG L, JI H. Open Relation Extraction and Grounding [C]// In Proceedings of the Eighth International Joint Conference on Natural Language Processing (Volume 1: Long Papers), 2017: 854−864.

[72] CHEN Z Y, CHANG C H, CHEN Y P, et al. UHop: An Unrestricted−hop Relation Extraction Framework for Knowledge−based Question Answering [C]// In Proceedings of NAACL−HLT, 2019: 345−356.

[73] CABOT P L H, NAVIGLI R. REBEL: Relation Extraction By End-to-end Language Generation [C]// In Findings of the Association for Computational Linguistics: EMNLP, 2021: 2370-2381.

[74] CAI R, ZHANG X, WANG H. Bidirectional Recurrent Convolutional Neural Network for Relation Classification [C]// In Proceedings of the 54th Annual Meeting of the Association for Computational Linguistics (Volume 1: Long Papers), 2016: 756-765.

[75] SHEN Y, HUANG X J. Attention-based Convolutional Neural Network for Semantic Relation Extraction [C]// In Proceedings of COLING 2016, the 26th International Conference on Computational Linguistics: Technical Papers, 2016: 2526-2536.

[76] ZENG D, LIU K, CHEN Y, et al. Distant Supervision for Relation Extraction via Piecewise Convolutional Neural Networks [C]// In Proceedings of the 2015 Conference on Empirical Methods in Natural Language Processing, 2015: 1753-1762.

[77] YUAN Y, LIU L, TANG S, et al. Cross-relation Cross-bag Attention for Distantly Supervised Relation Extraction [C]// In Proceedings of the AAAI Conference on Artificial Intelligence, 2019: 419-426.

[78] SHANG Y, HUANG H Y, MAO X, et al. Are Noisy Sentences Useless for Distant Supervised Relation Extraction? [C]// In Proceedings of the Thirty-Fourth AAAI Conference on Artificial Intelligence, 2020: 8799-8806.

[79] YUAN C, HUANG H, FENG C, et al. Distant Supervision for Relation Extraction with Linear Attenuation Simulation and Non-IID Relevance Embedding [C]// In Proceedings of the AAAI Conference on Artificial Intelligence, 2019: 7418-7425.

[80] YE Z X, LING Z H. Distant Supervision Relation Extraction with Intra-bag and Inter-bag Attentions [C]// In Proceedings of the 2019 Conference of the North American Chapter of the Association for Computational Linguistics: Human Language Technologies (Volume 1:Long and Short Papers), 2019: 2810-

2819.

[81] GENG Z, CHEN G, HAN Y, et al. Semantic Relation Extraction Using Sequential and Tree-structured LSTM with Attention [J]. Information Sciences, 2020, 509: 183-192.

[82] ZHOU G, QIAN L, FAN J. Tree Kernel-based Semantic Relation Extraction with Rich Syntactic and Semantic Information [J]. Information Sciences, 2010, 180(8): 1313-1325.

[83] LIU Y, LIU K, XU L, et al. Exploring Fine-grained Entity Type Constraints for Distantly Supervised Relation Extraction [C]// In Proceedings of COLING 2014, the 25th International Conference on Computational Linguistics: Technical Papers, 2014: 2107-2116.

[84] MASLENNIKOV M, CHUA T S. Combining Relations for Information Extraction from Free Text [J]. ACM Trans. Inf. Syst., 2010, 28(3): 1-35.

[85] MINTZ M, BILLS S, SNOW R, et al. Distant Supervision for Relation Extraction without Labeled Data [C]// In Proceedings of the Joint Conference of the 47th Annual Meeting of the ACL and the 4th International Joint Conference on Natural Language Processing of the AFNLP: Volume 2, 2009: 1003-1011.

[86] HOFFMANN R, ZHANG C, LING X, et al. Knowledge-based Weak Supervision for Information Extraction of Overlapping Relations [C]// In Proceedings of the 49th Annual Meeting of the Association for Computational Linguistics: Human Language Technologies (Volume 1), 2011: 541-550.

[87] LIN Y, SHEN S, LIU Z, et al. Neural Relation Extraction with Selective Attention over Instances [C]// In Proceedings of the 54th Annual Meeting of the Association for Computational Linguistics, 2016: 2124-2133.

[88] GOU Y, LEI Y, LIU L, et al. A Dynamic Parameter Enhanced Network for Distant Supervised Relation Extraction [J]. Knowledge-based Systems, 2020, 197: 105912.

[89] ZHAO H, LI R, LI X, et al. CFSRE: Context-aware Based on Frame-semantics for Distantly Supervised Relation Extraction [J]. Knowledge-based

Systems, 2020, 210: 106480.

[90] YU E, HAN W, TIAN Y, et al. ToHRE: A Top−down Classification Strategy with Hierarchical Bag Representation for Distantly Supervised Relation Extraction [C]// In Proceedings of the 28th International Conference on Computational Linguistics, 2020: 1665−1676.

[91] JI G, LIU K, HE S, et al. Distant Supervision for Relation Extraction with Sentence−level Attention and Entity Descriptions [C]// In AAAI, 2017: 3060−3066.

[92] VASHISHTH S, JOSHI R, PRAYAGA S S, et al. RESIDE: Improving Distantly−supervised Neural Relation Extraction using Side Information [C]// In Proceedings of the 2018 Conference on Empirical Methods in Natural Language Processing, 2018: 1257−1266.

[93] WANG G, ZHANG W, WANG R, et al. Label−free Distant Supervision for Relation Extraction via Knowledge Graph Embedding [C]// In Proceedings of the 2018 Conference on Empirical Methods in Natural Language Processing, 2018: 2246−2255.

[94] LEI K, CHEN D, LI Y, et al. Cooperative Denoising for Distantly Supervised Relation Extraction [C]// In Proceedings of the 27th International Conference on Computational Linguistics, 2018: 426−436.

[95] ZHANG N, DENG S, SUN Z, et al. Long−tail Relation Extraction via Knowledge Graph Embeddings and Graph Convolution Networks [C]// In Proceedings of the 2019 Conference of the North American Chapter of the Association for Computational Linguistics: Human Language Technologies (Volume 1: Long and Short Papers), 2019: 3016−3025.

[96] FENG J, HUANG M, ZHAO L, et al. Reinforcement Learning for Relation Classification From Noisy Data [C]// In Proceedings of the Thirty−second AAAI Conference on Artificial Intelligence, 2018: 5779−5786.

[97] QIN P, XU W, WANG W Y. Robust Distant Supervision Relation Extraction via Deep Reinforcement Learning [C]// In Proceedings of the 56th Annual Meeting

of the Association for Computational Linguistics (Volume 1: Long Papers), 2018: 2137−2147.

[98] ALT C, HÜBNER M, HENNIG L. Fine−tuning Pre−trained Transformer Language Models to Distantly Supervised Relation Extraction [C]// In Proceedings of the 57th Annual Meeting of the Association for Computational Linguistics, 2019: 1388−1398.

[99] ZHENG C M, FENG J H, FU Z, et al. Multimodal Relation Extraction with Efficient Graph Alignment[C]//In Proceedings of the 29th ACM International Conference on Multimedia(MM '21) .New York, NY, USA, 2021: 5298−5306.

[100] LI L, CHEN X, QIAO S F, et al. On Analyzing the Role of Image for Visual-enhanced Relation Extraction (Student Abstract) [C]//In Proceedings of the Thirty-seventh AAAI Conference on Artificial Intelligence and Thirty-fifth Conference on Innovative Applications of Artificial Intelligence and Thirteenth Symposium on Educational Advances in Artificial Intelligence (AAAI'23/IAAI'23/EAAI'23), Vol. 37. AAAI Press, Article,1918:16254−16255.

[101] ZHAO Q H, GAO T H, GUO N. TSVFN: Two-stage Visual Fusion Network for Multimodal Relation Extraction[C]//Information Processing & Management, Volume 60, Issue 3, 2023, 103264, ISSN 0306−4573.

[102] CUI S Y, CAO J X, CONG X, et al. Enhancing Multimodal Entity and Relation Extraction with Variational Information Bottleneck[J]. IEEE/ACM Transactions on Audio, Speech, and Language Processing, 2024,32:1274−1285.

[103] WU S Q, HAO F, CAO Y X, et al. Information Screening whilst Exploiting! Multimodal Relation Extraction with Feature Denoising and Multimodal Topic Modeling[C]//In Proceedings of the 61st Annual Meeting of the Association for Computational Linguistics (Volume 1: Long Papers), 2023: 14734−14751.

[104] HU X M, GUO Z J, TENG Z Y, et al. Multimodal Relation Extraction with Cross-modal Retrieval and Synthesis[C]//In Proceedings of the 61st Annual Meeting of the Association for Computational Linguistics (Volume 2: Short Papers), 2023:303−311.

[105] FENG J H, WANG G H, ZHENG C M, et al. Towards Bridged Vision and Language: Learning Cross-modal Knowledge Representation for Relation Extraction[J]. IEEE Transactions on Circuits and Systems for Video Technology, 2023.

[106] ZHENG C M, FENG J H, CAI Y, et al. Rethinking Multimodal Entity and Relation Extraction from a Translation Point of View[C]//In Proceedings of the 61st Annual Meeting of the Association for Computational Linguistics (Volume 1: Long Papers), 2023:6810-6824.

[107] MIWA M, BANSAL M. End-to-end Relation Extraction Using LSTMs on Sequences and Tree Structures [C]// Proceedings of the 54th Annual Meeting of the Association for Computational Linguistics, 2016: 1105-1116.

[108] ZHENG S C, HAO Y X, LU D Y, et al. Joint Entity and Relation Extraction Based on a Hybrid Neural Network [J]. Neurocomputing, 2017, 267: 59-66.

[109] LI F, ZHANG M, FU G, et al. A Neural Joint Model for Entity and Relation Extraction from Biomedical Text [J]. BMC Bioinformatics, 2017, 18(1): 1-11.

[110] TAN Z, ZHAO X, WANG W, et al. Jointly Extracting Multiple Triplets with Multilayer Translation Constraints [C]// Proceedings of the 33rd AAAI Conference on Artificial Intelligence, 2019: 7080-7087.

[111] LIU J, CHEN S W, WANG B Q, et al. Attention as Relation: Learning Supervised Multi-head Self-attention for Relation Extraction[C]// Proceedings of the 29th International Joint Conference on Artificial Intelligence, 2021: 3787-3793.

[112] GUPTA P, SCHUTZE H, ANDRASSY B. Table Filling Multi-task Recurrent Neural Network for Joint Entity and Relation Extraction [C]// Proceedings of the 26th International Conference on Computational Linguistics, 2016: 2537-2547.

[113] ZHANG M, ZHANG Y, FU G. End-to-end Neural Relation Extraction with Global Optimization [C]// In Proceedings of the 2017 Conference on Empirical

Methods in Natural Language Processing, 2017: 1730−1740.

[114] SUN K, ZHANG R, MENSAH S, et al. Recurrent Interaction Network for Jointly Extracting Entities and Classifying Relations [C]// In Proceedings of the 2020 Conference on Empirical Methods in Natural Language Processing, 2020: 3722−3732.

[115] FENG Y, ZHANG H J, HAO W N, et al. Joint Extraction of Entities and Relations Using Reinforcement Learning and Deep Learning[J]. Computational Intelligence and Neuroscience, 2017, 7643065: 1−11.

[116] KAELBING L P, LTTMAN M L, MOORE A W. Reinforcement Learning: A Survey [J]. Journal of Artificial Intelligence Research, 1996, 4: 237−285.

[117] SUN C Z, WU Y, LAN M, et al. Extracting Entities and Relations with Joint Minimum Risk Training [C]// In Proceedings of the 2018 Conference on Empirical Methods in Natural Language Processing, 2018: 2256−2265.

[118] SUN C Z, GONG Y Y, WU Y B, et al. Joint Type Inference on Entities and Relations via Graph Convolutional Networks [C]// In Proceedings of the 57th Annual Meeting of the Association for Computational Linguistics, 2019: 1361−1370.

[119] KATIYAR A, CARDIE C. Going Out on a Limb: Joint Extraction of Entity Mentions and Relations without Dependency Trees [C]// In Proceedings of the 55th Annual Meeting of the Association for Computational Linguistics, 2017: 917−928.

[120] BEKOULIS G, DELEU J, DEMEESTER T, et al. Joint Entity Recognition and Relation Extraction as a Multi−head Selection Problem [J]. Expert Systems with Applications, 2018, 114: 34−45.

[121] BEKOULIS G, DELEU J, DEMEESTER T, et al. Adversarial Training for Multi−context Joint Entity and Relation Extraction [C]// In Proceedings of the 2018 Conference on Empirical Methods in Natural Language Processing, 2018: 2830−2836.

[122] WEI Z P, SU J L, WANG Y, et al. A Novel Cascade Binary Tagging Framework

for Relational Triple Extraction [C]// In Proceedings of the 58th Annual Meeting of the Association for Computational Linguistics, 2020: 1476-1488.

[123] WANG Y, YU B, ZHANG Y, et al. TPLinker: Single-stage Joint Extraction of Entities and Relations Through Token Pair Linking [C]//In Proceedings of the 28th International Conference on Computational Linguistics, 2020: 1572-1582.

[124] LI X, YIN F, SUN Z, et al. Entity-relation Extraction as Multi-turn Question Answering [C]// In Proceedings of the 57th Annual Meeting of the Association for Computational Linguistics, 2019: 1340-1350.

[125] ZHAO T, YAN Z, CAO Y, et al. Asking Effective and Diverse Questions: A Machine Reading Comprehension Based Framework for Joint Entity-relation Extraction [C]// In Proceedings of the 29th International Joint Conference on Artificial Intelligence, 2021: 3948-3954.

[126] TAKANOBU R, ZHANG T, LIU J, et al. A Hierarchical Framework for Relation Extraction with Reinforcement Learning [C]// In Proceedings of the 33rd AAAI Conference on Artificial Intelligence, 2019: 7072-7079.

[127] YUAN Y, ZHOU X, PAN S, et al. A Relation-specific Attention Network for Joint Entity and Relation Extraction [C]// In Proceedings of the 29th International Joint Conferences on Artificial Intelligence, 2020: 4054-4060.

[128] DAI D, XIAO X, LYU Y, et al. Joint Extraction of Entities and Overlapping Relations Using Position-attentive Sequence Labeling [C]// In Proceedings of the 33rd AAAI Conference on Artificial Intelligence, 2019: 6300-6308.

[129] CHO K, MERRIENBOER B V, GULCEHRE C, et al. Learning Phrase Representations Using RNN Encoder-decoder for Statistical Machine Translation [C]//Proceedings of the 2014 Conference on Empirical Methods in Natural Language Processing, 2014: 1724-1734.

[130] SUTSKEVER I, VINYALS O, LE Q V. Sequence to Sequence Learning with Neural Networks [C]//Advances in Neural Information Processing Systems 27: Annual Conference on Neural Information Processing Systems, 2014: 3104-3112.

[131] ZENG X R, HE S Z, ZENG D J, et al. Learning the Extraction Order of Multiple Relational Facts in a Sentence with Reinforcement Learning [C]//Proceedings of the 2019 Conference on Empirical Methods in Natural Language Processing and the 9th International Joint Conference on Natural Language Processing, 2019: 367－377.

[132] NAYAK T, NG H. Effective Modeling of Encoder－decoder Architecture for Joint Entity and Relation Extraction [C]//Proceedings of the 34th AAAI Conference on Artificial Intelligence, 2020: 8528－8535.

[133] SHANG Y M, HUANG H, MAO X L. OneRel: Joint Entity and Relation Extraction with One Module in One Step [C]//In Proceedings of the AAAI Conference on Artificial Intelligence, 2022, 36(10): 11285－11293.

[134] SHANG Y M, HUANG H, SUN X, et al. Relational Triple Extraction: One Step is Enough [C]//In 31st International Joint Conference on Artificial Intelligence, 2022, 4360－4366.

[135] RILOFF E. Automatically Constructing a Dictionary for Information Extraction Tasks [C]//Proceedings of The Eleventh National Conference on Artificial Intelligence, 1993: 811－816.

[136] KIM J T, MOLDOVAN D I. Acquisition of Linguistic Patterns for Knowledge－based Information Extraction [J]. IEEE Transactions on Knowledge and Data Engineering, 1995, 7 (5): 713－724.

[137] RILOFF E, SHOEN J. Automatically Acquiring Conceptual Patterns without an Annotated Corpus [C]//Third Workshop on Very Large Corpora, 1995: 148－161.

[138] AHN D. The Stages of Event Extraction [C]//Proceedings of the Workshop on Annotating and Reasoning about Time and Events, 2006: 1－8.

[139] LI P, ZHU Q, ZHOU G. Joint Modeling of Argument Identification and Role Determination in Chinese Event Extraction with Discourse－level Information [C]//Proceedings of the Twenty－third International Joint Conference on Artificial Intelligence, 2013: 2120－2126.

[140] LI Q, JI H, HONG Y, et al. Constructing Information Networks Using One Single Model [C]//Proceedings of the 2014 Conference on Empirical Methods in Natural Language Processing (EMNLP), 2014: 1846–1851.

[141] SHA L, LIU J, LIN C Y, et al. Rbpb: Regularization–based Pattern Balancing Method for Event Extraction [C]//Proceedings of the 54th Annual Meeting of the Association for Computational Linguistics (Volume 1: Long Papers), 2016: 1224–1234.

[142] LECUN Y, BOTTOU L, BENGIO Y, et al. Gradient–based Learning Applied to Document Recognition [J]. Proceedings of the IEEE, 1998, 86 (11): 2278–2324.

[143] HOPFIELD J J. Neural Networks and Physical Systems with Emergent Collective Computational Abilities [J]. Proceedings of the National Academy of Sciences, 1982, 79 (8): 2554–2558.

[144] SCARSELLI F, GORI M, TSOI A C, et al. The Graph Neural Network Model [J]. IEEE Transactions on Neural Networks, 2009, 20 (1): 61–80.

[145] NGUYEN T H, GRISHMAN R. Event Detection and Domain Adaptation with Convolutional Neural Networks [C]//Proceedings of the 53rd Annual Meeting of the Association for Computational Linguistics and the 7th International Joint Conference on Natural Language Processing (Volume 2: Short Papers), 2015: 365–371.

[146] CHEN Y, XU L, LIU K, et al. Event Extraction Via Dynamic Multi–pooling Convolutional Neural Networks [C]//Proceedings of the 53rd Annual Meeting of the Association for Computational Linguistics and the 7th International Joint Conference on Natural Language Processing (Volume 1: Long Papers), 2015: 167–176.

[147] NGUYEN T H, CHO K, GRISHMAN R. Joint Event Extraction via Recurrent Neural Networks [C]//Proceedings of the 2016 Conference of the North American Chapter of the Association for Computational Linguistics: Human Language Technologies, 2016: 300–309.

[148] SHA L, QIAN F, CHANG B, et al. Jointly Extracting Event Triggers and Arguments by Dependency-bridge RNN and Tensor-based Argument Interaction [C]//Proceedings of the Thirty-second AAAI Conference on Artificial Intelligence and Thirtieth Innovative Applications of Artificial Intelligence Conference and Eighth AAAI Symposium on Educational Advances in Artificial Intelligence, 2018: 5916-5923.

[149] MCDONALD R, PEREIRA F. Online Learning of Approximate Dependency Parsing Algorithms [C]//11th Conference of the European Chapter of the Association for Computational Linguistics, 2006: 81-88.

[150] KOO T, CARRERAS X, COLLINS M. Simple Semi-supervised Dependency Parsing [C]//Proceedings of ACL-08: HLT, 2008: 595-603.

[151] NGUYEN T H, GRISHMAN R. Graph Convolutional Networks with Argument-aware Pooling for Event Detection [C]//32nd AAAI Conference on Artificial Intelligence, 2018: 5900-5907.

[152] LIU X, LUO Z, HUANG H Y. Jointly Multiple Events Extraction via Attention-based Graph Information Aggregation [C]//Proceedings of the 2018 Conference on Empirical Methods in Natural Language Processing, 2018: 1247-1256.

[153] KEARNES S, MCCLOSKEY K, BERNDL M, et al. Molecular Graph Convolutions: Moving Beyond Fingerprints [J]. Journal of Computer-aided Molecular Design, 2016, 30 (8): 595-608.

[154] VELICOVIC P, CUCURULL G, CASANOVA A, et al. Graph Attention Networks [J]. arXiv preprint arXiv:1710.10903, 2017.

[155] YAN H, JIN X, MENG X, et al. Event Detection with Multi-order Graph Convolution and Aggregated Attention [C]//Proceedings of the 2019 Conference on Empirical Methods in Natural Language Processing and the 9th International Joint Conference on Natural Language Processing (EMNLP-IJCNLP), 2019: 5766-5770.

[156] YANG S, FENG D, QIAO L, et al. Exploring Pre-trained Language Models

for Event Extraction and Generation [C]//Proceedings of the 57th Annual Meeting of the Association for Computational Linguistics, 2019: 5284-5294.

[157] LIU J, CHEN Y, LIU K, et al. How Does Context Matter? On the Robustness of Event Detection with Context-selective Mask Generalization [C]//Findings of the Association for Computational Linguistics: EMNLP, 2020: 2523-2532.

第 2 章
理论基础及模型

为了方便读者理解信息抽取，本章将讲述本书涉及的一些常用概念和技术，包括互信息（Mutual Information，MI）、信息熵、依存句法分析、全连接神经网络（Fully Connected Neural Network，FCNN）、CNN、RNN、注意力机制、GNN、对比学习、Transformer、预训练语言模型等。接下来将对这些技术和结构进行详细介绍。

2.1 互信息

互信息作为信息论中的一项关键度量，衡量了一个随机变量中关于另一个随机变量的信息量。它代表了当知道一个随机变量的值时，另一个随机变量的不确定性减少的程度，用于估计变量对之间的关系，是衡量随机变量之间相互依赖程度的度量，可以通过熵来计算。在多模态领域中，互信息广泛用于衡量不同模态之间的相关性和信息共享程度，可以帮助挖掘多模态数据之间的潜在关联性，从而提高模型的性能和泛化能力。与其他线性相关性度量方法相比，互信息具有更高的灵活性和适应性。

具体地，设 X 和 Y 两个随机变量的联合分布为 $p(x,y)$，边缘分布分别为 $p(x)$ 和 $p(y)$，互信息 $I(X;Y)$ 是联合分布 $p(x,y)$ 与边缘分布 $p(x)p(y)$ 的相对熵，即

$$I(X;Y) = \sum_{x,y} p(x,y) \log \frac{p(x,y)}{p(x)p(y)} \qquad (2-1)$$

2.2 信息熵

信息熵是信息论中的一个基本概念，由美国数学家克劳德·香农于 1948 年提出。信息熵是用来衡量独立系统的混乱程度的量度，是一个随机变量的不确定性的度量，是对随机变量的可能取值的概率分布进行加权求和后取负值得到的结果。具体的可以用如下公式表示

$$H(X) = -\sum_{x \in X} P(x) \log P(x) \quad (2-2)$$

其中，$P(x)$ 表示随机变量 X 取值为 x 的概率；信息熵 $H(X)$ 表示了对随机变量 X 的不确定性的度量，也可以理解为随机变量 X 所携带的平均信息量。当随机变量的概率分布更加均匀或更加随机时，其信息熵会更高，表示其不确定性更大；而当随机变量的概率分布更加集中或更加确定时，其信息熵会更低，表示其不确定性更小。信息熵存在多种扩展形式，如条件熵、交叉熵、相对熵。这些形式在不同的应用场景中提供了更具体的度量。

2.2.1 条件熵

条件熵 $H(Y|X)$ 表示在已知随机变量 X 的前提下，随机变量 Y 的不确定性，即在给定 X 的情况下，Y 还带来多少不确定性。它的定义为

$$H(Y|X) = -\sum_{x \in X} P(x) \sum_{y \in Y} P(y|x) \log P(y|x) \quad (2-3)$$

2.2.2 相对熵

相对熵用于衡量两个概率分布 P 和 Q 之间的差异。对于两个概率分布 $P(x)$ 和 $Q(x)$，其相对熵定义为

$$D_{KL}(P \| Q) = \sum_{x \in X} P(x) \log \frac{P(x)}{Q(x)} \quad (2-4)$$

2.2.3 交叉熵

交叉熵是衡量两个概率分布之间差异的另一度量。它用于评估模型预测的概

率分布与真实分布之间的差异，常用于分类任务中的损失函数。对于真实分布 P 和模型预测分布 Q，交叉熵定义为

$$H(P,Q)=-\sum_{x\in X}P(x)\log Q(x) \quad (2-5)$$

2.3 依存句法分析

句法分析是 NLP 中的关键技术之一，主要用于确定句子的句法结构或句中词汇之间的依存关系，是实现许多 NLP 任务的一个重要环节。句法分析包含句法结构分析和依存句法分析两种，其中，句法结构分析主要用于判断句子的构成是否符合给定的语法，通常用树状数据结构表示，称为句法分析树。和句法结构分析不同，依存句法分析主要用于获取句中词和词之间的依存关系，这种用词与词之间的依存关系来描述语言结构的框架称为依存语法。在依存句法分析中，每一种依存关系都是二元的，包含一个中心词和一个依赖项，语言学家定义了很多种依存关系，不同的语言可能也不一样。在实践过程中出现了不同的依存树库，定义的依存关系也不尽相同，对于英语语料，最常用的依存树库是斯坦福依存句法（Stanford Dependency），其中定义了一系列依存关系并提供了相应的工具进行依存句法分析。

在研究中通常假设依存句法分析的结果是一棵树的形式（一种特殊的有向图），并且它需要满足以下条件：① 有一个特殊的节点是根节点，它没有入边，即依存语法中的句中唯一的独立成分；② 其他节点有且只有一条入边，可以有零条或多条出边，即依存语法中的其他从属部分；③ 对于每个叶子节点，有且只有一条从根到它的路径。

实现依存句法分析的方法主要有三类：第一类是基于规则的方法，这类方法使用类似 CYK 算法的动态规划算法、基于约束满足的方法还有确定性分析策略等；第二类方法是基于统计的方法，如生成式依存分析方法、判别式依存分析方法和确定性依存分析方法等，都属于数据驱动的代表性方法；第三类是基于深度学习的方法，该方法基于深度学习理论，将原子特征进行向量化并利用多层神经元（Neuron）网络来进行特征抽取。

2.4 FCNN

FCNN 也称多层感知器（Multilayer Perceptron，MLP）。它由多个神经元按层级结构连接组成，其中每一层的所有神经元都与下一层的所有神经元相连。其公式如下

$$y = f(x) = \sigma(W^{(L)}\sigma(W^{(L-1)}\sigma(\cdots\sigma(W^{(1)}x+b^{(1)})\cdots)+b^{(L-1)})+b^{(L)}) \quad (2-6)$$

其中，x 是输入向量；$W^{(L)}$ 和 $b^{(L)}$ 分别是第 L 层的权重矩阵和偏置向量；σ 是激活函数（如 ReLU、Sigmoid、tanh 等）。FCNN 通过层与层之间的加权求和和非线性变换，可以逼近任何连续函数（根据万能逼近定理）。

FCNN 的结构包括输入层、隐藏层和输出层。输入层接受原始数据输入，形状为 n 维向量。隐藏层由多个神经元组成，通过权重矩阵和激活函数进行非线性变换，每一层的输出作为下一层的输入。输出层输出最终结果，根据具体任务（如分类或回归）决定输出形状和激活函数。

FCNN 的工作原理包括前向传播、损失计算和反向传播。前向传播过程中，数据从输入层经过各隐藏层传递到输出层，通过权重矩阵和激活函数的作用，逐层计算输出。损失计算根据输出结果与实际标签计算损失（如均方误差、交叉熵等）。反向传播通过梯度下降算法，根据损失对权重矩阵和偏置向量进行更新，逐步减小损失值，优化网络参数。

2.5 CNN

CNN 是一类特殊的深度神经网络，主要用于处理具有网格状拓扑结构的数据，如图像。其核心思想在于通过局部连接和权重共享机制，有效地捕捉数据的空间局部特征，从而提高模型的性能和泛化能力。在 CNN 中，主要包含卷积层、池化层和全连接层。CNN 的操作通过以下公式化细节实现，卷积层通过卷积核在输入数据上进行卷积操作，从而抽取局部特征。设输入数据为 X，卷积核为 K，则卷积操作可以表示为

$$Y(i,j) = (XK)(i,j) = \sum_m \sum_n X(i+m, j+n) K(m,n) \quad (2-7)$$

其中，$Y(i,j)$ 为输出矩阵的元素；i 和 j 分别为输出矩阵的行和列；m 和 n 为卷积核的尺寸。激活函数用于引入非线性变换，使模型能够学习复杂的特征。常见的激活函数包括 ReLU，即

$$\text{ReLU}(x) = \max(0, x) \quad (2-8)$$

池化层用于减少数据的维度，从而降低模型的计算复杂度和防止过拟合。常见的池化操作有最大池化和平均池化（Average Pooling）。以最大池化为例，其公式为

$$Y(i,j) = \max_{m,n}(X(i+m, j+n)) \quad (2-9)$$

其中，$Y(i,j)$ 为池化后的输出矩阵元素；$X(i+m, j+n)$ 为池化区域内的输入矩阵元素。

2.6 RNN

RNN 是一类专门用于处理序列数据的神经网络。RNN 通过循环结构，能够记忆和利用之前时刻的信息，从而对当前时刻的输出产生影响。这使得 RNN 特别适合处理时间序列、语言模型等任务。RNN 的操作通过以下公式化细节实现：RNN 的基本结构包括输入层、隐藏层和输出层。每个隐藏层节点不仅接收当前时刻的输入，还接收前一时刻的隐藏状态。其数学表达为

$$h_t = \sigma(W_h h_{t-1} + W_x x_t + b) \quad (2-10)$$

$$y_t = \sigma(W_y h_t + c) \quad (2-11)$$

其中，h_t 是当前时刻的隐藏状态；x_t 是当前时刻的输入；y_t 是当前时刻的输出；W_h、W_x、W_y 是权重矩阵；b、c 是偏置向量；σ 是激活函数。

由于基础的 RNN 架构存在诸多局限性，因此多种 RNN 的变体被相继提出。

（1）LSTM：为了解决 RNN 的梯度消失和梯度爆炸问题，通过引入遗忘门、输入门和输出门来更好地捕捉长期依赖。

（2）GRU：LSTM 的简化版本，去掉了单独的遗忘门，旨在减少计算复杂度，同时保持对长期依赖的建模能力。

（3）双向 RNN（Bi-RNN）：针对单向传递信息的不足，通过让信息在序列的前向和后向同时流动，增强了对上下文的捕捉能力。

多层 RNN 则通过堆叠多层 RNN，使模型能够学习更复杂的序列模式和层次化的特征表示。这些变体的目的都是为了提高 RNN 在处理长序列和复杂依赖关系时的表现。

2.7 注意力机制

注意力机制是一种模拟人类认知过程的重要技术，使模型能够聚焦于输入数据中的关键部分，忽略不相关的信息。其核心思想在于模拟人类大脑在处理信息时的注意力分配过程。在这个过程中，模型通过查询（Q）、键（K）、值（V）矩阵的交互来实现信息的聚焦。Q 表示模型需要关注的输入信息，K 表示所有可能被关注的信息，V 包含实际的信息内容，与键一一对应。注意力分数通过 Q 和 K 的交互计算得到，衡量了查询与每个键之间的匹配程度，反映了输入元素的重要性。随后，注意力权重通过将注意力分数应用 Softmax 函数进行归一化得到，决定了模型在多大程度上关注每个部分，使总权重之和为 1。通过注意力机制，模型能够有效地聚焦于关键信息，提高信息处理的效率和效果。

注意力分数的计算通常有两种方法：加性注意力和缩放点积注意力。加性注意力将 Q 和 K 通过一个前馈神经网络组合来计算注意力权重，而缩放点积注意力则通过计算 Q 和 K 的点积，并结合缩放来获取注意力分数。

2.7.1 加性注意力

加性注意力的特点是，通过计算 Q 和 K 的加性组合来估算注意力权重。对于给定的查询向量 q 和键向量 k，首先将它们通过一个前馈神经网络（通常是一个简单的全连接层），然后计算它们的相似度得分。相似度得分通过 Softmax 函数转换为注意力权重。计算公式为

$$e_i = v^T \tanh(W_q q + W_k k_i) \quad (2-12)$$

其中，W_q 和 W_k 是可学习的权重矩阵；v 是可学习的向量。加性注意力的优点是

模型能够通过参数化的线性变换灵活调整 Q 和 K 的组合，但由于使用了全连接层，因此计算成本相对较大。

2.7.2 缩放点积注意力

缩放点积注意力是加性注意力的简化版本，主要通过计算查询向量 q 和键向量 k 的点积来获得相似度得分。查询向量 q 和键向量 k 的点积用于衡量它们之间的相似性。

$$e_i = q \cdot k_i \tag{2-13}$$

为了避免在高维情况下点积值过大，点积注意力引入了缩放因子 $\sqrt{d_k}$，点积注意力的公式为

$$e_i = \frac{q \cdot k_i}{\sqrt{d_k}} \tag{2-14}$$

其中，d_k 是键向量的维度。

2.7.3 注意力权重

最终通过 Softmax 函数将注意力分数转换为注意力权重。

$$\alpha_i = \frac{\exp(e_i)}{\sum_j \exp(e_j)} (\text{Softmax}) \tag{2-15}$$

2.8 GNN

GNN 是一种专门处理图数据的神经网络模型，旨在从图结构（如社交网络、分子结构、知识图谱等）中学习节点、边或图的特征表示。

图 $G=(V,E)$ 由节点集合 V 和边集合 E 组成。节点代表图中的实体，通常记作 v_i，在 GNN 中，节点可以包含特征信息，如社交网络中的用户信息、知识图谱中的实体等。边表示节点之间的关系，通常记作 e_{ij}，表示从节点 v_i 到节点 v_j 的连接。边可以是有向的或无向的，且可以包含权重，表示节点之间关系的强度。图数据的独特之处在于不规则性，即节点之间的连接模式是自由的，节点的邻居数量和结构各不相同。

GNN 的核心思想在于通过在图结构中递归地聚合每个节点的邻居信息，生成节点或图的嵌入表示。这一过程通常分为两步：从其邻居节点接收信息，并将其与自身的特征信息结合；结合邻居节点信息后，通过某种聚合函数来更新节点特征，得到新的节点表示。这一信息传播和更新过程可以重复多次（即多层GNN），从而使每个节点能够从更远的邻居节点中获取信息。

GNN 通过使用 RNN 或者卷积操作来实现节点信息的聚合和更新。GNN 的每一层都会对每个节点的特征进行更新，更新后的特征会成为下一层输入。假设 $h_v^{(k)}$ 表示节点 v 在第 k 层的特征向量，GNN 的特征更新过程通常包括以下步骤。

（1）消息传递：每个节点 v 从其邻居节点 $u \in N(v)$ 获取消息，消息通常是邻居节点的特征 $h_u^{(k)}$，有时还会包含边的特征，收到的邻居信息表示为

$$m_v^{(k+1)} = \sum_{u \in N(v)} f(h_u^{(k)}, e_{uv}) \qquad (2-16)$$

其中，f 是某种函数，用于结合邻居节点的特征和边的特征。

（2）特征更新：节点 v 结合自身的特征 $h_v^{(k)}$ 和收到的邻居信息 $m_v^{(k+1)}$，生成新的节点，表示为

$$h_v^{(k+1)} = g(h_v^{(k)}, m_v^{(k+1)}) \qquad (2-17)$$

其中，g 可以是一个非线性激活函数，也可以是其他形式的更新函数。通过多层的递归操作，GNN 能够逐渐聚合节点的邻居信息，生成节点的高级嵌入表示。

2.9 对比学习

深度学习的成功往往取决于大量数据的支持，对比学习的核心思想是学习同类数据的相似特征，同时学习不同类别数据之间的差异。对比学习是一种机器学习技术，通过比较数据样本之间的相似性和差异性来学习有效的表示。与传统的监督学习不同，对比学习不需要标记的数据，而是利用数据样本之间的对比关系进行学习。

对比学习的工作原理是通过使用一种高自由度、自定义的规则生成正负样本来进行模型训练。其中，正样本对包含相似的样本，而负样本对包含不相似的样本。通过设计模型和对比损失，其中，有类似语义的样本表示在表示空间中被拉

近,而具有不同语义的样本表示距离被最大化,从而达到类似聚类的效果。

在对比学习模型中,最上层通常是损失函数层,常用的损失函数包括对比学习损失和归一化温度缩放交叉熵损失。每个训练步骤中,通常从数据集中随机抽取若干实例构建小批次数据,并通过数据增强生成多种变体。每个实例与批次内的其他实例一起用于计算对比损失,其中部分实例作为负例。模型利用这些实例联合计算损失,以进行训练和优化。假设从数据集中随机抽取 N 个实例来构建一个小批次数据,经过数据增强后产生 $2N$ 个实例。每个实例和批次内的其他 ($2N-1$) 个实例构成负例。此时对比学习模型使用批次内的 $2N$ 个实例联合计算对比损失,即

$$L_{i,j} = -\log \frac{\exp\left(\frac{\text{sim}(r_i, r_j)}{\tau}\right)}{\sum_{k=1}^{2N} \exp\left(\frac{\text{sim}(r_i, r_k)}{\tau}\right)} \qquad (2-18)$$

其中,sim(·)表示余弦相似函数;exp 表示自然指数函数;τ 表示温度系数;r_i 表示第 i 个实例的表示。最后对得到的 $2N$ 个分类损失进行平均,用来得到最后对比学习的损失。

在对比学习模型中,同类数据之间的相似度高于不同类数据之间的相似度。通过这种方式,对比学习能够学习到数据样本之间的内在结构和特征表示。

2.10 Transformer

Transformer 是一种由谷歌提出的序列到序列生成架构,与传统基于 RNN 的序列到序列模型相比,其具有两方面的优势:首先,Transformer 完全基于注意力机制的设计,利于充分发挥现代图形处理单元(Graphics Processing Unit,GPU)的并行计算能力,使其在训练和推断时更高效;其次,Transformer 通过模块的堆叠构成了更深层的网络,这种网络层次的加深带来了性能上的提升,使其具备了更强大的拟合能力,特别是在捕捉序列中的长距离依赖方面表现出色。

Transformer 由编码器和解码器两部分构成。编码器和解码器又分别由若干个结构相同的自注意力模块堆叠而成。本节将从输入处理、编码器和解码器三个方面对 Transformer 进行介绍。

2.10.1　Transformer 的输入处理

将自然语言序列输入 Transformer 之前，首先需要对序列进行分词得到 Token 序列，进而再将 Token 序列转换为对应的向量表示序列。在 Transformer 架构中，Token 向量表示一般是由其词嵌入向量与其在序列中的位置表示向量按位相加获得的。这是因为 Transformer 仅采用自注意力机制对序列进行编码，无法如同 LSTM 等网络一样时序地对序列编码，以获取 Token 的位置信息，因此需要引入位置表示向量来提示模型 token 在序列中所处的位置。

2.10.2　Transformer 编码器

在 Transformer 模型中，编码器由多个相同结构的模块堆叠而成，每个模块包含多头自注意力和前馈网络两个顺序相连的子层。多头自注意力子层用于计算编码器输入序列的自注意力得分。编码器的每一层中，多头自注意力子层将上一层的输出映射为查询（Q）、键（K）和值（V）矩阵。Q 矩阵表示当前处理的输入序列中需要关注的信息，K 矩阵表示输入序列中所有位置的信息，V 矩阵则表示相关信息的实际内容。通过计算 Q 和 K 的点积，除以缩放因子，并应用 Softmax 函数，得到每个位置的自注意力权重，随后应用 V 矩阵以聚合相关信息。这种机制允许模型在不同的子空间中关注输入序列的不同部分，从而提高模型的表达能力。

$$\text{Attention}(\boldsymbol{Q}, \boldsymbol{K}, \boldsymbol{V}) = \text{Softmax}\left(\frac{\boldsymbol{QK}^\mathrm{T}}{\sqrt{d_k}}\right) \quad (2-19)$$

其中，d_k 为 K 矩阵中键向量的维度；$\sqrt{d_k}$ 为缩放因子，用于防止 Q 矩阵和 K 矩阵点积运算得到的结果过大，而将 Softmax 函数推入具有极小梯度的区域，从而缓解训练过程中的梯度消失问题。为了让自注意力机制能够从不同特征空间捕捉多种信息，Transformer 的自注意力模块计算采用多头并行的方式，使用不同的线性映射将原本的 Q、K、V 矩阵映射为多个维度较小的 Q、K、V 矩阵，并分别计算自注意力得分，最后通过拼接运算和线性映射整合各个头的结果。

$$\text{Head}_i = \text{Attention}(\boldsymbol{Q}\boldsymbol{W}_i^Q, \boldsymbol{K}\boldsymbol{W}_i^K, \boldsymbol{V}\boldsymbol{W}_i^V) \quad (2-20)$$

$$\text{MultiHead}(Q, K, V) = \text{Concat}(\text{head}_1, \cdots, \text{head}_h)W^O \qquad (2-21)$$

其中，W_i^Q、W_i^K、W_i^V 与 W^O 为可训练的参数矩阵；h 为自注意力模块头数。

前馈网络子层以多头自注意力子层的输出结果为输入，使用一个两层的 MLP，首先将输入映射到更高的维度，进而再将高维度的向量映射回与原输入相同的维度。除了多头自注意力和前馈网络两个子层，每个编码器模块还包含 Add 和 Norm 操作用于处理两个子层的输出。其中，Add 操作表示残差连接，在 Transformer 结构这样的深层网络中起到了防止梯度消失的作用；Norm 操作表示层归一化，有助于维持梯度流动，并提高模型的泛化能力。

2.10.3　Transformer 解码器

相似地，Transformer 解码器也由多个相同结构的模块堆叠构成，每个模块由掩码多头自注意力、编码器-解码器多头注意力和前馈网络三个子层构成，每个子层的计算结果经过残差连接和层归一化处理后输出。

解码器的第一个子层是带掩码的多头自注意力子层，掩码机制确保在计算解码器端输入序列的自注意力得分时，序列中的每个单词只能看到其之前的信息，而不能看到其之后的信息。这是因为在解码器生成某个单词时，该单词后面的序列仍处于未生成状态，因此其依赖的信息应该被限制在其之前的单词序列内。解码器的第二个子层是编码器-解码器多头注意力子层，用于计算编码器与解码器之间的注意力。在该子层中，Q 矩阵来自上一层解码器的输出，K 矩阵和 V 矩阵则由编码器端整体的输出映射得到。解码器的第三个子层是前馈网络子层，其结构与编码器中的前馈网络子层相同，在此不再赘述。

2.11　预训练语言模型

2.11.1　BERT

2018 年谷歌发布了 BERT 模型，其不仅在机器阅读理解任务上刷新了最好的表现，还在另外 11 种不同的 NLP 任务中表现不凡，因而有关 BERT 模型的应用和改进版本层出不穷。BERT 模型的全称为基于 Transformer 的双向编码器表征模型，由此可以看出 BERT 是基于特征抽取能力较强的 Transformer 模型，并且仅仅使用了 Transformer 模型的编码器部分，因此在 BERT 模型中，输入可以是一个单词序列，输出的则是单词序列对应的向量表示。BERT 自底向上可以分为三个部分，分别是 Embedding 模块、双向 Transformer 模块和预微调模块。

（1）Embedding 模块。该模块由三种 Embedding 共同组成：其中，Token Embedding 是词嵌入表示，起始位置的 CLS 标志代表整个句子的语义，能用于后续的分类任务；Segment Embedding 是句子分段表示，设置 SEP 标志对不同句子进行分隔，利于后续以两个句子作为输入的 NLP 任务的开展；Position Embedding 是位置编码表示，和传统的 Transformer 计算方式不同，没有使用三角函数计算固定的位置编码，而是通过在训练过程中学习得到。输入 BERT 的单词序列的最终表示即上述三种 Embedding 直接相加的结果。

（2）双向 Transformer 模块。在 BERT 模型中堆叠了多个 Transformer 模型的编码器部分，并且信息的传递方向是双向，既有从前向后也有从后向前，这样的设计充分考虑了单词所在上下文环境的信息。具体地，Transformer 模型的编码器由输入部分、自注意力机制和前馈神经网络构成。

输入部分由随机初始化或使用 Word2Vec 等方式得到的单词的嵌入表示和位置编码对位相加得到，这里引入位置编码主要是因为 Transformer 使用并行计算，会忽略句子中单词之间的前后顺序关系，使用三角函数计算固定的位置编码从而保存单词在序列中的位置信息。

（3）预微调模块。在经过中间的双向 Transformer 模块处理后，BERT 模型的最后一层根据不同任务的特定需求做出相应的调整。例如，对于句子级的文本分类任务，可以直接取 BERT 模型的分类 CLS 对应的输出表示作为句子特征，输入到一个全连接层中使用 Softmax 函数来预测句子对应的标签。

2.11.2　GPT

GPT 是由 OpenAI 开发的一系列基于 Transformer 架构的 NLP 模型。GPT 模型以其大规模参数、强大的生成能力和广泛任务适应性，成为 NLP 领域的重要里程碑，推动了语言模型在多个应用场景中的实际部署。GPT 模型的参数规模在不断扩大。最初的 GPT-1 模型包含 1.17 亿参数，而 GPT-2 模型将参数规模增加到15亿，GPT-3模型的参数规模更是已经达到了1 750亿，GPT-4模型的参数规模虽然没有公布，但业内普遍估计已经达到了万亿级。

GPT模型核心特点是自回归生成能力，通过预测给定上下文中的下一个词来生成连贯的自然语言文本。GPT模型使用海量未标注文本数据进行训练，包括各种来源的文本，如书籍、新闻、维基百科等，大规模的预训练使得模型能够学习到丰富的语言模式和语义知识。

GPT模型由于庞大的参数量展现出了强大的通用性，能够通过少量示例快速适应不同的任务，如文本生成、问答系统、文本摘要、机器翻译等。

2.11.3　ChatGPT

ChatGPT是基于OpenAI的GPT系列模型开发的对话生成模型，专门用于处理对话任务。它在GPT模型的基础上，特别优化了对话生成能力，具有强大的上下文理解和生成能力。ChatGPT通过在大量对话数据上进行微调，使其能够生成自然、连贯且上下文相关的对话。

ChatGPT的核心依然是基于Transformer架构的GPT模型。通过进一步优化和微调，ChatGPT特别适用于人机对话、问答系统等交互式任务。优化包括调整模型参数和训练方法，以便更好地处理对话特有的复杂性和多样性。

ChatGPT相较于GPT模型，专门针对对话任务进行了大规模数据训练。其强大的上下文理解能力使得ChatGPT能够根据对话上下文生成语义逻辑一致的回答，保持对话的连贯性。它能够处理多种类型的用户输入，如提问、指令和闲聊，具有灵活的适应能力。ChatGPT不仅能回答具体问题，还能根据用户需求生成详细的解释、提供建议，甚至进行逻辑性强的讨论。通过少样本学习，ChatGPT在缺乏特定任务标注数据时，仍能生成高质量的对话内容。这种能力使得ChatGPT的应用场景越来越广泛。

2.11.4　CLIP

CLIP是由OpenAI开发的多模态模型，旨在通过对比学习结合图像和文本，以提升模型的泛化性能。传统的图像分类算法通常依赖预设类别和强监督训练方式，这限制了模型在新类别出现时的适应性，往往需要新的标注数据进行再训练。

受到 NLP 算法的启发，CLIP 通过收集互联网上的大规模原始图文数据进行预训练，涵盖了 4 亿个图像-文本对。这一过程通过构造图文匹配任务，使模型在一个共享空间中学习对应的文本和图像表征。

CLIP 使用对比学习，通过最大化正确图像-文本对的相似度和最小化错误对的相似度来训练模型。这使得 CLIP 能够在没有特定任务训练的情况下，以零样本学习的方式直接应用于各种下游任务。

CLIP 在图像分类、对象检测和文本-图像检索等任务中表现出色。即使没有特定的标签数据，CLIP 也能基于自然语言描述进行识别和分类。此外，它还能通过自然语言查询识别图像中的具体对象，在文本-图像检索中快速找到相关性。

目前，CLIP 在多个视觉和多模态任务上展示出了卓越的性能，特别是在零样本学习方面，与传统的监督学习方法相比具有显著优势。多模态能力使其在自动化图像标注、内容审核和增强现实等实际应用中表现优异，展示了多模态模型在理解和生成复杂数据上的潜力，推动了人工智能技术在图像和语言结合任务中的广泛应用。

参考文献

[1] VASWANI A, SHAZEER N, PARMAR N, et al. Attention Is All You Need [C]// In Proceedings of the 31st International Conference on Neural Information Processing Systems, 2017: 6000-6010.

[2] DEVLIN J, CHANG M, LEE K, et al. BERT: Pre-training of Deep Bidirectional Transformers for Language Understanding [C]// In Proceedings of the 2019 Conference of the North American Chapter of the Association for Computational Linguistics: Human Language Technologies (Volume 1: Long and Short Papers), 2019: 4171-4186.

[3] RADFORD A, NARASIMHAN K, SALIMANS T, et al. Improving Language Understanding by Generative Pre-training [J]. 2018.

[4] RADFORD A, WU J, CHILD R, et al. Language Models Are Unsupervised

Multitask Learners [J]. OpenAI Bloy, 2019, 1(8): 9.

[5] BROWN T B, MANN B, RYDER N, et al. Language Models Are Few-shot Learners [C]// Proceedings of the 34th International Conference on Neural Information Processing Systems, 2020: 1877–1901.

[6] RADFORD A, KIM J W, HALLACY C, et al. Learning Transferable Visual Models from Natural Language Supervision[J]. arXiv preprint arXiv: 2103.00020, 2021.

第 3 章
基于冗余降噪策略的实体关系联合抽取

3.1 引言

随着大数据的迅猛发展，海量信息常以半结构化或者非结构化的形式呈现给用户，如何精准并高效地从这些数据中获取有用的信息，这是 NLP 任务的重要基础。实体关系联合抽取作为信息抽取的重要子任务之一，能够有效地从非结构化文本中抽取能够被计算机理解的结构化数据，为知识图谱构建、知识推理等任务提供数据支持，因而逐渐引起广大研究人员的关注。

NER 是对文本中的命名实体进行定位和分类的过程，可以识别出文本中具有特定意义的命名实体，并将其分类为预先定义的实体类型，如人名、地名、机构名等。关系抽取旨在已完成实体识别的基础上，检索实体间所存在的关系，即在已标注出实体及实体类型的句子上确定实体间的关系类别。由于关系抽取可以构建起实体节点之间的关联，从而组成网状结构，因此，关系抽取常应用于文本语义理解和知识图谱构建中。

根据 NER 和关系抽取任务的描述，关系抽取是在 NER 完成之后进行的。因此，实体关系联合抽取任务便被提出并实现。实体关系联合抽取可以为情感分析和推荐系统等 NLP 任务提供更加全面、准确的信息，以便精细化分析和推断，对 NLP 领域具有重要意义。实体关系联合抽取能够自动识别实体、实体类型以及实体之间特定的关系类型，直接将非结构化的文本信息转化为计算机能够理解的结构化知识信息，能够为知识图谱构建、智能问答和语义搜索等下游任务提供基础支持，在信息抽取领域有着重要的地位。

早期的实体关系联合抽取任务都采用流水线方式完成，这种方式将实体识别和关系抽取看成两个独立的任务，流水线模型的优点是可以针对实体识别和关系抽取任务的特点，灵活设计两个任务的模型，但也存在以下问题。

（1）错误传播问题。实体识别是关系抽取的前置任务，实体识别模型的错误会导致关系分类模型无法得到正确的结果。

（2）忽略了两个子任务的内在联系。流水线模型将实体识别和关系抽取当成两个独立的任务来分开训练，实际上两个任务之间存在着紧密的交互信息，例如，一个句子中如果存在"作者"关系，那么句子中会包含"作家"以及"作品"实体。

（3）信息冗余问题。实体识别结果中的部分实体与其他实体不存在语义关系，实际上是关系抽取任务中的冗余信息，会影响关系抽取结果的精度。

由于流水线模型存在上述缺陷，因此，实体关系联合抽取模型便被提出。同时抽取实体和实体间关系的实体关系联合抽取模型，通过联合建模的方式来捕获它们之间的相互依赖和上下文信息，可以同时从文本中自动识别和抽取出实体和实体间的关系，以获得更加精准和完整的结果。实体关系联合抽取模型可以同时处理不同类型和数量的实体和关系，与流水线模型相比具有以下特点和优势。

（1）效率更高。实体关系联合抽取模型可以同时对实体和实体间的关系进行分析，避免了重复计算和信息丢失，可以更加高效地完成任务。

（2）精度更高。实体关系联合抽取模型利用实体和关系之间的上下文信息来提高识别精度，因为实体和关系相互依赖，所以一个实体可能会影响其他实体以及它们之间的关系。而流水线模型仅考虑局部信息，并不能很好地捕捉到全局的语义信息。

（3）模型体量更小。实体关系联合抽取模型中一些实体识别和关系抽取任务中共有的步骤（如词嵌入、词编码等），仅需一步即可完成，从而减少了不必要的重复步骤，进而减少模型的体量。

尽管近些年研究人员提出了各种方法来进行实体和关系的联合抽取，但是实体关系联合抽取领域仍然有许多挑战，如实体嵌套、关系重叠等问题。

（1）NER 技术现阶段还面临着实体嵌套的问题，有研究人员通过使用多标签序列标注、单标签多次序列标注、基于图的方式来解决，但是上述方法模型难以收敛，或效果不尽如人意；后来有研究人员提出基于跨度（span）穷举方式的 NER 方法，该方法能够很好地解决实体嵌套问题，但存在计算量庞大的不足。

（2）关系抽取技术现阶段还面临着实体对重叠（Entity Pair Overlap，EPO）的问题，有研究人员使用动态阈值的方法，将 Softmax 函数更换成为 Sigmoid 函数，进而用动态阈值来进行同一对实体之间多关系的抽取，该方式建模简单，但是效果不尽如人意，后续有较大发展空间。也有研究人员对同一对实体，将其与所有关系做二分类计算，但是该方法计算量过于庞大，影响模型的训练效率。另外，现有的关系抽取模型都过分依赖实体的头尾标签，对于头尾标签出错的二元组，现有的关系抽取模型都无法得出正确的结果。

（3）联合抽取模型也面临着关系重叠问题，除了 EPO 问题外，还有单实体重叠（Single Entity Overlap，SEO）的问题。对于 EPO 问题，可以采用关系抽取技术中解决该问题的方式；对于 SEO 问题，有研究人员提出对实体集合用两两遍历的方式或复制的方式解决；后来有研究人员将 span 穷举和实体集合遍历的方式结合，即遍历所有实体对的同时对所有关系做二分类计算，该方法能够同时解决 SEO 和 EPO 问题，但是该方法的计算量会以两种方法计算量的乘积进行递增，同时会产生大量的负样本，影响模型的训练效果。另外，级联误差也是部分联合抽取模型面临的问题之一。

实体关系联合抽取模型具有高效、精准、通用的特点和优势，在 NLP 领域具有广泛的应用前景和实际意义。本章围绕实体关系联合抽取方法展开，研究解决 SEO 和 EPO 问题，以及训练过程中的计算量和负样本问题，改善模型效率。

3.2 基于 span 的冗余策略 NER

针对现有 NER 模型缺少与下游任务配合的问题，本书作者研究团队提出了一种基于 span 的冗余策略 NER 模型，即 Greedy-NER 模型。该模型除了拥有基础 NER 模型的良好性能外，还可以通过调整相应超参数，使其能够通过灵活调整精确率和召回率的比例,为其下游任务提供更好的支持。

3.2.1 任务描述及问题定义

NER 是 NLP 中一项非常基础的任务,是信息抽取、问答系统、句法分析、机器翻译等众多 NLP 任务的重要基础工具。命名实体一般指的是文本中具有特定意义或者指代性强的实体,通常包括实体类、时间类、数字类三大类和人名、地名、组织机构名、时间、日期、货币、百分比七小类。NER 任务,就是从非结构化的输入文本中抽取上述实体,并且可以按照业务需求识别出更多类别的实体。对于给定句子 $S = \{w_1, w_2, \cdots, w_n\}$,其中,$w_i$ 为句子 S 中第 i 个单词,n 为句子长度。该序列经过 NER 过程后得到三元组列表,每一个三元组都包含一个实体的信息。在三元组中,$I_s \in [1,n]$ 和 $I_e \in [1,n]$ 分别指代实体的开始索引和结束索引,t 是预定义类别集合中的实体类型。

早期的 NER 方法主要包括基于规则的方法和基于人工特征的方法。与上述方法相比,基于深度学习的方法具有明显的优势。具体表现在:

(1)深度学习方法能够自动学习特定任务的分布式特征,避免了需要手动定义特征的复杂性和主观性,这种能力使得模型能够更好地适应不同类型和语境下的 NER 任务;

(2)深度学习方法能够自动学习词、短语和句子等不同粒度语言单位的语义向量表示,通过这种方式,模型可以更深入地理解语言的语义结构,从而提高了 NER 的准确性和泛化能力;

(3)从数据稀疏性的角度来看,深度学习方法能够生成低维连续向量表示的分布式特征,相比传统的高维离散向量表示,这种表示更有效地利用数据的信息,特别是在数据量有限或者标注成本高昂的情况下尤为明显;

(4)深度学习方法还能够方便地整合和迁移来自各种异构数据源的信息,这种能力在解决低资源语言和特定领域数据标注不足的问题上尤为重要,通过利用大量的非标注数据和跨领域信息,模型能够显著提升在这些挑战性场景下的表现。

就 NER 而言,研究人员探索了大量基于深度学习的方法,并取得了实质性的进展。2019 年,预训练模型 BERT 出现,BERT 是一个多层的双向 Transformer

编码器，它利用大量的无标注语料进行训练，能够全面并准确地捕捉语句的特征，并生成带有这些特征的词向量，进而生成质量远高于 LSTM 等传统神经网络结构的词向量，能够将句子生成带有上下文语义信息的词向量序列，在 NLP 的诸多领域获得了非常好的结果。

实体嵌套是 NER 领域的一个固有问题，同样也是实体关系联合抽取领域的固有问题之一，为了解决实体嵌套问题，有研究人员提出多标签序列标注、单标签多次序列标注和基于图的方式。而基于 span 的穷举方式也能够解决此问题，但是缺点也如该方法本身，拥有显著的庞大计算量和大量的负样本。因此，解决计算量和负样本问题是使用基于 span 的穷举方式解决该问题的关键。另外，在传统的实体关系联合抽取任务中，无论是流水线模型还是联合抽取模型，NER 模块往往只考虑了 NER 本身的准确性，而未充分考虑 NER 错误可能对后续模块（如关系抽取）造成的级联影响。这种级联误差问题可以导致整体任务的性能下降。实体嵌套示例如图 3-1 所示，图中展示了 2 个连续字符串，共 4 个实体。值得注意的是，实体"北京"嵌套于"北京东路的日子"，实体"南京"嵌套于"南京外国语学校"。

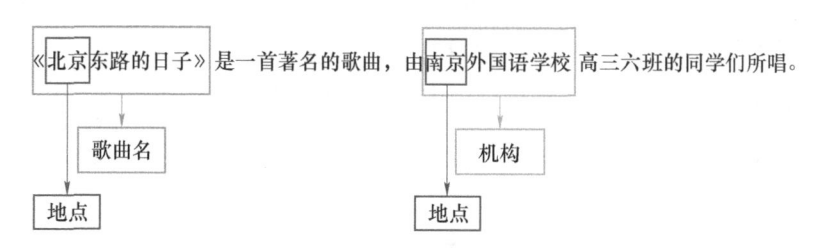

图 3-1 实体嵌套示例

Greedy-NER 模型针对基于 span 的穷举方式庞大的负样本问题和与其相伴的计算量问题，为穷举策略设计了一个采样函数，可以根据训练集中的正样本数量，灵活地控制负样本的数字，从而使模型快速收敛。此外，针对 NER 任务与下游任务的级联误差问题，则拟以牺牲少部分精确率为代价，使模型将包含所有正确实体的集合抽取出来，通过冗余抽取策略来减弱甚至消除级联误差，即努力达到尽可能高的召回率，从而避免由召回率不足而导致的任务间的级联误差问题。此外，Greedy-NER 模型还设置了一个可以定制的超参数，来控制精确率和召回率的相对大小，以应对不同的下游任务需求。Greedy-NER 模型的优势在于：

（1）Greedy-NER 模型不仅能够在自身任务上通过调整超参数来达到自身结果的准确，也能够通过调整相应超参数达到极高的召回率，进而极大地减弱甚至消除由分步操作带来的级联误差问题，从而很好地为后续关系抽取模块服务；

（2）Greedy-NER 模型能够在继承穷举方式的优点，即解决实体嵌套问题的基础上，减少计算量，可以自适应不同的数据集，灵活变化；

（3）在数据集 CoNLL04、SciERC、NYT、WebNLG 上的结果表明，Greedy-NER 模型具有较高的召回率，且可以根据超参数灵活调整精确率和召回率的相对大小。

传统 NER 模型基本结构与常规基于 span 的 NER 模型相似，如图 3-2 所示。Greedy-NER 模型与常规模型不同的地方主要在于训练目标，具体内容会在下一节进行详细介绍。

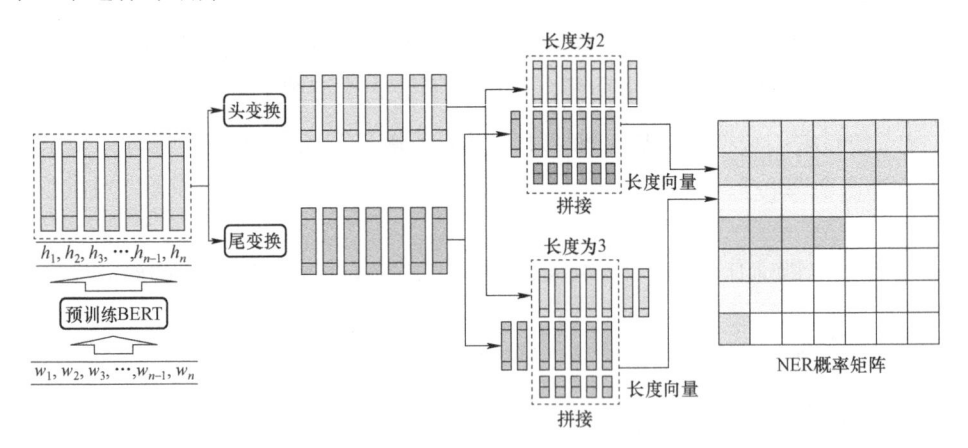

图 3-2 基于 span 的 NER 模型

3.2.2 方法

本节对采样层、编码层、span 表示层、概率计算层以及最后的训练目标进行详细介绍。

3.2.2.1 方法概述

基于 span 穷举策略的 NER 任务，是在给定的句子中抽取正确实体的词序列的任务。给定句子 $S=\{w_1,w_2,\cdots,w_n\}$，其中，w_i 为句中第 i 个词，n 为句子长度，通过 NER 模型之后，抽取集合 $E=\{\{w_i,\cdots,w_j\},\{w_k,\cdots,w_m\},\cdots\}$。

对于一个长度为 n 的句子来说，所有的词序列有 $(n+1)n/2$ 个。例如，一个长度为 50 的句子，其可能的子串就有 1 275 个，而在这些子串中，蕴含的正样本，即正确实体的数量，可能仅有 2~3 个，正例的占比仅有 0.2%。因此，针对负样本问题，Greedy-NER 模型使用了一种采样策略的训练方法，能够灵活控制训练中的负样本数量，进而降低过多负样本对模型的影响，使得模型能够更好地捕捉正例的特征并进行准确的判断。

在分类任务中，精确率反映的是模型的查准能力，而召回率反映的是模型的查全能力。在非单步的实体关系联合抽取中，级联误差是固有的问题。级联误差可分为两部分：一部分是上一步抽取的假正例引起的噪声影响；另一部分是上一步遗漏的真正例带来的影响。对于第一种噪声影响，可以通过强化下一步模型的性能来进行消除，理论上，只要下一步的模型足够好，就可以完全消除第一种级联误差；而对于第二种级联误差，如果不在当前任务中对遗漏的正例采取措施，那么下一步模型是无法弥补这一部分损失的。传统 NER 模型对下游任务产生的影响如图 3-3 所示，对于句子"宏伟的天安门位于中国的首都，美丽的帝都，北京。"，其中的实体包括"天安门""中国"和"北京"；其中的三元组包括（天安门、位于、中国）、（北京、位于、中国）、（中国、首都、北京）和（天安门、位于、北京）4 个。传统的关系抽取方法只考虑了提高 NER 任务本身的 F1 值，如图 3-3 中上半部分所示，虽然 F1 值有 80%，但是模型遗漏的实体"天安门"将会导致下游任务（关系抽取）出现严重的瓶颈限制。由于缺少了"天安门"实体，因此（天安门、位于、中国）、（天安门、位于、北京）这两个三元组无法被抽取。而 Greedy-NER 模型的思想如图 3-3 中下半部分所示，尽管 NER 任务相比上半部分模型，F1 值只有 75%，但是它凭借着极高的召回率，移除了下游的关系抽取任务的瓶颈。理论上，只要下一步关系抽取模型的性能足够好，是完全有可能在消除引入噪声的同时，将句中原有的三元组全部抽取。

3.2.2.2 采样层

采样层主要针对数据集进行负例的生成。与普通的 BIO 序列标注方式不同，Greedy-NER 模型中，命名实体采用（起始位置，长度）的二元组来表示，即 (start, length)。在数据预处理阶段，对于每一个训练数据，不论其包含几个正例，都可以通过设置超参数 $total_{entity_{num}}$ （单句实体总数）来控制总样本数。当样本数

低于 total$_{entity_{num}}$ 时，采样模块将随机生成负例，即

$$start = random(0, sentence\_length) \quad (3-1)$$

$$length = random(1, max\_length) \quad (3-2)$$

$$max\_length = min(sentence\_length - start, max\_entity\_length) \quad (3-3)$$

其中，sentence_length 是该句的长度；max_length 是数据集中最长的实体长度。这里对其进行长度限制的原因是，如果不对其设置上限，那么数据集中会生成大量的过长实体，而据统计，数据集中的实体长度分布统计如图 3-4 所示，数据集中的正例实体长度绝大多数都集中在 3 左右，过长的负例实体会导致模型缺乏对短实体的判断能力，因此，设置实体长度上限，可以使模型更好地判断该序列是否为实体。此外，人工制造负例的长度与正例接近，也能够训练模型在预测阶段的判断能力。

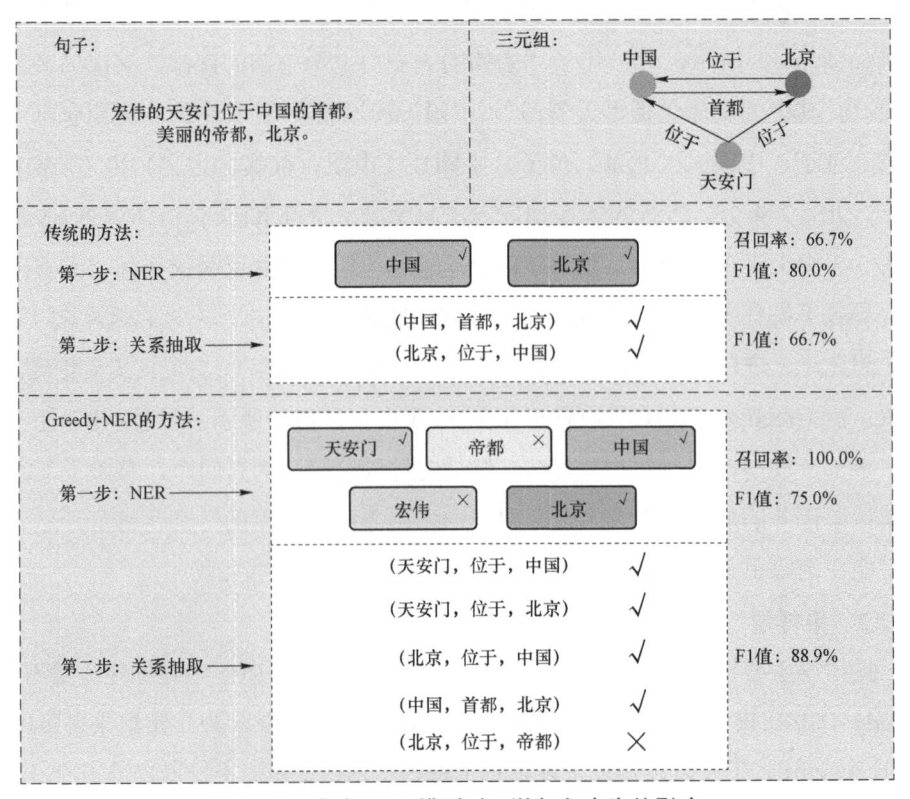

图 3-3　传统 NER 模型对下游任务产生的影响

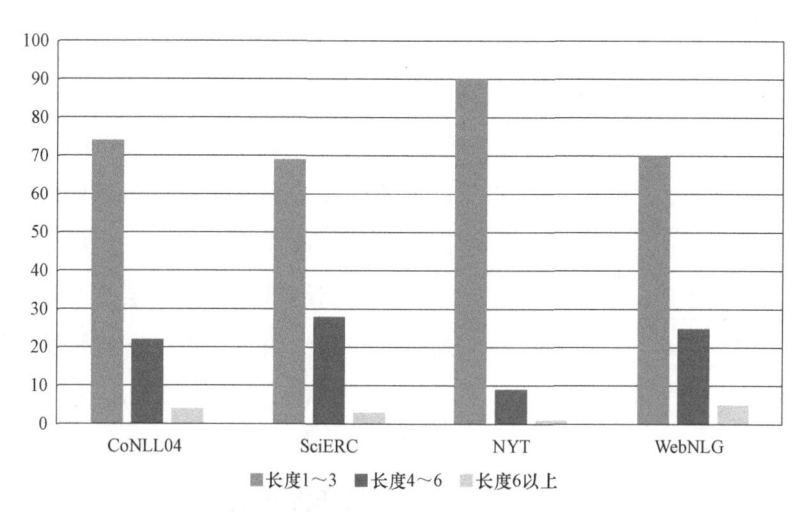

图 3-4 数据集中的实体长度分布统计

3.2.2.3 编码层

Greedy-NER 模型使用预训练 BERT 模型进行句子的编码。首先将句子进行 BPE 编码分词,变成 Token 的序列,即

$$\{t_1, t_2, \cdots, t_n\} = \text{Tokenize}(\{w_1, w_2, \cdots, w_m\})$$

其中,$\{w_1, w_2, \cdots, w_m\}$ 为句子原始的词序列;m 为序列长度;$\{t_1, t_2, \cdots, t_n\}$ 为分词后的词序列;n 为序列长度。进行分词之后,BERT 模型通过嵌入操作将序列转化为向量。然后,BERT 模型通过 Embedding 操作将输入序列转化为向量,同时考虑字符信息、句间信息以及字符间的位置信息,如图 3-5 所示。

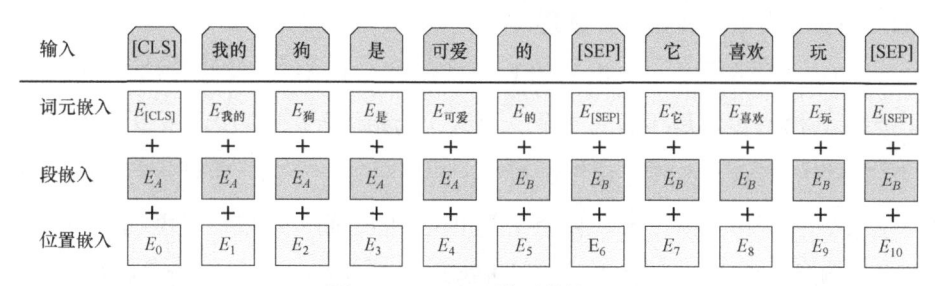

图 3-5 BERT 模型的输入

随后 BERT 模型将嵌入层的输出 E，输入多层双 Transformer 结构，以获得具有更多语义及上下文关联信息的特征表达。Transformer 模型的编码模块由 6 个编码器组成，每个编码器的结构如图 3-6 所示。通过多头自注意力层，模型可以计算输入序列中每个位置的表示与其他位置的依赖关系权重，从而有效地捕捉全局语义信息。前馈网络层独立作用于每个位置的表示，它通常是一个两层的全连接结构，通过应用激活函数来进行非线性变换，从而进一步增强模型的表达能力。在编码器的不同层之间，使用了残差连接和层归一化。残差连接允许将原始输入直接添加到网络的输出中，有助于缓解深层网络训练中的梯度消失问题。而层归一化则通过对每个子层的输出进行规范化，使得训练更加稳定和高效。

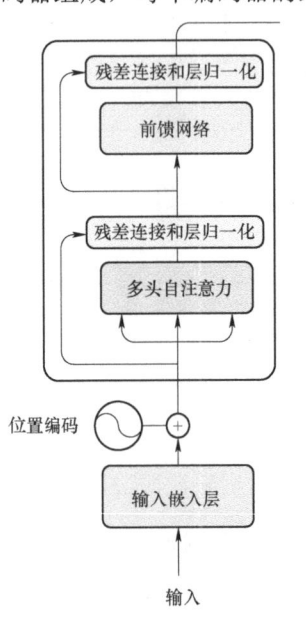

多头自注意力机制也是编码器的关键部分。它将输入向量分成多个头（如 8 个头），每个头执行不同的注意力计算，然后将这些头的结果拼接在一起或者通过线性变换后拼接，以形成最终的自注意力层输出。Transformer 模型多头自注意力层的计算公式见式（2-19）。

图 3-6 Transformer 单层编码器结构

多头自注意力机制可以关注不同方面的信息，从不同维度表征丰富的语义关系。多头自注意力机制结果的具体计算公式见式（2-20）和式（2-21）。

3.2.2.4 span 表示层和概率计算层

在 span 表示层里，Greedy-NER 模型使用一个二维矩阵来存储 span 表示结果，因为其模型实体是存储的一个二元组（起始位置，长度），所以实体集合是一个二元组的集合。在模型运行过程中，如果对每一个二元组都进行 span 的表示和操作，会变得异常烦琐，且会花费相当多的时间，所以该模型在 span 编码部分，将所有的编码结果生成一个二维矩阵。如图 3-7 所示，矩阵第 i 行第 j 列的向量就代表长度为 i、起始位置为 j 的片段经过编码之后的结果。

对句子进行向量化之后，对序列 $\{h_1, h_2, \cdots, h_n\}$ 分别进行开始位置变换和结束

位置变换，生成开始位置的向量序列和结束位置的向量序列，用于后文 span 的表示，即

$$\{\mathbf{start}_1, \mathbf{start}_2, \cdots, \mathbf{start}_n\} = \text{Trans}_{\text{start}}(\{\mathbf{h}_1, \mathbf{h}_2, \cdots, \mathbf{h}_n\}) \quad (3-4)$$

$$\{\mathbf{end}_1, \mathbf{end}_2, \cdots, \mathbf{end}_n\} = \text{Trans}_{\text{end}}(\{\mathbf{h}_1, \mathbf{h}_2, \cdots, \mathbf{h}_n\}) \quad (3-5)$$

对于一个起始位置为 i、长度为 ls 的 **span**，表示方式为

$$\mathbf{span}_{i,\text{ls}} = \text{Concat}([\mathbf{start}_i; \mathbf{end}_{i+\text{ls}}; \mathbf{pos}_{\text{ls}}]) \quad (3-6)$$

其中，$\mathbf{pos}_{\text{ls}}$ 为长度 ls 的嵌入向量；Concat 为拼接操作。开始向量和结束向量以及长度嵌入向量三者拼接之后，形成 span 的表示向量，所有的 span 表示向量拼接在一起，一共有 $n(n+1)/2$ 个，使用矩阵表示时是一个如图 3-7 所示的上三角矩阵，将其余位置用 0 填充，形成一个 span 表示的穷举矩阵 **Sp**，使用该表示矩阵来对 span 表示进行分类，即

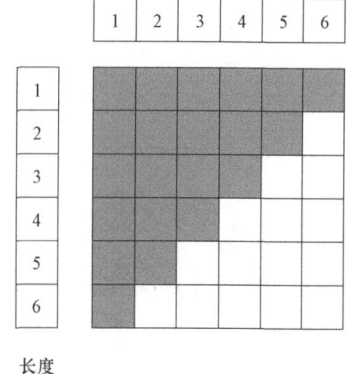

图 3-7 span 的表示方式

$$\mathbf{P} = \text{span2prob}(\mathbf{Sp}) \quad (3-7)$$

其中，$\mathbf{P}$ 是概率矩阵，其维度为 [max_sentence_length, max_sentence_length]；max_sentence_length 是最长句子长度；span2prob(·) 是将 span 表示的编码结果转化为概率的计算，包含归一化、线性映射和 Sigmoid 激活函数。

在实际训练过程中，如果将上述矩阵都生成有效数据，那么就没有达到减少计算量和负样本数量的目的，针对这种情况作者研究团队设计了一个减少计算量的算法：在每一个批次进入模型进行计算之前，针对其中蕴含的所有实体，进行一个长度合并，将需要进行编码的长度计算和排序之后，交给模型进行计算。为了保证矩阵的完整性，空缺的行采用值为 0.5 的行向量进行填充。这里采用值为 0.5 的向量进行填充是因为，如果用 0 或 1 进行填充，那么在后面使用 $\log(p)$ 或 $\log(1-p)$ 计算损失函数的过程中，都会导致梯度爆炸。

值得说明的是，在预测阶段，由于实体长度分布的特点（见图 3-4），模型会直接过滤掉长度 > 10 的实体。

3.2.2.5 训练目标

得到概率矩阵 $\mathbf{P}$ 之后，则会根据真实标签，对正例和负例生成相应的损

失函数。根据图 3-7 所示的上三角矩阵，实验中生成的真实标签也与概率矩阵 P 维度相同，正例使用 1 来标记；而负例使用 -1 来标记；不参与训练的负例，则使用 0 来填充，这些样本不参与计算，不影响参数更新。

对于正例和负例来说，Greedy-NER 模型的损失函数计算公式为

$$\text{loss}_{\text{pos}} = \sum \log(p) \tag{3-8}$$

$$\text{loss}_{\text{neg}} = \sum \log(1-p) \tag{3-9}$$

$$\text{loss} = \rho \lambda \text{loss}_{\text{pos}} + \text{loss}_{\text{neg}} \tag{3-10}$$

$$\lambda = \frac{N_{\text{neg}}}{N_{\text{pos}}} \tag{3-11}$$

其中，N_{pos} 和 N_{neg} 分别为训练样本中正例的数量和负例的数量；λ 为自动调和因子。loss_{pos} 经过 λ 的调和，与 loss_{neg} 趋于等势。基于这种调和的方式，对模型的精确率和召回率的相对大小进行调节，进而可以使模型能够适应不同的数据集。

式（3-10）中的 $\rho \in (0,1)$ 是超参数，是对正例损失相对于负例损失的倍数调节，通过这种倍数调节机制，来调节对正例误判的惩罚。当 ρ 较小时，精确率和召回率趋近一致；当 ρ 较大时，精确率下降，而召回率能够得到显著提升。ρ 也可以配合前文提到的采样数量 $\text{total}_{\text{entity}_{\text{num}}}$ 来共同进行调节，在 ρ 值相等的情况下，$\text{total}_{\text{entity}_{\text{num}}}$ 越大，模型的召回率也会相应提高。

3.2.3 实验

本节主要介绍验证 Greedy-NER 模型有效性的相关实验，共有两组实验。首先，将本模型与不同数据集上的当前主流的 NER 模型进行比较，验证本模型在 NER 任务上的有效性，即性能对比实验；然后，通过设置不同的超参数，分析验证不同的负例数量、惩罚倍数对实验结果的影响，并分析其为下一步的关系抽取任务带来的影响，也称消融实验。

3.2.3.1 实验数据和评价指标

本节实验所用数据集有 CoNLL04、SciERC、NYT、WebNLG。

（1）CoNLL04 数据集定义了 4 种实体类型，包括位置（Loc）、组织（Org）、人（Peop）和其他（Other），以及 5 种关系类别，即坐落在（Locate_In）、基于

的组织在（OrgBased_In）、住在（Live_In）、杀死（Kill）和工作在（Work_For）。

（2）SciERC 数据集收集自 500 篇人工智能论文摘要，包括 Task、Method、Metric、Material、Other-ScientificTerm、Generic 等 6 种实体类型，Compare、Part-of、Conjunction、Evaluate-for、Feature-of、Used-for、HyponymOf 等 7 种关系。

（3）NYT 数据集是通过远程监督方式将 Freebase 中的三元组和纽约时报语料对齐而来的，原始版本包含约 57 万训练语句，52 种预定义关系和 1 个表示实体之间没有关系的特殊关系 NA。后来，研究人员去除了其中的噪声数据，保留了约 5.6 万训练语句和 24 种预定义关系。

（4）WebNLG 数据集最初是为了自然语言生成（Natural Language Generation，NLG）任务而构建的，包含 DBPedia 中的 6 类三元组（航天员、建筑、纪念碑、大学、运动队、著作）及 200 余种关系，目的是根据三元组生成对应的自然语言描述，后来被用于关系抽取任务。

Greedy-NER 模型采用精确率、召回率以及二者的调和平均数 F1 值作为模型的评价指标。对于每个样本，模型预测出的标签可以分为 4 类，分别是正确预测为正样本 TP、错误预测为正样本 FP、错误预测为负样本 FN 以及正确预测为负样本 TN，而 P、R、F1 值的计算过程见式（1-25）、式（1-26）、式（1-27）。

3.2.3.2 实验参数设置

本节主要说明实验过程中用到的一些训练参数及其取值，如表 3-1 所示。

表 3-1　Greedy-NER 模型训练参数及其取值

参数名	值
batch_size	8
learning_rate	1e-5
dropout	0.3
length_embedding_dim	128
max_sentence_length	128
ρ	0.85
BERT_type	bert-base-uncased

超参数 ρ 的值，随着不同的数据集以及添加正负例比例的不同可以动态调节，进而影响模型的效果。

3.2.3.3 性能对比实验

本节就上述的 4 个数据集，与当前学术界主流模型进行性能对比实验。Greedy-NER 模型以每个数据集为索引，分别就不同的数据集与该数据集上的主流模型进行比较。

在 CoNLL04 和 SciERC 数据集上，本节选取以下模型作为基线模型：Multi-turn QA、Multi-head、TANL、SpERT、Tabel-filling、PERA、SciIE、DyGIE++、Sci BERT、PURE、PL-Marker。接下来对基线模型进行简单的介绍。

（1）Multi-turn QA：采用机器阅读理解的方法，将先验信息融入问题中，在问题和句子的交互中捕捉语义信息，提高了模型的准确性。

（2）Multi-head：使用 CRF 层对实体识别任务进行建模，并将关系抽取任务建模为多头选择问题，即可能为每个实体识别多个关系。

（3）TANL：提出了一个新的用于处理结构化预测任务的框架，解决了诸多 NLP 任务。TANL 摒弃了之前针对特定任务设计特定分类模型的思想，转而将不同任务描述为一个自然语言翻译任务，从而可以更好地利用预训练语言模型中的隐式知识。

（4）SpERT：是一种基于注意力机制的跨实体和关系抽取模型。该方法的主要创新在于对 BERT 嵌入进行轻量级推理，包括实体识别和过滤，以及利用局部化、无标记的上下文表示进行关系分类，SpERT 利用强大的同句负样本进行训练，显著增强了在句子中搜索所有 span 的能力。

（5）Tabel-filling：提出了一种利用基于历史的结构化学习在表格上进行实体关系联合抽取的方法，引入了一种新颖的实体和关系表格表示方法。

（6）PERA：提出了一种带有注意力机制和位置注意标记的实体关系联合抽取模型。计算每个候选 span 的注意力分数，并在将其馈送到 span 分类器之前，剪除大部分具有低注意力分数的候选 span，从而达到去除最不相关 span 的目标。

（7）SciIE：引入了一种多任务设置，旨在识别和分类科学文章中的实体、关系和共指簇，并开发了一个统一的框架，称为科学信息抽取器 SciIE，采用了共享的 span 表示方法。通过这种多任务设置，减少了任务之间的级联错误，并通过共指链接有效地利用了跨句子的关系。

（8）DyGIE++：通过列举、优化和评分文本 span 来完成所有任务，旨在捕捉局部（句内）和全局（跨句子）上下文，模拟了长距离的跨句子关系。

（9）Sci BERT：是对一个大型多领域科学出版物语料库进行的无监督预训练，得到的预训练语言模型，可以提升在下游科学领域 NLP 任务中的性能。

（10）PURE：旨在进行端到端的关系抽取，依赖两个独立的编码器，使用实体模型来构建关系模型的输入，在关系模型中融合实体信息并结合全局上下文。

（11）PL-Marker：提出了一种新颖的 span 表示方法，设计了两种打包策略。面向邻域的策略综合考虑邻近 span，以更精确地建模实体边界信息；面向主题的策略则将每个主题及其所有客体一起打包，以捕捉同一主题 span 对之间的复杂关系。

在这两个数据集上的实验结果如表 3-2 所示。

表 3-2 Greedy-NER 模型及对比模型在 CoNLL04 和 SciERC 数据集上的实验结果

模型	CoNLL04/%			SciERC/%		
	P	R	F1	P	R	F1
Multi-turn QA（2019）	89	86.6	87.8	—	—	—
Multi-head（2018）	83.75	84.06	83.9	—	—	—
TANL（2021）	—	—	89	—	—	—
SpERT（2020）	88	89	89	70.87	69.79	70.33
Table-filling（2014）	81	80	81	—	—	—
PERA（2022）	—	—	92.1	—	—	75.5
SciIE（2018）	—	—	—	67	61	64
DyGIE++（2019）	—	—	—	68.53	66.73	67.62
Sci BERT（2019）	—	—	—	—	—	67.57
PURE（2021）	—	—	—	—	—	68.9

续表

模型	CoNLL04/%			SciERC/%		
	P	R	F1	P	R	F1
PL–Maker（2022）	—	—	—	—	—	69.9
Greedy–NER（本实验）	89	96	92.4	61.2	85	71.1

注：SpERT、PERA 模型在 SciERC 数据集上的结果为使用 Sci BERT 模型后的结果。

从实验结果可以看出，本节提出的 Greedy–NER 模型与这些数据集上的当前主流模型相比，均具有极高的召回率。在 CoNLL04 数据集上，其 F1 值比基线模型高 0.3%，召回率仍旧比原模型高了 2%。在 SciERC 数据集上，即使没有使用 Sci BERT 预训练模型，Greedy–NER 模型在 F1 值比基线模型最高值低 4.4% 的情况下，其召回率仍旧比其他基线模型都要高。

在 NYT 和 WebNLG 数据集上，本节选取以下模型作为基线模型：TANL、REBEL、DIRECT、CasRel、CopyRL、GraphRel、TP–Linker。

（1）TANL：本节前文已介绍，不再赘述。

（2）REBEL：提出了一种利用自回归序列到序列模型进行关系三元组抽取的新途径，将关系抽取简化为将三元组表达为文本序列的过程。

（3）DIRECT：根据图论分析视角进行组织，提出了一种基于邻接表导向的关系事实抽取模型 DIRECT。DIRECT 采用了一种新颖的自适应多任务学习策略，可以有效减轻误差传播和子任务损失平衡的挑战。

（4）CasRel：提出了一种新颖的级联二元标记框架，将关系建模为将主语映射到句子中的宾语的函数，有效解决了重叠三元组的问题。

（5）CopyRL：致力于解决多重关系抽取任务，将强化学习应用于序列到序列模型，以便于考虑句子中关系的抽取顺序。

（6）GraphRel：利用 GCN 来实现实体关系联合抽取，通过第二阶段的关系加权 GCN 来考虑命名实体和关系之间的交互，以更好地抽取关系，基于图的方法显著提高了对重叠关系的预测能力。

（7）TP-Linker：通过共享一个或两个实体的重叠关系，并免受暴露偏差的影响。TP-Linker将联合抽取问题形式化为一个标记对链接问题，并引入了一种新颖的握手标记方案，用于对齐每种关系类型下实体对的边界标记。它在处理重叠和多重关系抽取方面表现显著优异。

在这两个数据集上的实验结果如表3-3所示。

表3-3 Greedy-NER模型及对比模型在NYT和WebNLG数据集上的实验结果

模型	NYT/%			WebNLG/%		
	P	R	F1	P	R	F1
TANL（2021）	89	86	88	—	—	—
REBEL（2021）	84	84	84	—	—	—
DIRECT（2021）	—	—	89	93.6	92.7	93.2
CasRel（2020）	88	89	89	93.4	90.1	91.8
CopyRL（2019）	81	80	81	63.3	59.9	61.6
GraphRel（2019）	92	94	93	—	—	—
TP-Linker（2020）	—	—	—	91.7	92.0	91.9
Greedy-NER（本实验）	85	96	90	82	95	88

从实验结果可以看出，虽然Greedy-NER模型在F1值上略低于基线模型的最高值，但是在上述两个数据集上的召回率均能够达到最高。

综上所述，Greedy-NER模型在以上4个数据集上，与基线模型相比，召回率均达到最高，这样的结果符合预期，即通过高召回率，从查全率的角度避免在NER任务与下游任务之间造成不可弥补的级联误差。

3.2.3.4 消融实验

消融实验，通过加入负例数量和调节超参数 ρ 的取值，验证通过调节超参数进而调节模型精确率和召回率相对大小想法的正确性。实验结果如表3-4所示，其中负例比为训练样本中负例与正例的数量比值。

表 3-4 负例数量和超参数 ρ 对实验结果的影响

数据集	负例比	ρ	P	R	F1
CoNLL04	10	None	0.84	0.75	0.79
CoNLL04	5	None	0.69	0.89	0.77
CoNLL04	10	1	0.87	0.98	0.92
CoNLL04	10	0.8	0.89	0.95	0.92
CoNLL04	5	1	0.76	0.97	0.85
SciERC	10	None	0.79	0.83	0.81
SciERC	5	None	0.68	0.87	0.76
SciERC	10	1	0.81	0.9	0.85
SciERC	10	0.8	0.83	0.88	0.85
SciERC	5	1	0.77	0.96	0.85
NYT	10	None	0.87	0.82	0.88
NYT	5	None	0.67	0.82	0.73
NYT	10	1	0.83	0.96	0.89
NYT	10	0.8	0.84	0.94	0.89
NYT	5	1	0.82	0.87	0.844
WebNLG	10	None	0.81	0.87	0.84
WebNLG	5	None	0.6	0.87	0.71
WebNLG	10	1	0.79	0.95	0.86
WebNLG	10	0.8	0.81	0.95	0.88
WebNLG	5	1	0.78	0.96	0.86

从表 3-4 中可以看出，ρ 为 None 时，如果负例生成过多，模型的精确率偏高，但是召回率会变得较低；而如果生成负例过少，模型对负例的鉴别能力会减弱，召回率虚高，而精确率变得极低。

当加入 ρ 时，如果负例过少，模型仍然会缺乏对负例的鉴别能力，所以会导致较低的精确率。如果负例过多，保持 ρ 不变，模型对误判的惩罚会过大，进而导致召回率极高而精确率较低，为下游任务引入更多噪声。而合理调节 ρ 的大小，可以让模型灵活地适应不同的数据集和不同的任务需求。

3.3 基于降噪策略的关系抽取

作者研究团队针对现有的关系抽取模型过度依赖实体的头尾标签问题，设计了一个基于降噪策略的关系抽取模型，命名为 Filter-RE。该模型可以无须实体的头尾信息而进行关系抽取，消除由头尾标签错误导致的级联误差，从而可以更好地适应不同的场景。

3.3.1 任务定义及方法描述

关系抽取任务是信息抽取、信息检索等领域的核心任务和重要环节，目的是发现和识别句子中已标记实体对之间的语义关系。这项任务对于机器理解文本中实体之间的关系至关重要，为许多应用（如知识图谱构建和问答系统）提供关键支持。

目前已有的关系抽取模型，都需要数据集提供实体的头尾标签。例如，对于{洛阳,中国}这个实体集合来说，如果"洛阳"作为头实体，那么"洛阳"与"中国"的关系就是"位于"；如果"中国"作为头实体，那么"中国"与"洛阳"的关系就是"包含"。从上述例子中就可以看出，大部分情况下，对于三元组(e_1,r,e_2)，无法推出(e_2,r,e_1)。因此，有监督的关系抽取模型极度依赖实体的头尾标签。对于流水线模型来说，现有的 NER 模型大多无法识别出头尾信息。而对于现有的联合抽取模型来说，NER 模块加上头实体和尾实体的识别，相当于加重了 NER 模块的任务，增加了级联误差产生和传播的可能性。NER 模块即使识别出来正确的实体，一旦弄反头实体和尾实体的标签，仍会导致错误的传播。

如果在 NER 任务中取消实体头尾标签，虽然避免了级联误差的产生，但这样操作，模型需要对实体集合中的实体进行两两组合，导致大量的无关系二元组。这种无关系二元组对关系抽取模型的影响包括以下内容。

（1）对基于 Softmax 的分类方式（单关系分类）来说，无关系二元组的出现，意味着要为这种二元组增添一维无关系标签，即若原有$|R|$种关系，那么关系映射

层则需要设置为$|R|+1$，增添一种关系来排除无关系二元组的影响。

（2）对基于 Sigmoid 的分类方式（多关系分类）来说，无关系二元组的判定，需要$|R|$个判定结果均为否，才能够判定这个二元组无关系，只要有一个判定结果为是，则判定失败。

上述影响与噪声对模型的影响有较多相似之处，经过研究实验，作者研究团队总结出无关系二元组和噪声数据的共同点：① 关系都是非标注关系，对正例训练没有帮助；② 大量噪声和大量无关系二元组都会影响模型表现；③ 去除噪声或者去除无关系二元组，对关系抽取模型的性能都有提升。

但是，无关系二元组与噪声又有以下区别：① 无关系二元组是根据方法自动生成的，噪声是数据集本身就有的；② 在训练的时候，无关系二元组可以被模型"看到"，而噪声对于模型来说是不可知的。截至目前，并没有一个完美的分类器能够判定数据集中的标注数据是否为噪声，但是在有标签的情况下，训练出一个二分类器判定实体二元组有无关系是可能的。

针对关系抽取任务中无关系二元组对关系分类模块的影响，Filter-RE 提出的关系抽取模块，对于已标注头尾标签的句子，能够正常进行传统关系抽取任务，而对于没有标注头尾标签的句子，模型能够对实体集合进行两两组合，将无关系二元组视为噪声，先进行一遍有无关系的筛选，再对筛选过后的关系进行分类。Filter-RE 具有以下优势。

（1）Filter-RE 能够通过降噪策略，直接对没有头尾标签的实体集合进行关系抽取，解决了现有的关系抽取模型过度依赖实体头尾标签的问题，并在训练过程中加入相离损失，来改善关系向量的质量，进而改善模型性能。

（2）Filter-RE 也可以进行常规的关系抽取。在常规关系抽取任务中，模型能够使降噪模块转而辅助常规关系抽取任务，进而达到与基线模型最高 F1 值相当的效果。

（3）Filter-RE 的有效性。在 CoNLL04、SciERC、NYT 和 WebNLG 数据集上的实验表明，对于常规任务，Filter-RE 在 CoNLL04 数据集上的 F1 值为 95.1%，优于所有基线模型，在 NYT 数据集上的 F1 值与基线模型的最高值相当。在没有头尾信息的关系抽取任务中，Filter-RE 依然能够达到与常规任务相当的效果，F1 值相差低于 3%。

3.3.2 方法

本节对数据增强层、编码层、降噪层、分类层以及最后的训练目标进行详细介绍。

3.3.2.1 方法概述

给定句子 $S=\{w_1,w_2,\cdots,w_l\}$,其中,w_i 为句中第 i 个词;l 为句子长度。给定实体信息 $\{(\text{start}_1,\text{length}_1),\cdots,(\text{start}_m,\text{length}_m)\}$,其中,$m$ 为实体数量。给定关系集合 $R=\{r_1,r_2,\cdots,r_{|R|}\}$。经过关系抽取模型,对于给定的所有实体,需要推算出实体两两之间包含关系集合 R 中哪些关系,或者无关系。

在传统的方法中,标注实体信息会以二元组的形式 (head,tail) 给定,模型只需要推测头实体 head 和尾实体 tail 之间存在何种关系,即完成一个简单的分类问题。而一般情况下,NER 任务的输出结果并非二元组的形式,并不会标注出实体为头实体还是尾实体。此时,关系抽取模型一般需要对实体进行两两遍历来计算结果。对于存在 m 个实体的句子,同一对实体,头尾位置的颠倒也可能导致不同的结果,因此需要计算 $m(m-1)$ 次,计算成本较大。同时,想要排除一对无关系的实体,如果使用 Softmax 函数,那么需要设计阈值来过滤掉这些实体对,而实际操作中,阈值的设定因实体对的不同而不同,实施起来十分有难度。对于 Sigmoid 函数,需要 $|R|$ 个预测结果都低于阈值,才能够将这一对实体判断为无关系,实际操作中,这种方法很难实现无关系实体对的过滤。

本节提出的关系抽取模型 Filter-RE,拟将上述无头尾信息的关系抽取任务,变成一个两步任务:第一步是对这些实体进行编码,并两两结合,用二分类实现关系检测,目的是过滤出无关系的实体对;第二步则是将过滤出的实体对,与每一个关系向量做相似度计算,根据关系检测得分,设置阈值来筛选出其中存在的关系,解决 EPO 问题,同时进行二次筛选,再次过滤掉没能被关系检测模块筛去的二元组。

该模型由数据增强层、编码层、降噪层和分类层组成,模型流程图如图 3-8 所示。

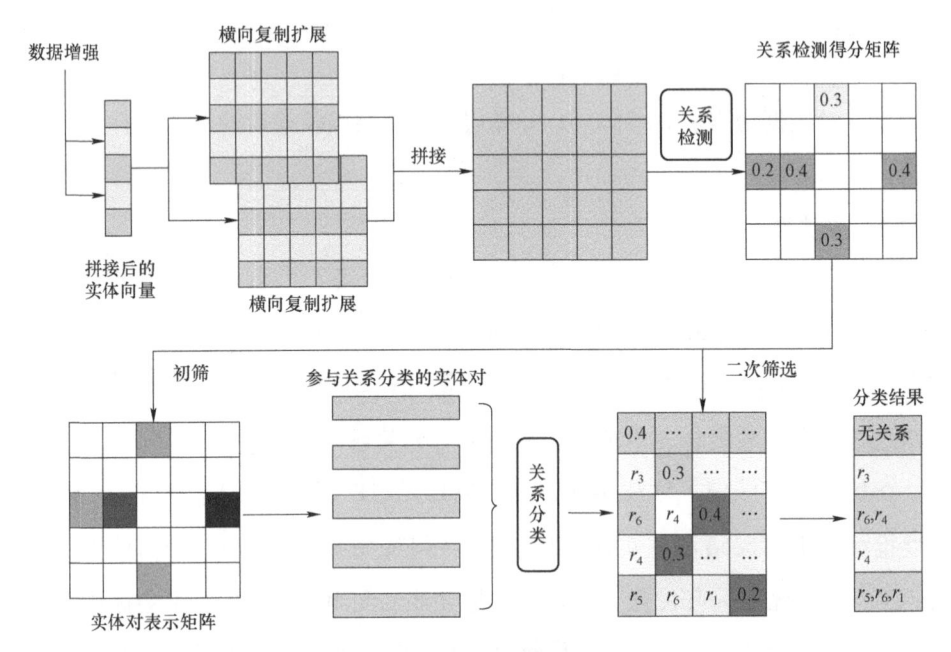

图 3-8　Filter-RE 模型流程图

3.3.2.2　数据增强层

模型超参数中设置 $total_{entity_{num}}$ 和 $total_{triple_{num}}$（单句三元组总数），这两个超参数可以根据数据集类型，灵活控制训练集当中实体、三元组的负例数量，进而灵活控制正负例的比例，达到不同的训练目标。

模型根据参数 $total_{entity_{num}}$ 来生成实体负例。当句中实体数量不足 $total_{entity_{num}}$ 时，模型将随机生成实体的负例。实体的开始位置、长度以及最长实体长度生成方式见式（3-1）、式（3-2）、式（3-3）。这一生成过程持续至句中实体数量达到 $total_{entity_{num}}$ 的数量为止。

对于关系抽取模块，根据参数 $total_{triple_{num}}$ 生成负例，当句中三元组数量不足该数值时，将随机生成三元组的负例。处理过程如下：

对于数据集中的某样本，给定进行扩充后的实体集合 $entity_{set}=\{(start_1, length_1), (start_2, length_2), \cdots, (start_{|E|}, length_{|E|})\}$ 和三元组集合 $triple_{set}$，其中，$|E|$ 为实体数量，$|E|=total_{entity_{num}}$。对所有实体，使用式（3-12）计算出唯一的 id：

$$id_i = length_i \cdot sentence\_length + start_i \quad (3-12)$$

其中，$length_i$ 表示第 i 个实体的长度；$start_i$ 表示第 i 个实体的起始位置；sentence_length 则表示最长的句子长度，也即数据集中所有的句子都不会超过这个长度。所有的实体经过这样的编号之后，会被映射在一个不会互相冲突的整数域中，每一个实体都有其唯一的编号。实体和三元组集合变为

$$\text{entity}_{\text{set}} = \{\text{id}_1, \text{id}_2, \cdots, \text{id}_{|E|}\} \tag{3-13}$$

$$\text{triple}_{\text{set}} = \{(\text{head}_{\text{id}i}, \text{tail}_{\text{id}i}, \text{relation}_{\text{id}i}), i \in [1, T]\} \tag{3-14}$$

其中，T 为真实三元组数量。当 T 小于 $\text{total}_{\text{triple}_{\text{num}}}$ 时，将开始自动生成负例实体二元组，生成公式为

$$\begin{cases} \text{head}_{\text{id}} = \text{entity}_{\text{set}}[\text{random}(0, |E|)] \\ \text{tail}_{\text{id}} = \text{entity}_{\text{set}}[\text{random}(0, |E|)] \end{cases} \tag{3-15}$$

其中，$\text{head}_{\text{id}} \neq \text{tail}_{\text{id}}$，且 $(\text{head}_{\text{id}}, \text{tail}_{\text{id}})$ 不能与原有 $\text{triple}_{\text{set}}$ 中的头尾实体组合相同。上述自动生成过程持续到三元组总数与 $\text{total}_{\text{triple}_{\text{num}}}$ 相同时为止。

这样的做法能够生成一些负例使得关系分类模块能够更具有鲁棒性。此外，也能够减少模型的曝光偏差，使降噪模块和关系分类模块能够更好地配合起来。

3.3.2.3 编码层

Filter-RE 模型的句子编码模块使用的是预训练的 BERT 模型，使用 BERT 模型的最后一层的输出作为句子的向量表示，即

$$\{h_{\text{CLS}}, h_1, h_2, \cdots, h_n\} = \text{BERT}(\{w_1, w_2, \cdots, w_l\}) \tag{3-16}$$

其中，l 为句子所包含的词量；n 为编码后的向量序列长度；h_{CLS} 为 BERT 自动生成的，序列 $\{h_1, h_2, \cdots, h_n\}$ 经过加权求和之后的向量。在进行编码之后，根据句子中实体信息 $\{(\text{start}_1, \text{length}_1), \cdots, (\text{start}_m, \text{length}_m)\}$，对每个实体所在的序列进行池化操作。值得注意的是，在池化步骤中，如果对这些实体逐个生成池化器并池化，则会消耗大量的时间。因此，Filter-RE 模型对标注数据进行进一步处理，将其转化为唯一的 id，即将二元组转化为数字，将句中实体进行编号并排序，在转化之前，会根据相关信息生成"需要池化的长度"列表。而实体的编号则根据式（3-12）进行计算。

如 3.2.2.4 节所述，在 span 编码部分，Filter-RE 模型将所有的编码结果生成一个二维矩阵，如图 3-7 所示。矩阵第 i 行、第 j 列的向量就代表长度为 i、起

始位置为 j 的片段经过编码之后的结果。

对句子进行向量化之后，对序列 $\{h_1, h_2, \cdots, h_n\}$ 分别进行一个开始位置变换和一个结束位置变换，生成开始位置的向量序列和结束位置的向量序列，用于后文 span 的表示，计算过程见式（3-4）、式（3-5）。

对于一个开始位置为 i、长度为 ls 的 **span**，表示方式为

$$\mathbf{span}_{i,\text{ls}} = \text{Concat}([\mathbf{start}_i; \mathbf{end}_{i+\text{ls}}]) \quad (3-17)$$

其中，Concat 为拼接操作。开始向量和结束向量二者拼接之后，形成 span 的表示向量，所有的 span 表示向量拼接在一起，一共有 $n(n+1)/2$ 个。因此，模型可以从"需要 span 表示的长度"列表中从小到大地检索 span，每一次检索，抽取相应长度的实体并入实体序列中，最终得到实体序列为

$$\mathbf{E} = [\mathbf{e}_1, \mathbf{e}_2, \cdots, \mathbf{e}_{|E|}] \quad (3-18)$$

其中，$\mathbf{e}_i$ 表示该句中第 i 个实体代表的向量。

3.3.2.4 降噪层

对于实体序列 $\mathbf{E} = [\mathbf{e}_1, \mathbf{e}_2, \cdots, \mathbf{e}_{|E|}]$，对其进行基于复制的扩充

$$\mathbf{E}_{\text{expanded}} = \begin{bmatrix} \mathbf{e}_1 & \cdots & \mathbf{e}_{|E|} \\ \cdots & \cdots & \cdots \\ \mathbf{e}_1 & \cdots & \mathbf{e}_{|E|} \end{bmatrix} \quad (3-19)$$

其中，$\mathbf{E}_{\text{expanded}}$ 的维度为 $m \times m \times \dim_e$；$\dim_e$ 为实体向量维度。然后将 $\mathbf{E}_{\text{expanded}}$ 进行转置。将 $\mathbf{E}_{\text{expanded}}^{\text{T}}$ 与 $\mathbf{E}_{\text{expanded}}$ 拼接，得到 (head,tail) 的表示矩阵为

$$\mathbf{Re} = \text{Concat}(\mathbf{E}_{\text{expanded}}^{\text{T}}, \mathbf{E}_{\text{expanded}}) \quad (3-20)$$

Re 即为关系判定矩阵，用于判定指定的一对实体之间是否有关系。之后使用一个二分类器，对 **Re** 矩阵进行二分类，即

$$\mathbf{YN} = \text{RelDetect}(\mathbf{Re}) \quad (3-21)$$

YN 矩阵即为无关系的概率矩阵，概率越低，表明这对实体之间有关系的概率越大。同时，因为模型选取了低概率作为有关系的判定条件，因此线性层 RelDetect 的权重可以当作无关系向量来看待。在后文中会基于该权重对训练目标进行调整。

3.3.2.5 分类层

经过降噪步骤之后，Re 矩阵中概率在 0.5 以下的值所在的行和列的 tail + head 向量将会被抽取出来，参与关系分类的过程。这里对于关系的分类，本节模型拟采用逐个二分类的方式，一次性判定多个关系。每种关系的存在概率见式（3-22）

$$p_{i,j}^k = e_{ij} \cdot r_k \qquad (3-22)$$

其中，$p_{i,j}^k$ 为二元组 (e_i, e_j) 之间存在关系 k 的概率；e_{ij} 为二元组 (e_i, e_j) 的向量表示；r_k 为关系 k 的向量表示。Filter-RE 模型使用二元组的表示向量和每一种关系的表示向量做相似度计算，来预测存在关系的二元组之间存在某种关系的概率。

Filter-RE 模型再次利用 **YN** 矩阵中相应的值 $\mathbf{YN}_{ij}$ 来作为阈值，进一步过滤掉那些没有被降噪层筛选出来的二元组。当 $\mathbf{YN}_{ij} > \max(p_{i,j})$ 时，即当无关系的得分高于其他所有关系的得分时，将这一对已参与过关系分类计算的二元组也视为无关系二元组。实验表明，若去掉二次筛选步骤，则会导致模型的准确率下降。

3.3.2.6 训练目标

Filter-RE 模型训练过程中的损失函数分为三部分。第一部分是降噪部分的损失

$$\text{loss}_{\text{neg}} = \sum -(1-y)\log(1-p_y) \qquad (3-23)$$

其中，$y \in \{0,1\}$；p_y 为 y 被判定为有关系的概率。值得说明的是，由于人工生成了负例（实体）来增加模型的训练规模，所以这里仿照 3.2.2.5 节的做法，添加了自动调和因子和手动调和超参数来调节正例和负例的损失放大比例，即

$$\text{loss}_{\text{noise}} = \rho \, \lambda \, \text{loss}_{\text{pos}} + \text{loss}_{\text{neg}} \qquad (3-24)$$

其中，λ 为自动调和因子，计算方式见式（3-11）。

对于无关系判定模块，Filter-RE 模型对于实体的自回路，即自身与自身，也即 **YN** 矩阵的对角线部分，是按照有关系来处理的。但是在后续的关系抽取中，对于这种自回路的边，关系抽取模块是不会对其做关系分类运算的，这样一方面能够合理地增加正例的数量，起到数据增强的效果；另一方面，也能够显著地提

高降噪模块的召回率，降低误判风险。

第二部分是关系抽取的损失，由于实验中引入的假实体会导致二元组数量激增，因此为了保证关系抽取部分不受到过量噪声影响，Filter-RE 模型随机抽取了一小部分无关系二元组送给关系抽取模块进行判别，以增加模型的鲁棒性。关系抽取的损失为

$$\text{loss}_{RE} = \sum -y\log(p_y) - (1-y)\log(1-p_y) \quad (3-25)$$

针对无关系分类的部分，Filter-RE 模型设计了一种关系向量之间的相似度损失。使用无关系向量与其他所有向量做相似度计算，利用其计算结果设计了一个无关系向量损失函数，记为 loss_{NA}，计算公式为

$$\text{loss}_{NA} = \sum \log(1-p_{NA}) \quad (3-26)$$

其中，p_{NA} 为无关系向量与某关系进行相似度计算之后，通过 ReLU 函数与其他关系及无关系向量相似度做 Softmax 计算之后的概率值。

最终的损失为三者之和，即

$$\text{loss} = \text{loss}_{noise} + \text{loss}_{RE} + \text{loss}_{NA} \quad (3-27)$$

3.3.3　实验

为了验证 Filter-RE 模型在关系抽取任务上的有效性，在 CoNLL04、SciERC、NYT 和 WebNLG 数据集上共设置三组实验进行对比分析。首先，将 Filter-RE 模型与当前主流的关系抽取模型进行对比，验证 Filter-RE 模型的有效性。然后，检测 Filter-RE 模型在剔除无关系二元组上的效果。最后，分析使用相离损失和二次筛选对模型性能的影响。

3.3.3.1　实验数据及评价指标

Filter-RE 模型实验所用数据集有 CoNLL04、SciERC、NYT、WebNLG。具体数据集描述如第 3.2.3 节所述，相关信息如表 3-1 所示，这里不再赘述。

模型采用精确率、召回率以及二者的调和平均数 F1 值作为评价指标。

3.3.3.2　实验参数设置

本节主要说明实验过程中用到的一些训练参数及其取值，如表 3-5 所示。

第3章 基于冗余降噪策略的实体关系联合抽取

表3-5 Filter-RE 模型训练参数及其取值

参数名	值
batch_size	8
learning_rate	1e-5
dropout	0.3
max_sentence_length	128
BERT_type	bert-base-uncased

3.3.3.3 不带降噪的关系抽取模型性能对比实验

本节将以上文提到的 4 个数据集作为基准,与基线模型进行基本性能的对比,即提供实体的头尾标签,来比对 Filter-RE 模型与数据集上主流模型的基础性能。

在 CoNLL04 和 SciERC 数据集上,本节选取以下模型作为基线模型:Multi-turn QA、Multi-head、TANL、SpERT、REBEL、Relation-Metric、PERA、DyGIE++、SciIE、Sci BERT、PURE、PL-Marker。其中 Relation-Metric 是一种基于表格结构的新型神经架构,利用重复应用二维卷积来汇集局部依赖和基于度量的特征,进而完成端到端关系抽取任务。其余的基线模型在 3.2.3.3 节中已经介绍过了,这里不再赘述。实验结果如表 3-6 所示。

表3-6 Filter-RE 模型及对比模型在 CoNLL04 和 SciERC 数据集上的实验结果

模型	CoNLL04/%			SciERC/%		
	P	R	F1	P	R	F1
Multi-turn QA(2019)	69.2	68.2	68.9	—	—	—
Multi-head(2018)	63.75	60.43	62.04	—	—	—
TANL(2021)	—	—	71.4	—	—	—
SpERT(2020)	73.04	70.00	71.47	53.40	48.54	50.84
REBEL(2021)	75.22	69.01	71.97	—	—	—
Relation-Metric(2019)	67.97	58.18	62.68	—	—	—
PERA(2022)	—	—	86.7	—	—	55.3
DyGIE++(2019)	—	—	—	—	—	48.4

续表

模型	CoNLL04/%			SciERC/%		
	P	R	F1	P	R	F1
SciIE（2018）	—	—	—	47.6	33.5	39.3
Sci BERT（2019）	—	—	—	—	—	79.97
PURE（2021）	—	—	—	—	—	50.1
PL-Marker（2022）	—	—	—	—	—	53.2
Filter-RE（本实验）	94.8	95.5	95.1	67	76	71.2

注：SpERT、PERA模型在SciERC数据集上的结果为使用Sci BERT模型后的结果。

从实验结果可以看出，在CoNLL04数据集上，Filter-RE模型取得了比基线模型都要好的结果；在SciERC数据集上，Filter-RE模型比Sci BERT模型的结果要差，是因为Sci BERT模型中所用的BERT模型是针对SciERC数据集训练的Sci BERT模型，该模型的编码表示能力在SciERC数据集上要强于Filter-RE模型。

在NYT和WebNLG数据集上，Filter-RE模型选取了以下模型作为基线模型：TANL、REBEL、DIRECT、CasRel、CopyRL、GraphRel、TP-Linker。实验结果如表3-7所示。

表3-7 Filter-RE模型及对比模型在NYT和WebNLG数据集上的实验结果

模型	NYT/%			WebNLG/%		
	P	R	F1	P	R	F1
TANL（2021）	—	—	90.8	—	—	—
REBEL（2021）	91.50	92.02	91.76	—	—	—
DIRECT（2021）	—	—	97.8	—	—	97.4
CasRel（2020）	89.7	89.5	89.6	93.4	90.1	91.8
CopyRL（2019）	77.9	67.2	72.1	63.3	59.9	61.6
GraphRel（2019）	63.9	60.0	61.9	—	—	—
TP-linker（2020）	—	—	—	91.7	92.0	91.9
Filter-RE（本实验）	96.5	97.6	97.0	93.1	94.1	93.4

由实验结果可知，在 NYT 数据集上，Filter-RE 模型与公布关系抽取结果的基线模型的最高 F1 值近乎相当，仅相差 0.8%。而在 WebNLG 数据集上的 F1 值与基线模型的最高值相差较大，是因为 WebNLG 数据集中的关系数量（240 种关系）比其他三个数据集都要多，如此多的关系种类，会在加入相离损失时干扰无关系向量以及其他各种关系向量的训练，造成关系向量出现抖动，导致最终的结果不理想。

综上所述，本节提出的关系抽取模型 Filter-RE，在给定实体头尾标签的情况下，效果良好，能够完成关系抽取的基本任务，且在部分数据集优于所有基线模型。

3.3.3.4 带有降噪的关系抽取模型性能对比实验

本节将在上述 4 个不同的数据集上启用 Filter-RE 模型提出的降噪策略，并将该策略用于关系抽取中，即隐去传入实体的头尾信息，使模型直接对实体集合进行关系抽取，并展示 Filter-RE 模型的有效性。实验结果如表 3-8 所示。

表 3-8 带有降噪模块的 Filter-RE 模型实验结果

数据集	降噪模块/%			纯关系抽取模块/%			降噪+关系抽取模块/%		
	P	R	F1	P	R	F1	P	R	F1
CoNLL04	86	90	88	94.8	95.5	95.1	91	71	79.8
SciERC	84	81	82.5	67	76	71.2	81	57	66.9
NYT	92	98	94.9	96.5	97.6	97.0	93	93	93
WebNLG	85	98	91	93.1	94.1	93.4	96	87	91.2

从实验结果可以看出，加入降噪模块之后，在部分数据集上，模型的召回率下降较明显。而且最终的召回率上限受到降噪模块召回率的影响，导致降噪+关系抽取模块的最终召回率不会高于降噪模块的召回率。因而调整超参数 ρ，尽

量使精确率在可以接受范围内,提高降噪模块的召回率。而由此牺牲的精确率导致的初筛噪声,会由关系检测模块,即无关系判定模块的无关系得分进一步地过滤掉。

实验结果表明,降噪模块能够使得 Filter-RE 模型不再需要 NER 模块提供实体头尾的标签信息,也能使模型达到同等效果,解决了现有关系模型过度依赖实体的头尾标签的问题。因此,本节提出的 Filter-RE 模型能够灵活地适用于不同的 NER 模型,从而达到实体关系联合抽取的目的。

3.3.3.5 消融实验

Filter-RE 模型包括两部分:① 相离损失部分;② 无关系得分二次筛选部分。本节针对这两部分对其做消融实验,证明本节所提思想的正确性和方法的有效性。

在 NYT 数据集上,设置 4 组对照实验:① 无相离损失,无二次筛选;② 有相离损失,无二次筛选;③ 无相离损失,有二次筛选;④ 有相离损失,有二次筛选。观察指标为降噪+关系抽取任务的精确率、召回率和 F1 值。相关实验结果如表 3-9 所示。

表 3-9 消融实验结果对照表

编号	模型描述	降噪+关系抽取/%		
		P	R	F1
1	无相离损失,无二次筛选	65	95	77.2
2	有相离损失,无二次筛选	75	98	85
3	无相离损失,有二次筛选	86	83	84.5
4	有相离损失,有二次筛选	96.5	97.6	97.0

从实验结果可以看出,相离损失的加入,能够显著地提高模型的精确率;而二次筛选的加入,虽会降低模型的召回率,但是增加了模型的精确率。

1、2 号模型与 3、4 号模型相比,召回率有明显提高,这是因为在没有二次筛选的情况下，仅通过一次筛选就认定经过初筛的二元组有关系是不准确的，会导致某些无关系的二元组被错误地当成是有关系二元组而被抽取出来，进而导致模型的精确率较低，而召回率虚高。从精确率上来看，1、2号模型的精确率要明显低于3、4号模型，出现这种情况的原因是，二次筛选的加入使得初筛过程中遗漏的无关系二元组通过这种方式再次被过滤掉，而代价就是二次筛选当中也可能会过滤掉有关系的二元组，从而导致3、4号模型的召回率与1、2号模型相比有所下降。

而1、2号模型对照组和3、4号模型对照组则能验证相离损失对模型的作用。从表3-9中不难看出，2号模型相对于1号模型，在都没有二次筛选的情况下，相离损失的加入，不仅提高了模型的精确率，也提高了模型的召回率。4号模型相对于3号模型也是如此。究其原因，相离损失的加入，使得无关系向量远离了其他所有关系向量，从而导致在降噪阶段与无关系向量相似度得分较高的二元组，与其他所有关系向量的相似度几乎都下降了。这种现象拉大了无关系得分与其他关系得分的差距，使得真正有关系的二元组在与相应关系向量相似度计算结果变高的同时，与无关系向量相似度的计算结果变低，进而在初筛阶段就能够过滤掉更多的无关系二元组，而在二次筛选阶段，这种变大的差距也能够使得无关系的得分能够更好地作为阈值，过滤掉那些初筛阶段没有被筛去的无关系二元组。

实验结果表明，Filter-RE模型提出的相离损失和二次筛选策略对模型的性能改善有着很大的帮助。

3.4 基于冗余降噪策略的实体关系抽取

本节首先对实体关系联合抽取任务及其研究现状进行整体介绍，简明概述该任务目前存在的主要问题，并提出相应的改进措施。接下来针对部分问题提出基于冗余降噪策略的实体关系联合抽取模型，并详细介绍模型结构的组成部分。最后在该领域的4个数据集上进行实体关系联合抽取相关的实验，验证本节提出模型的有效性。

3.4.1 任务定义及方法描述

联合抽取的任务定义为已知关系类型集合 R、实体类型集合 E，给定句子 $S=\{w_1,w_2,\cdots,w_n\}$，实体关系联合抽取通过建立统一的模型，输出 S 中的所有关系五元组 (h,e_1,r,t,e_2)，其中，$r \in R$，$e_1 \in E$，$e_2 \in E$，e_1 和 e_2 分别表示头实体 h 和尾实体 t 的实体类型，对于没有预先给定实体类型的数据集，实体关系联合抽取输出句子 S 所有的关系三元组 (h,r,t)。

实体关系联合抽取作为信息抽取领域的重要研究方向，近年来得到了广泛关注和深入探索。相较于传统的 NER 和关系抽取任务独立进行的流水线方法，联合抽取方法通过统一的建模框架，同时识别文本中的实体和实体之间的特定关系类型，从而提升了抽取的准确性和质量。

联合抽取模型将实体和关系作为一个整体来进行抽取，并通过联合建模的方式来捕获它们之间的相互依赖和上下文信息，以获得更加精准和完整的结果。联合抽取模型相比于流水线模型，有效率高、精度高、模型体量小等优势，尽管如此，联合抽取模型仍然面临着实体嵌套、关系重叠（包括 SEO 和 EPO）和子任务交互的平衡性问题。

随着近些年来计算机硬件计算能力的飞速增长，单步穷举式在所有方式中效果更加出彩。2020 年，Wang 等人提出了 TP-Linker 的单步骤实体关系联合抽取方法，该方法穷举了句中所有的位置对，并对每一个位置对进行三次二分类，即回答这个位置对：① 是否为同一个实体的头和尾；② 是否为关系 r 下的头实体头部和尾实体头部；③ 是否为关系 r 下的头实体尾部和尾实体尾部。并通过后续相应的解码来一次性地抽取实体和关系。虽然 TP-Linker 能够很好地解决实体嵌套、SEO 和 EPO 问题，但是该方式有以下不足：

（1）庞大的计算量，对于一个长度为 n 的句子，穷举其所有的子串，有 $n(n+1)/2$ 个，而对这些子串进行两两组合遍历，数量级会达到 $O(n^4)$，计算量过于巨大；

（2）负样本的泛滥，对于数量级为 $O(n^4)$ 的样本来说，正样本，即存在关系的子串对，可能只有 1～3 个，占比甚至不及 0.1%；

（3）瓶颈明显，该模型的基本思想是多个判定器同时判定的，因此模型性能很容易受制于性能最差的判定器。

针对上述不足，为了快速、有效地抽取文本中的实体和关系，作者研究团队提出了基于冗余降噪策略的实体关系联合抽取模型 Greedy–Filter。该模型在 span 级别进行 NER，将句中的 span 进行命名实体的分类，先从海量的 span 中，使用 3.2 节中提出的冗余策略，筛选出包含正确实体的集合，送给下一个模块进行处理。冗余策略虽然引入了噪声，但是比起单步穷举策略的模型，计算量大大降低了。在关系抽取层面，利用 3.3 节中提出的降噪策略，将所有备选实体进行两两组合，筛去无关系二元组，再进行关系类别的判断。由于降噪策略的关系抽取模型无须实体的头尾信息，因此可以与冗余策略的 NER 模块很好地配合。在 NER 和关系抽取进行的过程中，两部分共用编码器，且共用头尾变换模块，使 NER 模块的信息能够被关系抽取模块捕捉。与以往的模型不同的是，本模型在每一步的过滤筛选中，优先考虑更高的召回率，将分步带来的由查全率引起的级联误差降至最低。此外，模型使用 BERT 构建词嵌入表示，充分考虑上下文语境对单词语义的影响，避免静态词嵌入无法处理一词多义等问题。模型 Greedy–Filter 的优势在于：

（1）Greedy–Filter 模型能够通过基于 span 的 NER 和实体组合遍历的关系抽取，解决实体嵌套和关系重叠的问题，并通过数据采样和数据增强策略，减少了模型原有的计算量；

（2）Greedy–Filter 模型将冗余策略与降噪策略相互配合，降低模型模块间由召回率引起的级联误差的同时，能大大消除冗余策略引入的噪声，并且模型的瓶颈限制不明显，整体性能不受制于任何一个特定模块；

（3）在数据集 CoNLL04、SciERC、NYT 和 WebNLG 上的实验结果表明了 Greedy–Filter 模型的有效性，在 CoNLL04 数据集上的表现优于所有基线模型，在 NYT 数据集上的表现优于现有最优模型。

3.4.2 方法

本节提出的 Greedy – Filter 模型共包含 5 个部分，分别是数据增强层、编码层、实体分类层、关系检测层以及关系分类层，接下来对每个部分以及最后的训练目标进行详细介绍。

3.4.2.1 方法概述

如前文所述，现有的基于共享参数架构的实体关系联合抽取模型，均面临着模块间的级联误差问题，尤其是由召回率不足引起的级联误差，在下游任务中难以弥补。此外，当前基于单步穷举架构的联合抽取模型，虽然不受级联误差问题的影响，但是这类模型均采用多判定器同步判定的方式进行联合抽取，每一个三元组的抽取，都需要多个判定器同时判断正确，才能够判定该三元组抽取正确。例如，TP – Linker 中，判定一个三元组为正确三元组，就需要参与该三元组判断的 SH to OH、ST to OT、EH to ET 三个判定器同时判定正确。这样的方式会导致木桶效应，且比常规的木桶效应更严重。常规的木桶效应指的是一个系统的性能等于系统中性能最差的那个组件，而在这些模型中，整个模型的性能往往比性能最差的那个判定器还要低，即出现了 1+1<2 的情况。例如，上文提到的三个判定器，对于 100 个三元组，判定准确率均为 99%，即对于 100 个三元组仅有一个三元组判定错误。但是如果这三个判定器出错的三个三元组均不同，那么模型整体的准确率就仅为 97%，比三个 99% 都要低。对于这种情况，现有模型并没有有效的方式去缓解或解决，能做的只有努力提高判定器的性能，减少瓶颈的制约。

针对上述问题，作者研究团队提出了基于冗余降噪策略的实体关系联合抽取模型（Greedy – Filter），该模型基于共享参数方式，采用 span 穷举策略来进行 NER 和实体对穷举策略来进行关系抽取，兼具了单步穷举策略的优势。模型首先使用冗余策略，抽取包含所有正确实体的实体集合；再将这些实体两两组合，通过关系检测模块，过滤掉由冗余操作引入的和句中实体间本身的无关系二元组；接下来将通过筛选的实体对进行关系分类，再使用关系检测模块的值二次筛选，进而抽取句子中的三元组。Greedy – Filter 模型流程图如图 3 – 9 所示。

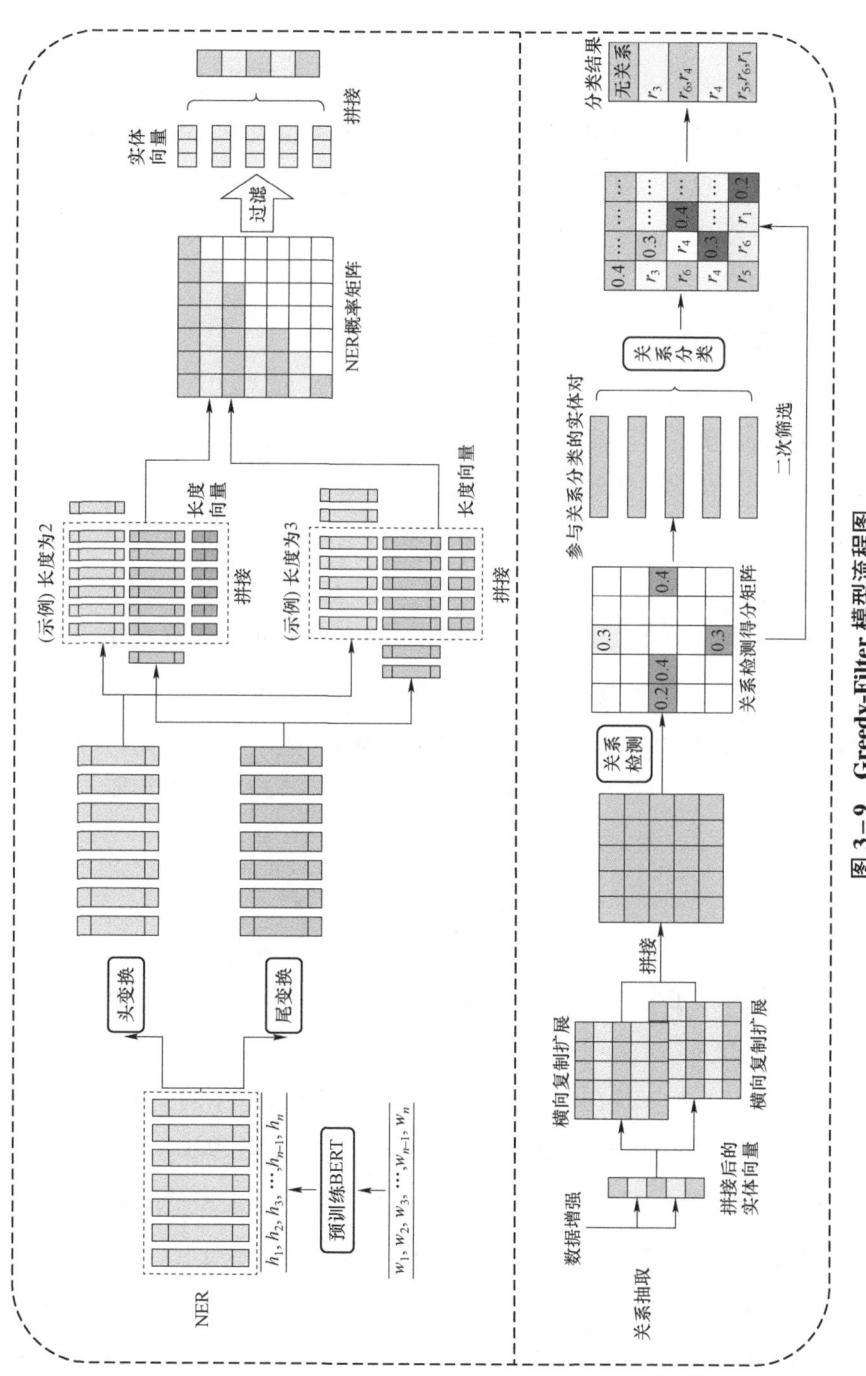

图 3-9 Greedy-Filter 模型流程图

Greedy – Filter 模型与单步穷举策略的模型相比,瓶颈限制不明显。模型可以通过过度冗余策略将句中的正确实体完全抽取,使得正确实体集合几乎"无损"地进入关系抽取模块中;后续通过改进降噪策略,也可以使得含有关系的实体对几乎"无损"地进入关系分类模块中;在关系分类模块中,可以利用降噪部分的得分作为阈值,也可以使用其他能够区别无关系实体对的传统关系分类模型,进一步筛去无关系三元组,进而达到很好的抽取效果。因此,模型整体性能不会像单步穷举策略的模型,受制于某一个特定的模块。

3.4.2.2 数据增强层

数据增强层主要针对数据集进行负例的生成。如3.2.2.2节、3.3.2.2节所述,Greedy – Filter 模型中,命名实体采用(起始位置,长度)的二元组来表示,即(start, length)。在数据预处理阶段,通过设置超参数 $total_{entity_{num}}$ 来控制总样本数。当样本数低于 $total_{entity_{num}}$ 时,采样模块将随机生成负例。实体的起始位置、长度以及最长实体长度生成方式见式(3-1)~式(3-3)。

之后,根据超参数 $total_{triple_{num}}$,当句中三元组数量不足该数值时,将随机生成三元组的负例:对于数据集中的某个样本,给定进行扩充后的实体集合 $entity_{set}=\{(start_1,length_1),\cdots,(start_{|E|},length_{|E|})\}$ 和三元组集合 $triple_{set}$,其中,$|E|$ 为实体数量($total_{entity_{num}}$),对所有实体,使用式(3-12),计算出唯一的id。

经过变换之后,实体和三元组集合变为

$$entity_{set} = \{id_1, id_2, \cdots, id_{|E|}\} \quad (3-28)$$

$$triple_{set}=\{(head_{id_i}, tail_{id_i}, relation_{id_i}), i \in [1,T]\} \quad (3-29)$$

其中,T 为真实三元组数量。当 T 小于 $total_{triple_{num}}$ 时,将开始自动生成负例三元组,生成公式同式(3-15)。

其中,$head_{id} \neq tail_{id}$,且 $(head_{id}, tail_{id})$ 不能与原有 $triple_{set}$ 中的头尾实体组合相同。上述自动生成过程持续到三元组总数与 $total_{triple_{num}}$ 相同时为止。

经过上述步骤,Greedy – Filter 模型完成了数据增强和负例采样两个任务,该步骤生成的负例会同时作用于 NER 部分和关系抽取部分。

3.4.2.3 编码层

编码层的作用是将自然语言转化为机器能够识别的向量形式。Greedy – Filter 模型的句子编码模块使用的仍是预训练的 BERT 模型,这里不再赘述,使用 BERT

模型的最后一层的输出作为句子的向量表示，见式（3-16）。

对句子进行编码之后，生成开始位置的向量序列和结束位置的向量序列，用于后文 span 的表示，计算过程见式（3-4）、式（3-5）。

至此，编码步骤完成，接下来开始 NER 和关系抽取任务的步骤。

3.4.2.4 实体分类层

实体分类层的作用是对输入的句子进行 span 表示和对所有的 span 表示进行 NER。Greedy-Filter 模型是基于 span 的联合抽取模型，因此如何表示每一个 span 是十分重要的。Greedy-Filter 模型使用了［起始位置；结束位置；长度向量］的方式来表示每一个 span。对于一个起始位置为 i、长度为 ls 的 **span**，表示方式为

$$\textbf{span}_{i,\text{ls}} = \text{Concat}([\textbf{start}_i; \textbf{end}_{i+\text{ls}}; \textbf{pos}_{\text{ls}}]) \qquad (3-30)$$

其中，$\textbf{pos}_{\text{ls}}$ 为长度 ls 的嵌入向量；Concat 为拼接操作。开始向量和结束向量以及长度嵌入向量三者拼接之后，形成 span 的表示向量，所有的 span 表示拼接在一起，一共有 $n(n+1)/2$ 个，使用矩阵表示时是一个如图 3-7 所示的上三角矩阵，将其余位置用 0 填充，形成一个 span 表示的穷举矩阵 **Sp**，使用该表示矩阵来对 span 表示进行分类，即

$$\textbf{\textit{P}}_{\text{NER}} = \text{span2prob}(\textbf{Sp}) \qquad (3-31)$$

其中，$\textbf{\textit{P}}_{\text{NER}}$ 是概率矩阵，维度为[sentence_length,sentence_length]，sentence_length 是最长句子的长度；span2prob(·)是将 span 表示矩阵转化为概率的计算，包含归一化、线性映射和 Sigmoid 激活函数。所有的 span 表示经过这一步的运算，将全部转化为实体概率，完成 NER 的任务。在预测阶段，模型根据数据集的实体长度分布特点，直接过滤掉长度大于 10 的实体。

3.4.2.5 关系检测层

关系检测层的目的是将被判定为实体的 span 表示变为实体表示，并对其进行两两组合，初步判定每个二元组之间是否有关系。对于 $\textbf{\textit{P}}_{\text{NER}}$ 中被判定为实体的行和列，找到矩阵 **Sp** 中对应的行和列，将该 span 表示取出，并进行线性变换，将其转化为实体表示。例如，矩阵 **Sp** 中第 i 行、第 j 列的 span 表示转化为实体表示的过程为

$$e_k = \text{span2entity}(\mathbf{Sp}_{i,j}) \qquad (3-32)$$

其中，e_k 为第 k 个实体的表示；span2entity(·) 为线性变换；$\mathbf{Sp}_{i,j}$ 为矩阵 $\mathbf{Sp}$ 的第 i 行、第 j 列元素（上三角部分）。对矩阵 $\mathbf{Sp}$ 中每一个被判定为实体的 span 表示做上述变换，形成实体序列 $\mathbf{E} = [e_1, e_2, \cdots, e_{|E|}]$。对于实体序列 $\mathbf{E}$，对其进行基于复制的扩充，得到 $\mathbf{E}_{\text{expanded}}$，式（3-19）。

将 $\mathbf{E}_{\text{expanded}}^T$ 与 $\mathbf{E}_{\text{expanded}}$ 拼接，得到 (head, tail) 的表示矩阵 $\mathbf{Re}$，见式（3-20）。

$\mathbf{Re}$ 为关系判定矩阵，用于判定指定的一对实体之间是否有关系。之后使用一个二分类器，对 $\mathbf{Re}$ 矩阵进行二分类得到无关系的概率矩阵 $\mathbf{YN}$，见式（3-21）。概率越低，表明这对实体之间有关系的概率越大。

3.4.2.6 关系分类层

关系分类层的目的是对关系检测层初筛出来的有关系的实体二元组进行关系分类，进一步地确定其中包含的关系。对 $\mathbf{YN}$ 矩阵中被判定为有关系的二元组对应的行和列，在 $\mathbf{Re}$ 矩阵中找到对应行和列中的元素，组成集合 $\mathbf{Pair} = [\text{pair}_1, \text{pair}_2, \cdots, \text{pair}_{|\text{Pair}|}]$，之后对这个集合进行关系分类：

$$P_{\text{RE}} = \text{relclassify}(\mathbf{Pair}) \qquad (3-33)$$

其中，P_{RE} 即为关系分类后的概率矩阵；relclassify(·) 为关系分类网络，包括归一化、线性映射和 Sigmoid 激活函数。集合通过该运算之后，会转化为关系概率向量集合，完成关系分类的操作。值得说明的是，Greedy-Filter 模型在关系抽取步骤中，会复用 $\mathbf{YN}$ 矩阵中的无关系向量得分，以它作为阈值，来二次筛选通过了关系检测初筛的实体对，从而提高模型的准确率。

3.4.2.7 训练目标

Greedy-Filter 模型的目标函数（损失函数）包含四部分，接下来会对这四部分的损失函数计算过程进行详细解释。

第一部分是 NER 部分的损失。在得到概率矩阵之后，则会根据真实标签，对正例和负例生成相应的损失函数。根据图 3-7 所示的上三角矩阵，实验中生成的真实标签也与概率矩阵 P_{NER} 维度相同，正例使用 1 来标记；负例使用 -1 来标记；不参与训练的负例，则使用 0 来填充，这些样本不参与计算，不影响参数更新。

对于正例和负例，本模型的损失函数为 loss_{pos}、loss_{neg}，计算方式分别见式（3-8）、式（3-9）。最终的损失计算方式见式（3-10）。

第二部分是降噪部分的损失 loss_{neg}，计算方式见式（3-23）。

值得说明的是，由于降噪部分人工生成了负例（实体）来增加模型的训练规模，所以仿照 3.2.2.5 节的做法，添加了自动调和因子和手动调和超参数来调节正例和负例的损失放大比例，即

$$\text{loss}_{\text{noise}} = \rho_{\text{noise}} \lambda_{\text{noise}} \text{loss}_{\text{noise\_pos}} + \text{loss}_{\text{noise\_neg}} \qquad (3-34)$$

第三部分是关系抽取的损失 loss_{RE}，计算方式见式（3-25）。

第四部分，同样地，针对无关系分类的部分，本节设计了一种关系向量之间的相似度损失。使用无关系向量与其他所有向量做相似度计算，利用其计算结果设计了一个无关系向量损失函数 loss_{NA}，计算方式见式（3-26）。

最终的模型整体损失为四者之和，即

$$\text{loss} = \text{loss}_{\text{NER}} + \text{loss}_{\text{noise}} + \text{loss}_{\text{RE}} + \text{loss}_{\text{NA}} \qquad (3-35)$$

3.4.3 实验

为了验证本节提出的 Greedy-Filter 模型在实体关系联合抽取任务上的表现，研究团队在多个数据集上设计了实验来验证。

3.4.3.1 实验数据及评价指标

本节实验所用数据集为 CoNLL04、SciERC、NYT、WebNLG，前文已经详细介绍，此处不再赘述。

Greedy-Filter 模型实验仍采用精确率、召回率和二者的调和平均值 F1 值来衡量模型性能。

3.4.3.2 实验参数设置

本节主要说明实验中用到的一些训练参数及其取值，如表 3-10 所示。

表 3-10 Greedy-Filter 模型训练参数及其取值

参数名	值
batch_size	8
learning_rate	1e-5

续表

参数名	值
dropout	0.3
length_embedding_dim	128
max_sentence_length	128
BERT_type	bert – base – uncased
ρ_{NER}	0.8
ρ_{noise}	0.9

3.4.3.3 性能对比实验

本节将 Greedy – Filter 模型与不同数据集上的当前主流模型进行性能的对比，证明本节提出模型的有效性。

在 CoNLL04 和 SciERC 数据集上，Greedy – Filter 模型选取以下模型作为基线模型：Multi – turn QA、TANL、SpERT、Relation – Metric、Multi – head、REBEL、PERA、PURE、PL – Marker。实验结果如表 3 – 11 所示。

表 3 – 11 Greedy – Filter 模型及对比模型在 CoNLL04 和 SciERC 数据集上的实验结果

模型	CoNLL04/% P	CoNLL04/% R	CoNLL04/% F1	SciERC/% P	SciERC/% R	SciERC/% F1
Multi – turn QA（2019）	69.2	68.2	68.9	—	—	—
TANL（2021）	—	—	71.4	—	—	—
SpERT（2020）	73.04	70.00	71.47	49.79	43.53	46.44
Relation – Metric（2019）	67.97	58.18	62.68	—	—	—
Multi – head（2018）	63.75	60.43	62.04	—	—	—
REBEL（2021）	75.22	69.01	71.97	—	—	—
PERA（2022）	—	—	77.9	—	—	35.7
PURE（2021）	—	—	—	—	—	36.8
PL – Marker（2022）	—	—	—	—	—	41.6
Greedy – Filter（本实验）	93.0	70.0	79.9	51.2	40	44.9

注：SpERT、PERA 模型在 SciERC 数据集上的结果为使用 Sci BERT 模型后的结果。

从实验结果不难看出，Greedy–Filter 模型在 CoNLL04 上的效果，对比基线模型为最优。而在 SciERC 数据集上的效果不尽如人意。究其原因，可能是 Greedy–Filter 模型在 SciERC 数据集所属的数据领域（科技论文）缺少应有的表示能力。

在 NYT 和 WebNLG 数据集上，Greedy–Filter 模型选取以下模型作为基线模型：TANL、REBEL、DIRECT、CasRel、CopyRL、GraphRel、TP–Linker、CopyMTL、BiRTE、PRGC、OneRel、StereoRel。

（1）CopyMTL：对实体抽取不准确问题进行了详细分析，并提出了一种配备复制机制的多任务学习框架 CopyMTL，以允许模型预测多词实体。

（2）BiRTE：提出了一种基于双向抽取框架的方法，根据从两个互补方向抽取的实体对来抽取三元组，并通过双仿射模型为每个实体对分配所有可能的关系。

（3）PRGC：将文本中实体和关系的联合抽取任务分解为三个子任务，即关系判断、实体抽取和主体–客体对齐，并基于潜在关系和全局对应性提出了一个联合关系三元组抽取框架。

（4）OneRel：抛弃以往的分步做法，直接使用连续子串的排列组合来和所有的关系进行二分类，从而实现单步骤、单模块的实体关系联合抽取。

（5）StereoRel：将关系三元组映射到三维空间，并利用三个解码器同时抽取它们，旨在解决信息丢失、误差传播以及忽视实体和关系交互的挑战。

实验结果如表 3–12 所示。

表 3–12　Greedy–Filter 模型及对比模型在 NYT 和 WebNLG 数据集上的实验结果

模型	NYT/%			WebNLG/%		
	P	R	F1	P	R	F1
TANL（2021）			90.8			
REBEL（2021）	91.50	92.02	91.76			
DIRECT（2021）	92.3	92.8	92.5	93.6	92.7	93.2

续表

模型	NYT/%			WebNLG/%		
	P	R	F1	P	R	F1
CasRel（2020）	89.7	89.5	89.6	93.4	90.1	91.8
CopyRL（2019）	77.9	67.2	72.1	63.3	59.9	61.6
GraphRel（2019）	63.9	60.0	61.9	—	—	—
TP-Linker（2020）	91.4	92.6	92.0	91.7	92.0	91.9
CopyMTL（2020）	75.7	68.7	72.0	58.0	54.9	56.4
BiRTE（2022SOTA）	91.9	93.7	92.8	89.0	89.5	89.3
PRGC（2021）	93.5	91.9	92.7	89.9	87.2	88.5
OneRel（2022）	93.2	92.6	92.9	91.8	90.3	91.0
StereoRel（2021）	92.0	92.3	92.2	—	—	—
Greedy-Filter（本实验）	94.5	93.0	93.7	88.1	88.5	88.2

从实验结果不难看出，Greedy-Filter 模型在 NYT 数据集上优于现有最优模型，但是在 WebNLG 数据集上的表现不佳。究其原因，与 3.3.3.3 节的叙述一样，即 WebNLG 数据集中的关系种类（240 种）要远多于其他数据集，如此多种类的关系，会导致本节降噪模块的相离损失部分在训练时，出现无关系向量摆动的情况，进而导致训练出的无关系向量质量不佳，导致最后的结果不佳。

综上所述，本节提出的实体关系联合抽取模型 Greedy-Filter 在部分数据集上优于现有最优模型，具有良好的性能，虽然在关系种类过多的 WebNLG 数据集上，以及特定领域的 SciERC 数据集上表现欠佳，但总体性能良好。

3.4.3.4 消融实验

本节拟调整 Greedy-Filter 模型训练过程中的部分关键超参数，来验证模型各个模块之间的效果。为了使实验结果明显，本实验对超参数 ρ 的调节力度较大，实验数据集为 NYT，实验结果如表 3-13 所示。

表 3-13 调整部分超参数后的实验结果

编号	ρ_{NER}	ρ_{noise}	P/%	R/%	F1/%
1	0.5	0.5	55.2	98.5	70.75
2	0.5	1	78.5	90.2	83.9
3	1	0.5	89.2	88.5	88.8
4	1	1	97.7	82.0	89.1

从表 3-13 中可以看出，ρ_{NER} 和 ρ_{noise} 能够起到调整模型精确率和召回率相对大小的作用。当二者都较低时，如对照实验 1，发现模型对于实体和关系检测的判定都非常"宽松"，这就导致模型整体的无关系得分较小，即使添加二次筛选，也不足以将过量引入的噪声去除。且当 NER 模块引入大量噪声之后，由于模型对其进行两两组合，则在关系抽取阶段，引入的噪声将会以平方倍的速度增长，二者相互放大，导致最终的精确率极低，但是召回率却极高，这也是由模型"宽松"的筛选策略导致的。

对比对照实验 2 和 3 发现，当 NER 模块"宽松"而关系检测模块"严格"（实验 2）的时候，精确率的提升却不如将二者的取值交换（实验 3）。究其原因，在 NER 模块引入的噪声，会在关系抽取模块以平方倍的速度增长，因此即使关系抽取模块的初筛较"严格"，也会导致相当一部分噪声对模型效果产生负面影响。结合实验 2 和 3 的结果可以看出，单个模块的"严格"并不能对整个模型起到很好的效果。

而当 NER 和关系抽取模块的筛选都较"严格"时（实验 4），发现模型的精确率极高，而召回率却大大下降。出现这种情况的原因不难理解，当二者均"严格"时，会导致模型得到的实体较少，且二元组之间整体的无关系得分较大。筛选条件变得"严格"，就导致有一部分真实数据伴随着大量引入的噪声一同被筛去，而留下的三元组中，真实的三元组占比就极高，因此导致了极高的精确率。

参考文献

[1] 甘丽新, 万常选, 刘德喜, 等. 基于句法语义特征的中文实体关系抽取 [J]. 计

算机研究与发展，2016, 53 (2): 284–302.

[2] 张少伟，王鑫，陈子睿，等. 有监督实体关系联合抽取方法研究综述 [J]. 计算机科学与探索，2022，16 (4):713–733.

[3] DAI D, XIAO X, LYU Y, et al. Joint Extraction of Entities and Overlapping Relations Using Position–attentive Sequence Labeling [C]// In Proceedings of the 33rd AAAI Conference on Artificial Intelligence, 2019: 6300–6308.

[4] WANG S，ZHANG Y，CHE W，et al.Joint Extraction of Entities and Relations Based on a Novel Graph Scheme [C]// Proceedings of the 27th International Joint Conference on Artificial Intelligence，2018：4461–4467.

[5] WANG Y C, YU B W, ZHANG Y Y, et al.TPLinker: Single–stage Joint Extraction of Entities and Relations Through Token Pair Linking [C]// Proceedings of the 28th International Conference on Computational Linguistics, 2020: 1572–1582.

[6] XIE C H, LIANG J Q, LIU J P, et al.Revisiting the Negative Data of Distantly Supervised Relation Extraction [C]//Proceedings of the 59th Annual Meeting of the Association for Computational Linguistics and the 11th International Joint Conference on Natural Language Processing, 2021.

[7] SHANG Y M, HUANG H, MAO X L. OneRel: Joint Entity and Relation Extraction with One Module in One Step [C]//In Proceedings of the AAAI Conference on Artificial Intelligence, 2022, 36(10): 11285–11293.

[8] ZENG X, ZENG D, HE S, et al. Extracting Relational Facts by an End–to–end Neural Model with Copy Mechanism [C]// In Proceedings of the 56th Annual Meeting of the Association for Computational Linguistics, 2018: 506–514.

[9] ZENG X R, HE S Z, ZENG D J, et al. Learning the Extraction Order of Multiple Relational Facts in a Sentence with Reinforcement Learning [C]// Proceedings of the 2019 Conference on Empirical Methods in Natural Language Processing and the 9th International Joint Conference on Natural Language Processing, 2019: 367–377.

[10] LI J, SUN A, HAN J, et al. A Survey on Deep Learning for Named Entity

Recognition [J]. IEEE Transactions on Knowledge and Data Engineering, 2020, 34 (1): 50-70.

[11] DEVLIN J, CHANG M, LEE K, et al. BERT: Pre-training of Deep Bidirectional Transformers for Language Understanding [C]// In Proceedings of the 2019 Conference of the North American Chapter of the Association for Computational Linguistics: Human Language Technologies (Volume 1: Long and Short Papers), 2019: 4171-4186.

[12] EMELYANOV A, ARTEMOVA E. Multilingual Named Entity Recognition Using Pretrained Embeddings, Attention Mechanism and NCRF [C]// Proceedings of the 7th Workshop on Balto-Slavic Natural Language Processing, 2019: 94-99.

[13] SENNRICH R, HADDOW B, BIRCH A. Neural Machine Translation of Rare Words with Subword Units[C]//In Proceedings of the 54th Annual Meeting of the Association for Computational Linguistics (Volume 1: Long Papers), 2016: 1715-1725.

[14] VASWANI A, SHAZEER N, PARMAR N, et al. Attention Is All You Need [C]// In Proceedings of the 31st International Conference on Neural Information Processing Systems, 2017: 6000-6010.

[15] ROTH D, YIH W. A Linear Programming Formulation for Global Inference in Natural Language Tasks [C]//Proc. of CoNLL 2004 at HLT-NAACL 2004, 2004: 1-8.

[16] LUAN Y, HE L, OSTENDORF M, et al. Multi-Task Identification of Entities, Relations, and Coreference for Scientific Knowledge Graph Construction [C]// Proceedings of the 2018 Conference on Empirical Methods in Natural Language Processing, 2018: 3219-3232.

[17] RIEDEL S, YAO L, MCCALLUM A. Modeling Relations and Their Mentions without Labeled Text [C]// In Joint European Conference on Machine Learning and Knowledge Discovery in Databases, 2010: 148-163.

[18] REN X, WU Z, HE W, et al. CoType: Joint Extraction of Typed Entities and

Relations with Knowledge Bases [C]//Proceedings of the 26th International Conference on World Wide Web, 2017: 1015 – 1024.

[19] GARDENT C, SHIMORINA A, NARAYAN S , et al. Creating Training Corpora for NLG Micro – planning [C]//Proceedings of the 55th Annual Meeting of the Association for Computational Linguistics (Volume 1: Long Papers), 2017: 179-188.

[20] LI X, YIN F, SUN Z, et al. Entity – relation Extraction as Multi – turn Question Answering [C]// In Proceedings of the 57th Annual Meeting of the Association for Computational Linguistics, 2019: 1340 – 1350.

[21] BEKOULIS G, DELEU J, DEMEESTER T, et al. Joint Entity Recognition and Relation Extraction as a Multi – head Selection Problem [J]. Expert Systems with Applications, 2018, 114: 34 – 45.

[22] PAOLINI G, ATHIWARATKUN B, KRONE J, et al. Structured Prediction as Translation between Augmented Natural Languages [J]. arXiv preprint arXiv: 2101.05779, 2021.

[23] EBERTS M, ULGES A. Span – based Joint Entity and Relation Extraction with Transformer Pre – training [C]// European Conference on Artificial Intelligence, 2020: 2006 – 2013.

[24] MIWA M, SASAKI Y. Modeling Joint Entity and Relation Extraction with Table Representation [C]// Proceedings of the 2014 Conference on Empirical Methods in Natural Language Processing, 2014: 1858 – 1869.

[25] ZHANG C, GAO S,WANG H, et al Position – aware Joint Entity and Relation Extraction with Attention Mechanism [C]//IJCAI,2022: 4496 – 4502.

[26] WADDEN D, WENNBERG U, LUAN Y, et al. Entity, Relation, and Event Extraction with Contextualized Span Representations [C]// Proceedings of the 9th International Joint Conference on Natural Language Processing and the 2019 Conference on Empirical Methods in Natural Language Processing, 2019: 5784 – 5789.

[27] BELTAGY I, LO K, COHAN A. SciBert: A Pretrained Language Model for

Scientific Text [C]//Proceedings of the 9th International Joint Conference on Natural Language Processing and the 2019 Conference on Empirical Methods in Natural Language Processing, 2019: 3615: 3620.

[28] ZHONG Z X , CHEN D Q. A Frustratingly Easy Approach for Entity and Relation Extraction [C]//Proceedings of the 2021 Conference of the North American Chapter of the Association for Computational Linguistics: Human Language Technologies, 2021.

[29] YE D, LIN Y, LI P, et al. Packed Levitated Marker for Entity and Relation Extraction [J]. arXiv preprint arXiv:2109.06067, 2021.

[30] CABOT P L H, NAVIGLI R. REBEL: Relation Extraction by End–to–end Language Generation [C]//Findings of the Association for Computational Linguistics: EMNLP, 2021: 2370–2381.

[31] ZHAO F, JIANG Z, KANG Y, et al. Adjacency List Oriented Relational Fact Extraction via Adaptive Multi–task Learning [J]. arXiv preprint arXiv:2106.01559, 2021.

[32] WEI Z P, SU J L, WANG Y, et al. A Novel Cascade Binary Tagging Framework for Relational Triple Extraction [C]//Proceedings of the 58th Annual Meeting of the Association for Computational Linguistics, 2020:1476–1488.

[33] FU T J, LI P H, MA W Y. GraphRel: Modeling Text as Relational Graphs for Joint Entity and Relation Extraction [C]// In Proceedings of the 57th Annual Meeting of the Association for Computational Linguistics, 2019: 1409–1418.

[34] 鄂海红，张文静，肖思琪，等．深度学习实体关系抽取研究综述[J]．软件学报，2019,030(6):1793–1818.

[35] 杨穗珠，刘艳霞，张凯文，等．远程监督关系抽取综述[J]．计算机学报，2021，044（8）：1636–1660.

[36] MINTZ M, BILLS S, SNOW R, et al. Distant Supervision for Relation Extraction without Labeled Data [C]// In Proceedings of the Joint Conference of the 47th Annual Meeting of the ACL and the 4th International Joint Conference

on Natural Language Processing of the AFNLP: Volume 2, 2009: 1003－1011.

[37] ZENG D J, LIU K, CHEN Y B, et al. Distant Supervision for Relation Extraction via Piecewise Convolutional Neural Networks [C]//Proceedings of the 2015 Conference on Empirical Methods in Natural Language Processing, 2015:1753－1762.

[38] SHANG Y, HUANG H Y, MAO X, et al. Are Noisy Sentences Useless for Distant Supervised Relation Extraction? [C]// In Proceedings of the Thirty－Fourth AAAI Conference on Artificial Intelligence, 2020: 8799－8806.

[39] SOCHER R, HUVAL B, MANNING C D, et al. Semantic Compositionality through Recursive Matrix－vector Spaces [C]//Proceedings of the 2012 Joint Conference on Empirical Methods in Natural Language Processing and Computational Natural Language Learning, 2012:1201－1211.

[40] ZENG D, LIU K, LAI S, et al. Relation Classification via Convolutional Deep Neural Network [C]// In Proceedings of COLING 2014, the 25th International Conference on Computational Linguistics: Technical Papers, 2014: 2335－2344.

[41] LIN Y, SHEN S, LIU Z, et al. Neural Relation Extraction with Selective Attention over Instances [C]// In Proceedings of the 54th Annual Meeting of the Association for Computational Linguistics, 2016: 2124－2133.

[42] ZHOU P, SHI W, TIAN J, et al. Attention－based Bidirectional Long Short－term Memory Networks for Relation Classification [C]//Proceedings of the 54th Annual Meeting of the Association for Computational Linguistics (Volume 2: Short Papers), 2016: 207－212.

[43] 李志欣,孙亚茹,唐素勤,等. 双路注意力引导图卷积网络的关系抽取 [J]. 电子学报, 2019, 049（002）: 315－323.

[44] WU S C, HE Y F. Enriching Pre－trained Language Model with Entity Information for Relation Classification [C]//Proceedings of the 28th ACM International Conference on Information and Knowledge Management, 2019: 2361－2364.

[45] TRAN T, KAVULURU R. Neural Metric Learning for Fast End－to－end

Relation Extraction [J]. arXiv preprint arXiv:1905.07458, 2019.

[46] SHANG Y M, HUANG H, SUN X, et al. Relational Triple Extraction: One Step is Enough [C]//In 31st International Joint Conference on Artificial Intelligence, 2022, 4360−4366.

[47] ZENG D J, ZHANG H R, LIU Q Y. CopyMtl: Copy Mechanism for Joint Extraction of Entities and Relations with Multi−task Learning [C]//In the Thirty−fourth AAAI Conference on Artificial Intelligence, 2020: 9507–9514.

[48] REN F L, ZHANG L H, ZHAO X F,et al. A Simple but Effective Bidirectional Extraction Framework for Relational Triple Extraction [C]//In the 15th ACM Interntional Conference on Web Search and Data Mining, 2022: 824−832.

[49] ZHENG H Y, WEN R, CHEN X,et al. PRGC: Potential Relation and Global Correspondence Based Joint Relational Triple Extraction [C]//Proceedings of the 11th International Joint Conference on Natural Language Processing and the 59th Annual Meeting of the Association for Computational Linguistics, 2021: 6225−6235.

[50] TIAN X, JING L, HE L,et al. StereoRel: Relational Triple Extraction from a Stereoscopic Perspective [C]//Proceedings of the 11th International Joint Conference on Natural Language Processing and the 59th Annual Meeting of the Association for Computational Linguistics, 2021: 4851−4861.

第 4 章
多模态预训练语言模型及 MRE

4.1 引言

随着人工智能技术的迭代更新与不断发展,深度学习技术在图像识别、机器翻译、情感分析和语音识别等多个单模态领域取得了显著成果。然而,人们的生活处于多模态相互交融的环境中,各种感知形式,如听觉、视觉、嗅觉等,构成了多模态的综合体验。为了让深度学习算法更全面、高效地理解周围的世界,需要赋予计算机学习和融合这些多模态信号的能力。因此,多模态深度学习的研究成为人工智能实现环境深度理解与认知的关键。

多模态深度学习作为人工智能领域的重要分支,是一个涉及多个学科的交叉领域,旨在赋予计算机更接近人类的理解和处理多模态信息的能力。近年来,随着人们生活水平的提高和多模态深度学习领域的不断进步,诸多智能应用如医学影像分析、多模态人机对话系统和智能音箱等逐渐出现,为人们的生活带来便利。越来越多的用户通过计算机获取并处理多种模态信息,以获得更高效、便捷的服务。

在多模态深度学习研究中,视觉语言预训练模型正处于迅速发展的阶段,相关模型的效果显著提升。然而,这一领域也面临一些关键技术难点,例如,过于关注模型的规模和模态表征能力的提升,导致模型成本过高,且未能深入挖掘和充分利用不同模态之间的对应关系;这种倾向部分源于对样本间内在相关性问题的忽视,因而限制了模型的性能。

多模态融合作为多模态深度学习领域的核心技术之一,近年来受到了国内外研究人员的广泛关注。多模态融合的主要目标是整合来自两个或多个模态的信息以捕获跨模态交互。通过融合多模态信息，机器可以更全面地理解和处理数据，从而进行更智能的决策。随着视频理解、情感分析和无人驾驶等多模态应用的发展，视频融合模型也逐渐成为研究的热点。在这一领域，现有模型常常难以有效去除数据集中非文本模态的固有噪声，例如，音频和视觉数据受到嘈杂环境影响产生的背景噪声、交叉干扰等。此外，很多模型也难以准确甄别噪声与重要信息之间的区别，进而影响下游任务的准确性，这些问题限制了视频三模态领域的发展。

在此背景下，多模态关系抽取（MRE）任务逐渐引起了研究人员的关注。关系抽取任务旨在在已识别出的实体基础上进一步判断实体之间的关系，形成（头实体，关系，尾实体）三元组。这一任务抽取的三元组数据为知识的结构化表示提供了支持，帮助描述世界万物之间的关联，为搜索引擎、医疗判断和知识图谱构建提供重要帮助，具有极大的应用价值。在 MRE 中，图像信息的引入作为额外的背景和语义知识，增强了文本信息中的情感，使得关系抽取性能得以提升。尽管如此，目前的研究仍缺乏对视觉信息在 MRE 任务中角色和实际意义的探索。以往的 SOTA 方法显示，引入视觉信息后，F1 值比纯文本方法提高约 20%，但目前对这一显著提升背后的机制仍未进行深入研究。此外，在 MRE 任务中，视觉信息如何辅助模型进行关系分类或影响最终决策的探讨也相对不足。这种理解的缺失导致了对视觉信息潜在价值的低效挖掘，并限制了视觉信息发挥作用的上限。

综上所述，这些问题为现有的多模态深度学习领域带来了新的挑战。针对目前视觉语言领域如何实现更有效的模态对齐，本章拟采用三个视觉语言预训练任务并加入互信息的概念，使得图像和文本之间的语义关联更加明确和有效，从而实现更好的模态交互，增强模型的性能与可解释性；针对现有视频融合中非文本模态数据存在固有噪声以及大多数模型无法很好甄别噪声和重要信息的问题，本章拟采用掩码截断策略对视听模态特征进行去噪，同时利用对比损失防止丢失关键信息，得到更完善的融合表示；针对视觉信息如何辅助 MRE 影响最终决策问题，本章系统梳理了前人视觉信息利用方法的运用情况，并对几种主流模型进行了深入实验，以探讨视觉信息在 MRE 任务中的实用价值以及如何有效利用视觉信息，并提出了一种新的视觉信息利用范式，可以稳定地提高 MRE 任务中模型的抽取性能，当视觉信息包含丰富的实体知识来补充文本信息时，可以大幅提高关系抽取的性能。

4.2 融合互信息的视觉语言预训练模型

目前，在视觉语言融合领域中预训练模型发展迅速，领先的模型具有较强的性能。然而从近几年预训练模型的发展历程中可以看出，研究人员更多地关注模型的规模和模态表征能力，导致模型成本过高，并且未能充分挖掘不同模态之间的内在相关性。针对上述问题，本章提出一种融合互信息的视觉语言预训练模型（MIPM 模型），首先利用视觉语言预训练任务对视觉、语言模态信息进行粗粒度的对齐，然后最大化两个模态数据之间的互信息来细粒度隐式对齐模态信息，在不过多消耗资源的前提下提升下游任务的效果。最后，通过设置对比实验、消融实验、参数实验，证明了本章提出的融合互信息的视觉语言预训练模型的有效性。

4.2.1 任务描述及问题定义

视觉语言模型流程主要由建模视觉、语言信息过程以及下游任务构成。具体来说，给定一张图像和匹配的文本，预先设定的提示信息记作 Prompt，初始化的查询向量记作 Q。从数据集中抽取出的图像和文本数据信息称为模态信息，符号表示为 V 和 W。预训练过程是指将两个模态信息 (V,W) 输入预训练模型 F 中与查询向量 Q 进行模态对齐和模态融合，使得模型可以利用查询向量学习到与文本最相关的视觉信息 Q'，然后利用大语言模型获得根据图像生成文本的能力，根据查询向量和前缀文本生成预测的后缀文本。其中，模态对齐指有效地建立和学习模态信息 V 和 W 之间的语义关联过程，使得它们在共享的嵌入空间中具有相似的表征；模态融合指将模态信息 V 和 W 进行有效整合和融合生成一个综合表示的过程，以便更好地理解和处理跨模态数据。下游任务过程是利用预训练后得到的参数和模型 F 并根据提示信息 Prompt 生成与输入图像相关的文本信息。

4.2.2 方法

MIPM 模型的整体流程包括四个阶段：预训练阶段、微调阶段、互信息阶段和测试阶段，其结构如图 4-1 所示。

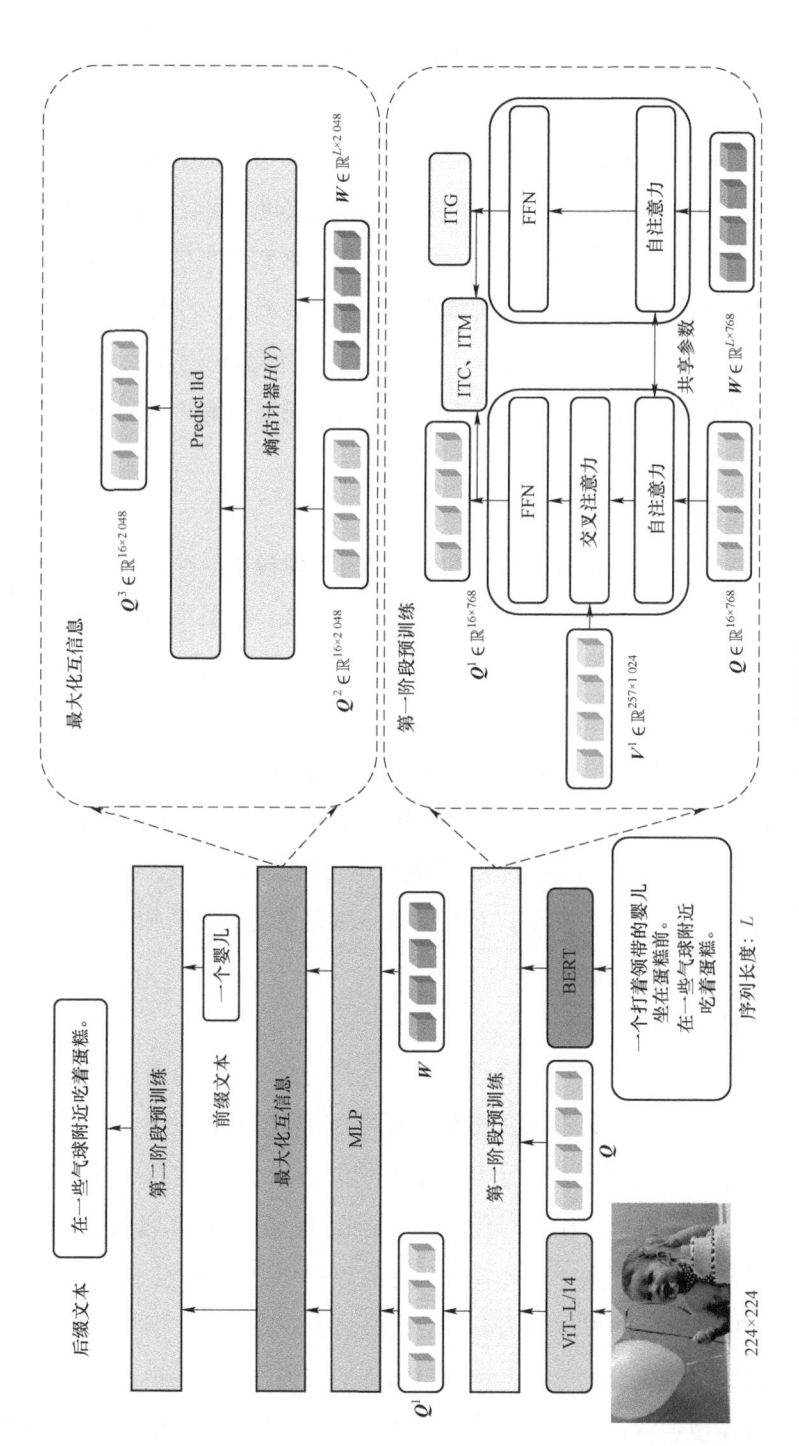

第 4 章 多模态预训练语言模型及 MRE 131

图 4-1 MIPM 模型结构

首先，查询向量通过三个预训练任务进行模型的预训练，使得查询向量可以从视觉编码器中学习到与文本最相关的视觉表征，进行第一阶段的模态对齐。其次，将学习到的查询向量输入大语言模型中执行视觉到语言的生成学习。在此阶段通过最大化视觉模态和语言模态之间的互信息，隐式进行细粒度的模态信息对齐，使得模型更好地理解和利用不同模态之间的相关性和共享信息。然后，根据不同下游任务设定不同的损失函数，对模型进行微调。最后，在数据集中测试模型效果。其中由于资源有限，在预训练阶段将冻结视觉编码器和大语言模型的参数，在微调阶段解除对视觉编码器的冻结，一起更新视觉编码器和查询向量的参数。

4.2.2.1 预训练阶段

预训练阶段的目的是通过联合视觉和语言数据，使模型能够理解和生成与图像相关的文本描述，从而实现跨模态的信息融合和生成。模型预训练过程主要分为两个阶段，第一阶段主要是利用三个并行的预训练任务进行跨模态的对齐，让查询向量可以从冻结参数的视觉编码器中学习到与文本最相关的视觉特征，具体任务包括视觉语言对比学习（Image-Text Contrastive，ITC）、视觉语言匹配（Image-Text Matching，ITM）以及基于图像的文本生成（Image-grounded Text Generation，ITG）。通过这三个任务，模型能够学习图像和文本之间的对应关系。第二阶段引入了冻结的大语言模型，并利用第一阶段学习到的跨模态对齐关系，进行图像到文本的生成学习。

1. 第一阶段预训练

第一阶段预训练的核心思想是通过大量无标注的视觉、语言对数据进行自监督学习，从而实现对图像和文本特征的深度编码，使得模型能够学习到图像和文本之间的深层关联。为了实现这一目标，本节利用三个视觉语言预训练领域常用的预训练任务——视觉语言对比学习任务、视觉语言匹配任务和基于图像的文本生成任务，来提升模型对视觉语言多模态信息的理解和处理能力。视觉编码器使用的是来自 CLIP 论文中的 ViT-L/14 模型，但由于资源有限，所以本节选择在预训练阶段冻结视觉编码器的参数，利用可训练的查询向量，从被冻结参数的视觉编码器中抽取图像的特征向量；这一阶段的文本特征编码使用的是预训练模型 BERT，然后利用上述的三个预训练任务强制查询向量以抽取与文本最相关的视觉表示，学习和对齐视觉、语言数据之间的表征和内在联系，其中，利用两个 Transformer 架构分别来编码查询向量和 BERT 模型输出的文本词嵌入，通过共享自注意力层参数的方式进行查询向量和词嵌入的交互，通过交叉注意力层进行查询向量和视觉编码器的交互，并且在本节中查询向量的个数设为 16 个，它的维度和 BERT 模型匹配设置为 768 维，比视觉编码器 ViT–L/14 的维度 257×1 024 小很多，因此迫使查询向量可以抽取与文本最相关的视觉信息。这一阶段的输入是多个查询向量 Q、视觉编码器输出的视觉特征 V 以及文本特征 W，输出的是查询向量抽取得到的图像数据 Q^1。

三个预训练任务详细内容如下：

（1）视觉语言对比学习任务旨在学习对齐图像表示和文本表示，拉近匹配图像和文本之间的特征距离，同时增大不匹配图像和文本之间的特征距离。模型通过对比学习的方式，使得正样本对（匹配的图像和文本）之间的相似度最大化、负样本对（不匹配的图像和文本）之间的相似度最小化来实现这一点。

具体来说，其中的图像特征来自 Transformer 的输出查询向量，文本特征来自 BERT 模型输出的词嵌入。多个查询向量经过编码后包含多个输出词嵌入，首先计算每个查询向量与词嵌入之间的成对相似度，然后选择最高的那个作为图像–文本相似度。为了避免信息泄露，本节使用了单模态自注意力掩码机制，其中查询和文本不允许相互影响。这样的训练方式使得模型能够学习到图像和文本之间的相似性和差异性，从而进一步加深对它们的理解。

（2）视觉语言匹配任务的目的是学习图像和文本之间的关联关系，旨在学习图像和文本表示之间的对齐能力。这是一个二元分类任务，其中要求模型预测图像–文本对是正的（匹配）还是负的（不匹配）。在训练过程中，模型接收成对的图像和文本数据作为输入，通过计算它们的特征向量在联合嵌入空间中的相似度来判断是否匹配。通过优化损失函数，模型逐渐学习到如何抽取和比较图像与文本中的关键信息，从而实现准确的视觉语言匹配。

具体来说，本节的文本特征和图像特征来源同上一个任务。首先使用双向自注意力掩码，所有查询训练和文本嵌入都可以相互关注。因此，输出查询嵌入捕获多模态信息。然后将每个输出查询嵌入一个两类线性分类器中以获得分数，并将所有查询分数的平均值作为输出匹配分数。本节不匹配样本对构建方法参考

Li等人。这一任务为后续的视觉语言融合任务提供了基础，使得模型能够更准确地理解视觉、语言之间的对应关系。

（3）基于图像的文本生成任务要求模型不仅能理解图像中的视觉信息，还能将其转化为自然语言描述。在训练时，模型接收图像数据并抽取视觉特征，然后生成与这些特征相匹配的文本描述。通过与真实的文本描述进行对比，模型不断优化其生成能力，以产生更准确、更丰富的图像描述。

具体来说，本节的文本特征和图像特征来源同上一个任务。由于模型中视觉编码器输出的特征向量无法和文本嵌入直接交互，所以生成文本所需的信息必须首先由查询向量获得，然后通过自注意力层传递给文本标记。因此，查询向量被迫抽取视觉特征来捕获关于文本的所有信息。本节使用多模态因果自注意力掩码来控制查询–文本交互。详细来说就是查询向量之间可以相互处理，但不能处理文本嵌入；每个文本嵌入都可以处理所有查询向量及其前一个文本嵌入。该任务有助于模型学习从图像到文本的映射关系，并生成准确、丰富的文本描述。通过生成与图像内容相匹配的文本，模型能更好地理解图像中的关键信息，并将其转化为自然语言。

这一阶段用来进行预训练的数据来自 MSCOCO（Microsoft Common Objects in Context）、VG（Visual Genome）、LAION400M（Large–scale Artificial Intelligence Open Network）、SBU 四个数据集。MSCOCO 数据集以场景理解为目标，主要从复杂的日常场景中截取，图像中的目标通过精确的分割进行位置标定，含 91 个常见对象类别，其中 82 类有超过 5 000 个标签实例，共含 32.8 万幅图像和 250 万个标签实例；VG 数据集包含多项选择设置中的视觉问答数据，由来自 MSCOCO 数据集的 101 174 张图像组成，有 170 万个 QA 对，平均每张图像 17 个问题；LAION400M 数据集包含 4 亿个图像–文本对，并且附带 4 亿个统一资源定位符（Uniform Resource Locator，URL）和 4 亿个图像嵌入表示；SBU 数据集是早期的大规模图像描述数据集，收集数据时，先使用对象、属性、动作、物品和场景查询词对图片分享网站 Flickr 进行查询，得到大量携带相关文本的照片，然后根据描述相关性和视觉描述性进行过滤。数据集中每张图像都配有多个字幕数据，在预训练阶段将每张图像的前两个字幕数据作为训练数据，并在两个预训练阶段中随机抽取一个作为这张图像数据对应的文本数据。

2. 第二阶段预训练

第二阶段预训练是在第一阶段的基础上，进一步提升模型在视觉语言多模态任务上的性能。其核心思想是让模型具备从图像生成文本的能力，实现视觉到语言的转换。为了实现这个目标，将第一阶段训练得到的查询向量输入大语言模型中，利用查询向量生成文本信息，获得大语言模型的文本生成能力。其中，同样因为资源限制，冻结了大语言模型的参数。本节的大语言模型选择的是T5（Transfer Text-to-Text Transformer）。这一阶段的输入是查询向量抽取得到的图像数据 Q^1、文本特征 W 以及前缀文本嵌入，输出的是大语言模型生成的后缀文本描述。

具体流程如下：首先在进行第二阶段预训练之前，使用一个全连接层将查询向量线性投影到与大语言模型输入相同的维度中；然后将这些维度相同的查询向量嵌入与前缀文本一起添加到大语言模型的输入中；最后，大语言模型根据输入信息输出和图像数据相关的文本信息。其中查询向量能够有效地充当信息瓶颈，为大语言模型提供最有用的信息，同时过滤掉无关的视觉信息。这种方法减轻了大语言模型学习视觉语言一致性的负担，进而缓解了大语言模型本身带来的灾难性遗忘问题。通过将查询向量嵌入与前缀文本嵌入相结合，能够在保持模型效率的同时，有效地引导模型关注与语言信息最相关的视觉特征。这种方法不仅有助于提高模型对图像和文本之间关联性的理解，还能够减轻大语言模型在处理多模态信息时的负担。

针对视觉问答任务，由于本节选择进行 Zero-shot 任务，所以在预训练阶段中加入互信息部分更新查询向量后再继续进行第二阶段的预训练，而针对图像描述任务则是在微调阶段加入互信息部分，在进入大模型之前最大化查询向量和文本嵌入的互信息。

这一阶段的训练通过从冻结的大语言模型中引导模型进行学习，避免了过多的参数训练，降低了计算成本。同时，生成的文本信息质量显著提升，为模型在下游任务中提供了高质量的视觉语言信息交互能力。

这一阶段用来进行预训练的数据和上一阶段来自相同的数据集，但相比上一阶段，图像数据保持一致，而字幕数据则有所不同。这里选择了之前两个字幕数据中剩余的一个，用于第二阶段的预训练。

4.2.2.2 微调阶段

对模型进行微调是模型预训练后的关键步骤，让模型从通用能力向特定任务能力进行转化，能够更精准地适应各种复杂的实际应用场景。具体而言，模型微调阶段涉及固定预训练阶段训练好的部分参数，然后重新训练模型参数。核心思想在于通过对模型进行精细化调整，使其能够更好地适应特定任务的需求，在特定下游任务中达到最佳性能。关键在于，微调并不是对整个模型进行重新训练，而是对模型所有参数进行细微的调整，以使其更好地适应具体下游任务的数据分布和特征。这样可以节省训练时间，并且由于利用了预训练阶段的成果，因此通常也能获得更好的性能。

微调阶段的主要流程是首先加载预训练好的模型参数，由于已经在大量的视觉、语言数据上进行了学习，因此这些参数具备了一定的通用性。然后，使用具体下游任务的相关数据集对整个模型进行训练。在这个过程中，选择固定部分预训练阶段的参数，以防过拟合，并重点调整与相关下游任务更相关的模型部分。针对下游任务的微调是一个既利用预训练参数又针对特定任务进行优化的过程，融合了预训练成果和特定任务需求的综合性。

在本节中，对于图像描述任务，选择 COCO Caption 数据集的训练集部分对模型进行微调，让模型可以适应图像描述任务，然后在测试阶段对相应数据集进行测试；对于视觉问答任务，因为选择进行 Zero-shot 任务，所以不对模型进行微调，直接在测试阶段对相应数据集进行测试。

具体针对图像描述下游任务来说，要求模型为图像的视觉内容生成文本描述。使用提示文本 a photo of 作为大语言模型的初始输入，并训练模型生成具有语言建模损失的字幕。模型在微调过程中保持大语言模型参数冻结，并与视觉编码器 ViT-L/14 一起更新训练查询向量的 Transformer 参数，最终得到针对图像描述任务的最优参数。

4.2.2.3 互信息阶段

互信息阶段不是单独训练的一个阶段，而是属于第二阶段预训练或者微调阶段的一部分，在模型图中属于第二阶段预训练。互信息阶段的核心思想是通过最大化视觉、语言两个模态间的互信息来加强模态间的联系，使得模态间的信息交流更加紧密和高效,进一步细粒度隐式对齐模态信息。针对图像描述任务,模型在微调阶段加入互信息部分;针对视觉问答任务,由于本节选择进行 Zero-shot 任务,所以模型在第二阶段预训练中加入互信息部分。具体流程是在模型利用大语言模型从图像信息生成文本信息的过程前,先最大化字幕数据和图像数据之间的互信息,以对齐两个模态之间的信息,得到和真实字幕更相关的视觉特征。其中,输入的图像特征是经过全连接层投影后的查询向量特征,文本特征是真实字幕数据经过大语言模型编码器编码后的特征向量。这样做的目的是让图像信息能够更好地与字幕信息接近,从而生成更真实的文本描述。

主要流程是估计和提升了两个模态输入水平的互信息下界,产生反向传播的任务和互信息相关损失,模型通过此过程可以使图像和文本模态之间的相关性更加显著,从而实现模态之间的对齐,最终提高模型的性能。其中,由于互信息的难处理性,许多研究人员总是想要提高互信息的下界。因此,为了方便和准确地估计互信息的值,本节提出了一种基于数据和模型特征的混合方法,由参数和非参数部分组成。参数部分采用深度学习的方法,非参数部分采用高斯混合模型(Gaussian Mixture Model,GMM)。

根据 Barber 等人提出的方法,利用互信息的变分下界预测分布 $q(y|x)$ 来逼近两个模态的联合真实分布 $p(y|x)$,即

$$I(X;Y) = \mathbb{E}_{p(x,y)}\left[\log\frac{q(y|x)}{p(y)}\right] + \mathbb{E}_{p(y)}[KL(p(y|x) \| q(y|x))] \quad (4-1)$$
$$\geq \mathbb{E}_{p(x,y)}[\log q(y|x)] + H(Y) = \mathcal{L}_{\text{lld}} + H(Y) \triangleq I_{(x,y)}$$

其中,$I(X;Y)$ 代表 X 和 Y 之间互信息;X 代表文本模态信息;Y 代表图像模态信息;$\mathbb{E}$ 代表期望;$H(Y)$ 是 Y 的熵;$\mathcal{L}_{\text{lld}}$ 是对数似然损失函数,用于优化预测分布 $q(y|x)$ 的参数,提高预测的准确性。当 $q(y|x) = p(y|x)$ 时,互信息的下界与真实值之间近乎相等。在每对中,本节将文本模态视为 X,将图像模态视为 Y。通过最大化互信息的下界,可以逼近真实的互信息,达到最大化互信息的目的,增强视觉、语言两个模态信息之间的相关性。

对数似然损失函数 $\mathcal{L}_{\text{lld}}$ 的计算公式为

$$\mathcal{L}_{\text{lld}} = -\frac{1}{N}\sum_{i=1}^{N}\log q(y_i|x_i) \quad (4-2)$$

其中，N 是训练中的批处理大小（Batch Size）；$q(y_i|x_i)$ 是条件概率分布，即给定 x_i 条件下 y_i 的概率；$\log(\cdot)$ 代表对概率分布取对数。取对数在概率和信息论中是一个常见的操作，有助于将概率值转换为对数尺度，使得计算更方便，同时也有助于突显概率分布的微小变化。在对互信息进行优化时，取对数可以使得优化过程更平滑，并有助于处理概率值接近于 0 或 1 的极端情况。

另外，对于 $H(Y)$，参考 Han 等人的方法，采用 GMM 来计算，GMM 是一种常用的未知分布近似方法，可以促进基于分布的估计，具体公式为

$$H(Y) = \frac{1}{4}[\log((\det(\boldsymbol{\Sigma}_1)\det(\boldsymbol{\Sigma}_2))] \tag{4-3}$$

其中，det 代表行列式计算。GMM 为不同的属性类别建立多个高斯分布，由于数据集不含标签信息，所以本节选择将数据集中的数据随机平均分为两类，为每个类别建立了两个正态分布，$\boldsymbol{\Sigma}_1$ 和 $\boldsymbol{\Sigma}_2$ 分别是两个类别的协方差矩阵。

两个类别的协方差矩阵 $\boldsymbol{\Sigma}_1$ 和 $\boldsymbol{\Sigma}_2$ 的计算公式为

$$\hat{\boldsymbol{\mu}}_c = \frac{1}{N_c}\sum_{i=1}^{N_c} h_c^i \tag{4-4}$$

$$\hat{\boldsymbol{\Sigma}}_c = \frac{1}{N_c}\sum_{i=1}^{N_c} h_c^i \odot h_c^i - \hat{\boldsymbol{\mu}}_c^{\mathrm{T}}\hat{\boldsymbol{\mu}}_c \tag{4-5}$$

其中，c 代表上述分出的两个类别；N_c 是 c 类样本的个数；h_c 是 c 类子分布的熵；$\hat{\boldsymbol{\mu}}_c$ 是 c 类样本的均值向量；$\hat{\boldsymbol{\mu}}_c^{\mathrm{T}}$ 是 $\hat{\boldsymbol{\mu}}_c$ 的转置向量；$\odot$ 表示乘法。

这一阶段最大化互信息下界的损失函数为

$$L = -I_{(x,y)} \tag{4-6}$$

综上所述，互信息阶段属于第二阶段预训练或微调阶段，可以增强语义理解，使视觉、语言之间的语义信息更加明确和有效，以便模型能够充分利用模态间的信息，提升模型的性能与效果。

4.2.2.4 测试阶段

测试阶段的核心思想是评估本节模型在特定任务上的泛化能力和性能，通过严谨的测试流程和评估标准来确保模型在实际应用中的可靠性和准确性。具体来说，就是评估模型是否能够准确理解图像内容，并生成与之相关的文本描述或回

答相关问题。其主要流程包括在模型中加载已经训练好的参数、准备测试数据集、进行前向传播得到预测结果、计算评估指标等步骤。在测试过程中，模型的输入是测试数据集，输出则是模型对测试数据的预测结果。通过计算评估指标，可以评价模型在特定任务上的性能表现。

针对图像描述任务，加载微调阶段保存的最优参数，输入 COCO Caption 和 NoCaps 数据集的图像进行测试，模型对图像进行深度理解并生成相应的文本描述，将生成的文本描述和人工标注的真实描述进行对比，使用相应评价指标量化模型的性能，其中，由于微调阶段利用的是 COCO Caption 数据集，所以在 NoCaps 数据集上测试的是 Zero−shot 任务的性能。针对视觉问答任务，直接使用第二阶段预训练后保存的最优参数，然后输入 VQA2.0 和 GQA 数据集的图像和问题进行测试，模型结合视觉和语言信息进行分析并生成问题的答案，将生成的答案描述和人工标注的真实答案进行对比，使用相应评价指标量化模型的效果。

4.2.3　实验

4.2.3.1　数据集和评价指标

1. 实验数据集

本节实验采用的图像描述数据集是 COCO Caption 和 NoCaps，视觉问答数据集是 VQA2.0 和 GQA。

（1）COCO Caption 数据集：图像源自 MSCOCO 数据集，其中包含 91 种对象类型的照片。整个数据集共有 328 000 张图像，总计包含 250 万个标记实例，并涵盖超过 150 万个字幕，用于描述图像。针对每张图像，雇佣亚马逊土耳其机器人（AMT）上的工作者生成了 5 个独立的人工字幕。数据集中包含 8 万多张训练集图像、4 万多张验证集图像和 4 万多张测试集图像。针对训练和验证图像，分别收集了 413 915 个和 202 520 个字幕，而测试图像则有 379 249 个字幕。

（2）NoCaps 数据集：由 16 万个人工生成的字幕组成，这些字幕描述了来自 Open Images 的 15 100 张图像。该数据集包含验证集和测试集，分别包含 4 500 和 10 600 张图像，每张图像都配有 11 个人工生成的标题。训练数据则来自 COCO Caption 2017 训练集（含有 118 000 张图像，涵盖 80 种对象类）以及 Open Images V4 对象检测训练集（包含 170 万个图像边界框标注，涵盖 600 种对象类和 20 000

个类别)。

(3) VQA2.0 数据集：在 VQA 数据集的基础上构建而成，包含大约 110 万个（问题，图像）对。这相当于 VQA 数据集的近两倍规模，在来自 COCO Caption 数据集的 20 万张图像上共有约 1 300 万个相关答案。该数据集包含 26 万张图像，其中训练集包含 44 万多个（问题，图像）对，测试集包含 21 万多个（问题，图像）对，验证集包含 45 万多个（问题，图像）对。

(4) GQA 数据集：由斯坦福大学 Manning 组发布，采用 Visual Genome 场景图结构创建了 2 200 万个独特的推理问题。这是一个庞大的视觉问答数据集，包含来自 Visual Genome 数据集的真实图像和平衡的问答对。数据集共包含超过 11 万张图像和近 2 270 万个不同类型和不同组合程度的问题，涵盖了广泛推理技能。相关数据集的详细统计信息如表 4-1 所示。

表 4-1 MIPM 模型实验用数据集（以图像数量计算）详细统计信息

类别	数据集		
	训练集	验证集	测试集
COCO Caption	82 783	40 504	40 775
NoCaps	—	4 500	10 600
VQA2.0	443 000	214 000	453 000
GQA	79 113	11 302	11 302

2. 评价指标

本节在图像描述任务 COCO Caption 数据集中采用 BLEU-4 和 CIDEr 作为评价指标，在图像描述任务 NoCaps 数据集中采用 CIDEr 和 SPICE（Semantic Propositional Image Caption Evaluation）作为评价指标，在视觉问答任务两个数据集中都采用准确率 Acc 作为评价指标。

其中，BLEU（Bilingual Evaluation Understudy）是一种常用于评估机器翻译系统的指标，旨在评估生成的译文与人类真实翻译的译文之间的相似程度。它通过计算候选翻译中 n-gram 的精确匹配率，并将这些匹配率加权求和，得到最终的 BLEU 分数。其中，n-gram 是指根据文本内容进行大小为 N 的滑动窗口操作所得到的长度为 N 的片段序列，每个片段称为一个 gram。根据 n-gram 包含的单词数量的不同，BLEU 指标分为 BLEU-1、BLEU-2、BLEU-3 和 BLEU-4

等，其数值越高越好，本节选择 BLEU-4 作为评价指标。

CIDEr 是 BLEU 和向量空间模型的结合。其主要思想是将句子视为文档，然后计算其 n-gram 的 TF-IDF（Term Frequency Inverse Document Frequency）向量，再用余弦相似度来衡量候选句子和参考句子的语义一致性。其中，TF-IDF 是一种用于信息检索与数据挖掘的常用加权技术，它的主要作用是挖掘文章中的关键词，并给每个词分配一个权重，反映该词对文章主题的重要程度。最终，将所有生成描述与参考描述的相似度分数进行加权求和，得到最终的 CIDEr 分数，其数值越高越好。

SPICE 是图像描述生成任务的一种常用评价指标。相比于传统的基于 n-gram 重叠或句法结构的评价指标，SPICE 考虑了更详细和更复杂的语义信息，可以更准确地评估自然语言生成模型在生成图像描述时的性能，其数值越高越好。

准确率是一种用于评估分类模型性能的指标，衡量了模型在所有预测中预测正确的比例。准确率的计算方式非常简单，等于模型正确分类的样本数除以总样本数。通常情况下，准确率被表示为一个百分比，其数值越高越好。

4.2.3.2 实验设置

1. 服务器配置

本节实验所用的操作系统为 Ubuntu，在 8 张 NVIDIA RTX 3090 GPU 计算卡上进行模型训练，配备 10 TB 硬盘及 190 GB 内存。开发框架选取 PyTorch，开发环境采用 PyCharm Community Edition 2022.2.1 工具。具体配置如表 4-2 所示。

表 4-2 MIPM 模型实验用服务器配置

组件	配置
显卡	NVIDIA RTX 3090
操作系统	Ubuntu
硬盘	10 TB
内存	190 GB
开发工具	PyCharm Community Edition 2022.2.1
开发框架	PyTorch
开发语言	Python 3.6

2. 对比模型

本节选择以下 14 个视觉、语言两模态领域模型作为基线，和本节提出的模型 MIPM 在 2 个下游任务的 4 个数据集中进行实验比较。

（1）OSCAR：对象语义对齐预训练，该方法第一次在视觉语言预训练模型中使用图像中检测到的对象标签作为锚点，以显著简化对齐的学习。

（2）VinVL：该方法提出了一种改进的对象检测模型，以提供图像的以对象为中心的表示。对预训练的目标检测模型进行了详细的研究，以探讨不同的设计选择对性能改进的相对贡献。

（3）BLIP：该方法采用 3 种常用视觉语言预训练任务进行联合预训练，然后将预训练过程分为两部分：一部分用于生成给定 Web 图像的合成字幕，另一部分个用于从原始 Web 文本和合成文本中去除嘈杂的字幕。

（4）mPLUG-2：一个支持任务全面性的任务不可知论和模式不可知论框架。第一次尝试通过一个简单的序列到序列的学习框架，通过统一的基于指令的任务表示，统一视觉语言领域中多种任务。

（5）Flamingo：该方法在结构上进行创新，可以有效地接受任意交错的视觉数据和文本作为输入，并以开放式的方式生成文本。

（6）SimVLM：简单视觉语言模型。该方法仅在弱对齐的图像-文本对上利用语言建模目标，既不需要目标检测预训练，也不需要辅助损失，极大简化了视觉语言预训练模型。

（7）BLIP2：该方法使用预训练后的 Q-Former 结构来弥合视觉、语言模态之间的差距，学习冻结参数的视觉编码器和语言编码器中的特征。但其中并没有使用互信息来进行进一步的模态对齐。

（8）PALI：路径语言和图像模型。该方法设计了一个简单的、模块化的和可扩展的序列到序列学习架构，可以通过重用现有的基于 Transformer 的单模态检查点来有效地训练。

（9）LEMON：使用 VinVL 模型作为参考模型，首次对视觉语言预训练模型在图像捕获中的缩放行为进行了实证研究。

（10）GRIT：基于网格和区域的图像描述 Transformer。该方法将以前方法中使用的基于 CNN 的检测器替换为基于 DETR 的检测器，计算速度更快。此外，它的单片设计仅由变压器组成，可以对模型进行端到端的训练。

（11）KOSMOS-1：该方法可以感知一般模态，在网络规模的多模态语料库上从头开始训练模型，包括任意交错的文本和图像、图像-标题对和文本数据。

（12）FewVLM：该方法使用前缀语言建模（PrefixLM）和掩码语言建模（MaskedLM）预训练序列到序列转换器模型，还分析了不同 Prompt 对 Fewshot 任务的影响。

（13）MetaLM：该方法使用半因果语言建模目标来联合预训练接口和模块化编码器。该方法不仅继承了因果语言建模的上下文学习和开放式生成的能力，而且由于采用双向编码器，因此更有利于调优。

（14）PNP-VQA：即插即用 VQA，是一个 Zero-shot-VQA 的模块化框架。该方法使用自然语言和网络解释作为将预训练模型结合在一起的中间表示，生成问题引导的信息图像标题，并将标题作为问题回答的上下文传递给预训练语言模型。

3. 参数设置

模型的所有参数均使用 Adam 优化算法进行训练，第一阶段预训练时的学习率初始为 1e-4，Batch Size 为 16，epoch 设置为 10 轮；第二阶段预训练时的学习率初始为 1e-4，Batch Size 为 32，epoch 设置为 10 轮；图像描述任务微调时的学习率初始为 1e-5，Batch Size 为 12，epoch 设置为 5 轮；图像描述任务测试时的 Batch Size 为 8；视觉问答任务测试时的 Batch Size 为 16。

4.2.3.3 对比实验

1. 不同的方法在图像描述任务数据集上的实验结果

表 4-3 展示了 MIPM 模型与 7 个基线模型在图像描述任务数据集 COCO Caption 上的参数量和实验结果。

表4-3　MIPM 模型及对比模型在图像描述任务数据集 COCO Caption 上的参数量和实验结果

模型	参数量	BLEU-4	CIDEr
SimVLM（2021）±	1.4 B	40.6	143.3
BLIP（2022）±	446 M	40.4	136.7
Flamingo（2022）±	10.6 B	—	138.1

续表

模型	参数量	BLEU-4	CIDEr
OSCAR（2020）*	345 M	37.4	127.8
VinVL（2021）*	345 M	38.2	129.3
BLIP2（2023）*	1.1 B	<u>42.4</u>	<u>144.5</u>
mPLUG-2（2023）*	17 M	41.6	137.7
MIPM（本实验）	800 M	**43.8**	**145.6**

表 4-3 中，根据是否考虑模态对齐问题分为两类，±表示未考虑模态对齐的模型，*表示考虑模态对齐的模型，黑色加粗表示最优结果，下画线表示次优结果，—表示该模型在该数据集中未进行过实验。MIPM 模型在 COCO Caption 数据集中的 BLEU-4 和 CIDEr 两个指标上均取得了最好的结果，且参数量较小，能够证明本节方法对模态信息的合理利用以及其对模型性能和参数的有效平衡。

具体而言，与未考虑模态对齐问题的模型 SimVLM、BLIP 和 Flamingo 相比，MIPM 模型在 BLEU-4 和 CIDEr 得分上都分别提升了 2~3 个点，这表明进行模态对齐可以提升视觉语言模型的性能，证明了 MIPM 模型在对齐和利用模态信息方面的有效性。与考虑模态对齐的模型 OSCAR、VinVL、BLIP2 和 mPLUG-2 相比，MIPM 模型在 BLEU-4 和 CIDEr 得分上也都有所进步，其中 BLIP2 模型与 MIPM 模型性能接近，但参数量比起 MIPM 模型要更多一些，展现了利用预训练任务加互信息的方法来对齐模态信息很有效并且参数增长不多，进一步展现出 MIPM 模型在平衡参数和性能方面的优势。

这表明，本节提出的 MIPM 模型在图像描述任务上取得了显著的性能提升，不仅在参数量上有所控制，而且在 BLEU-4 和 CIDEr 得分上均表现出色，验证了模型通过预训练任务和最大化互信息的方法可以更充分地利用模态间的联系，有效地对齐模态信息，提升模型效果。

表 4-4 展示了 MIPM 模型与其他 6 个基线模型在图像描述任务数据集 NoCaps 的 Zero-shot 任务上的参数量和实验结果。

表 4-4 MIPM 模型及对比模型在数据集 NoCaps 的 Zero-shot 任务上的参数量和实验结果

模型	参数量	SPICE	CIDEr
SimVLM（2021）	—	—	112.2
BLIP（2022）	583 M	14.8	113.2
LEMON（2022）	0.7 B	14.2	117.3
GRIT（2022）	—	13.6	105.9
PALI（2023）	3 B	15.6	121.1
BLIP2（2023）	1.1 B	<u>15.8</u>	<u>121.6</u>
MIPM（本实验）	100 M	**16.0**	**121.9**

表 4-4 中，黑色加粗表示最优结果，下画线表示次优结果，—表示该模型在该数据集中未进行过实验。可以观察到，在 NoCaps 数据集中，尽管 MIPM 模型的参数量最少，但在 SPICE 和 CIDEr 指标上相较于对比的基线模型表现更出色，分别达到了 16.0 和 121.9，充分证明了该模型能够通过有效利用模态信息实现更精细的模态对齐，从而显著增强了模态间的交互紧密性，进一步提升了整体模型性能。

具体分析，MIPM 模型对比 SimVLM 模型和 GRIT 模型，虽然参数量对比未知，但性能远超这两个模型。与参数量相近的 BLIP 模型相比，MIPM 模型在 SPICE 和 CIDEr 两个指标上分别提高了 1.2 和 8.7 个点，展现出了更加突出的性能，这是因为这几个模型都未考虑模态对齐的问题，影响了模型的性能。此外，与拥有更大参数量的 LEMON（0.7 B）、BLIP2（1.1 B）和 PALI（3 B）模型相比，MIPM 模型以较小的参数量实现了相近甚至更优的性能：在 SPICE 和 CIDEr 得分中，LEMON 模型为 14.2 和 117.3，PALI 模型为 15.6 和 121.1，而 BLIP2 模型为 15.8 和 121.6，均略低于 MIPM 模型的 16.0 和 121.9。这再次验证了 MIPM 模型在视觉语言领域中参数效率与性能之间的优越性。表 4-4 中除了 MIPM 模型外只有 BLIP2 模型考虑了模态对齐问题，其中也只有 BLIP2 模型的性能较好，这说明了充分利用模态间对应关系能够提升模型性能，模态对齐在视觉语言领域中很重要。

总体来说，本节中的 MIPM 模型在图像描述任务中表现出色。该模型不仅具有较少的参数量，可以在资源有限的情况下实现，而且在微调和 Zero-shot 任务中都取得了显著的效果。这表明，MIPM 模型通过三个预训练任务实现了粗粒度模态信息的对齐,并通过最大化互信息来进一步隐式细粒度地对齐模态信息。这样的方法促使视觉和语言这两个模态信息之间更紧密地交互,使得模型可以更有效地利用两个模态的信息。最终,MIPM 模型在图像描述任务中取得了最佳的 CIDEr、SPICE 和 BLEU-4 结果。

2. 不同的方法在视觉问答任务数据集上的实验结果

表4-5展示了 MIPM 模型与其他6个基线模型在视觉问答任务数据集 VQA2.0 和 GQA 的 Zero-shot 任务上的参数量和实验结果。

表4-5 MIPM 模型及对比模型在视觉问答任务数据集 VQA2.0 和 GQA 的 Zero-shot 任务上的参数量和实验结果

模型	参数量	VQA2.0（Val）准确率/%	VQA2.0（test-dev）准确率/%	GQA（test-dev）准确率/%
FewVLM（2022）	740 M	47.7	—	29.3
PNP-VQA（2022）	1.3 B	<u>63.3</u>	**64.8**	41.9
MetaLM（2022）	—	41.1	—	—
Flamingo（2022）	10.2 B	—	56.3	—
KOSMOS-1（2023）	1.6 B	—	51.0	—
BLIP2（2023）	103 M	62.6	62.3	<u>44.4</u>
MIPM（本实验）	104 M	**63.9**	**64.8**	**44.6**

表4-5中,Val 表示验证集,test-dev 表示测试开发集,黑色加粗表示最优结果,下画线表示次优结果,—表示该模型在该数据集中未进行过实验。从表4-5中可以看出,在两个数据集中,MIPM 模型对比前面的模型在 Zero-shot 任务中都达到了最优的效果。

具体分析,对比 FewVLM、MetaLM、Flamingo 和 KOSMOS-1 等模型,其性能在两个数据集中都表现一般,并且模型需要训练的参数量很大,参数效率不高,限制了模型在低资源情况下的使用,猜测是因为这些模型未考虑模态间对齐的问题。接着,来对比一下 PNP-VQA 模型。该模型在测试集上达到了64.8%的准确率,与 MIPM 模型相当。然而,需要注意的是,它的参数量远高于 MIPM 模型,这可能增加了在实际应用中的部署和推理的复杂性。相比之下,本节提出的

MIPM 模型在保持高准确率的同时，有望通过减少参数量来降低模型的复杂性。最后，和参数量相近的 BLIP2 模型对比，MIPM 模型在两个数据集上的效果都优于 BLIP2 模型，可以看出 MIPM 模型的参数利用比 BLIP2 模型更好，进一步验证本节提出基于互信息的对齐方法可以更有效地利用视觉、语言两个模态的信息。综上所述，本实验通过对比多个模型在视觉问答任务上的表现，验证了 MIPM 模型在面向视觉语言领域模态信息融合技术研究中的优势。并且在实验结果中可以看出，在没有微调训练的情况下使用视觉语言模型进行视觉问答 Zero-shot 任务的困难性，比起正常微调过后的结果会降低 20 个点左右。

总体来看，本节中的 MIPM 模型在视觉问答 Zero-shot 任务中达到了最优效果。这进一步证明了 MIPM 模型提出的利用预训练任务和最大化互信息来进行模态信息对齐方法的有效性，该方法能够充分利用不同模态信息之间的关联性，更准确地抽取和整合多模态信息，从而有效提升了 MIPM 模型在视觉问答 Zero-shot 任务中的性能水平。

4.2.3.4 消融实验

本节针对融合互信息的视觉语言预训练模型进行消融实验，选取 COCO Caption 数据集进行图像描述实验，来验证 MIPM 模型中关键模块对实验结果的影响，包括互信息部分和三个预训练任务。

（1）MIPM（no_MI）：MIPM 模型在微调阶段利用最大化视觉、语言两个模态之间的互信息来进一步进行模态对齐，去掉互信息阶段，只使用预训练阶段的预训练任务来进行对齐。

（2）MIPM（no_ITC）：MIPM 模型通过视觉语言对比学习任务学习对齐图像表示和文本表示，去掉这部分，只利用视觉语言匹配任务以及互信息阶段进行模态对齐。

（3）MIPM（no_ITM）：MIPM 模型通过视觉语言匹配任务对齐视觉语言信息，去掉这部分，只利用视觉语言对比学习任务以及互信息阶段进行模态对齐。

（4）MIPM（no_ITG）：MIPM 模型通过基于图像的文本生成任务学习更好地理解图像中的关键信息，并将其转化为自然语言，去掉这部分，只利用第二阶段预训练来学习生成文本的能力。

（5）MIPM：包含所有预训练任务且包括互信息阶段的完整 MIPM 模型，用来跟前面消融之后的模型进行对比,验证各个阶段的有效性。

消融实验结果如表 4-6 所示。

表 4-6 MIPM 模型在 COCO Caption 数据集的消融实验结果

模型	BLEU-4	CIDEr
MIPM(no_MI)	43.0	144.3
MIPM(no_ITC)	41.4	136.7
MIPM(no_ITM)	40.8	137.1
MIPM(no_ITG)	42.1	138.2
MIPM	**43.8**	**145.6**

表 4-6 中,黑色加粗表示最优结果。通过 MIPM(no_MI)模型可以看出互信息阶段确实很好地加强模态间的联系,更充分地利用模态信息,把互信息阶段去掉之后,效果出现了一定程度的下降。通过 MIPM(no_ITC)、MIPM(no_ITM)和 MIPM(no_ITG)模型可以看出这三个预训练任务对模型性能影响都很大,其中影响最大的是视觉语言匹配任务,证明这三个任务对于模态对齐以及学习生成语言的能力效果很好,所以去除后模型性能下降很多。

通过上面的对比分析,可以看出 MIPM 模型中预训练任务和互信息阶段对图像描述任务的提升都是有效的,其中视觉语言匹配任务对模型性能的影响最大,说明 MIPM 模型预训练任务和最大化互信息的方式充分利用了视觉、语言两个模态信息之间的关联性,进行更紧密的模态交互,最终在图像描述任务中取得了较高的 BLEU-4 和 CIDEr 得分。

4.2.3.5 参数实验

本节针对融合互信息的视觉语言预训练模型进行参数实验,在四个数据集中选取图像描述 COCO Caption 数据集进行实验,探讨 MIPM 模型受参数影响的状况。本节考虑互信息阶段中损失函数的比例大小 α 对实验效果的影响,实验结果如表 4-7 所示,其中,黑色加粗表示最优结果。从表 4-7 中可以看出 α 为 0.001 时的模型效果最佳,α 的值从大变小时,效果是先上升后下降的,原因可能是互信息损失的大小比其他的损失大很多,在 α 的值比较大时损失之间没有平衡导致性能降低,在 α 的值过小时互信息的功能受限导致模型效果降低。

表 4-7 MIPM 模型在 COCO Caption 数据集的参数实验结果

模型	BLEU-4	CIDEr
MIPM（$\alpha=0.1$）	30.6	129.8
MIPM（$\alpha=0.01$）	40.2	140.1
MIPM（$\alpha=0.001$）	**43.8**	**145.6**
MIPM（$\alpha=0.0001$）	43.1	144.3

4.3 基于掩码截断和对比学习的视频融合模型

在视频三模态融合任务中，新近提出的模型表现出了较强的性能提升。然而，许多模型并未考虑到现有很多数据集中非文本模态数据的固有噪声，如背景噪声、交叉干扰等，以及在去除噪声时无法正确区分噪声和重要信息，这导致了模型融合性能受到限制，进而影响其下游任务的效果。为了解决这些问题，本节提出一种基于掩码截断和对比学习的视频融合模型，首先利用掩码预测任务获得掩码特征，然后采用掩码截断策略，更有效地去除非文本模态数据中的固有噪声。同时，利用对比损失得到更具有鲁棒性的单模态表征，进而提升模型融合效果。最后，通过设置对比实验、消融实验和参数实验证明本节提出的基于掩码截断和对比学习的视频融合模型的有效性。

4.3.1 任务定义及方法描述

4.3.1.1 任务定义

视频三模态融合主要由融合过程以及验证过程构成。一段视频可被分解为文本、图像和音频三个模态。其中，文本表示视频中人物语言内容；图像包含视频画面的背景、人物表情和姿势等；音频包括人物语言的音调、语气、音量等。由于长视频可能存在多个情感和观点类别，因此在视频情感分析任务中常对视频进行多段切割，每个片段可以反映出特定情感。而在观点挖掘任务中每个视频片段都与一个观点相关联，该观点可以是对某个主题的评论、意见或态度。

给定一个视频或视频片段 S，从 S 中分离出的文本模态记作 w，图像模态记作 v，音频模态记作 a。融合过程旨在通过将这三个模态信息序列表示 (F_w, F_v, F_a)

输入融合模型 F 中，得到融合表示 F_m，其中，$F_w \in \mathbb{R}^{N \times d_w}$；$F_v \in \mathbb{R}^{N \times d_v}$；$F_a \in \mathbb{R}^{N \times d_a}$；$N$ 表示模态的序列长度；d_m 表示维数，$m \in \{w,v,a\}$。验证过程旨在利用模型得到的融合表示 F_m 预测原始视频片段的情绪或观点类别，情绪或观点类别记作 y。

4.3.1.2 方法描述

首先，为了更准确地区分音频和图像模态中的噪声和重要特征，本节提出了一种掩码预测任务。在这项任务中，文本模态特征被视为输入源，非文本模态特征则被视为预测目标。使用预先训练好的掩码预测模型来预测目标并获得掩码特征。然后通过掩码截断策略，利用得到的掩码特征来处理非文本模态的特征，去除其中的固有噪声，得到更具有鲁棒性的单模态特征。同时，为了避免在掩码截断过程中丢失关键的模态信息，模型采用对比学习对文本和非文本模态进行处理，以确保非文本模态能够保留更多与文本模态相似的关键信息。最后将处理完的非文本模态和文本模态的特征进行融合得到多模态特征，再利用全连接层对特征进行分类得到最终的情感标签和观点标签。

本节提出的 MTCL 模型由 4 个模块组成：模态抽取模块、掩码预测模块、模态处理模块和下游任务模块，模型结构如图 4-2 所示。

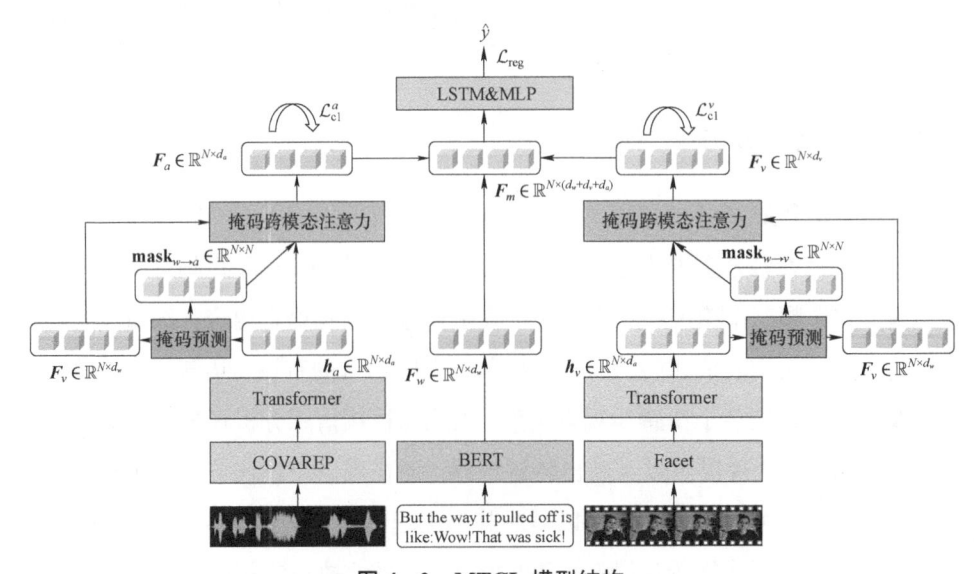

图 4-2 MTCL 模型结构

注：But the way it pulled off is like: Wow! That was sick! 但它的完成方式就像：哇！那太酷了！

(1）模态抽取模块。

模态抽取模块的目的是对三个模态数据进行特征向量的抽取，供后续模块使用。对于文本模态，采用预训练模型 BERT 进行处理，以获取文本嵌入表示；对于图像模态，使用 Openface 或 Facet 工具进行处理，以获得图像嵌入表示；对于音频模态，则采用 COVAREP（Collaborative Voice Analysis Repository）进行处理，以获取音频嵌入表示。这些嵌入表示在接下来的任务中将充当关键的输入，帮助模型有效地分析和理解视频内容。

（2）掩码预测模块。

掩码预测模块的目标在于通过训练两个跨模态预测模型，利用文本模态的信息来更精确地识别非文本模态中的重要信息与噪声。使用带有注意力的 Seq2Seq 模型作为模型框架，其目的在于获取非文本模态的掩码特征，以供后续模型更精确地去除非文本模态中的噪声。通过这种方式，可有效提高模型对非文本模态信息的理解和利用效率，进而增强模型的性能和鲁棒性。

（3）模态处理模块。

模态处理模块利用掩码跨模态注意力网络结合掩码特征对非文本模态进行掩码截断处理。随后，通过对比学习机制对文本和非文本模态进行处理，以获得更具鲁棒性的单模态特征。最终，将处理后的非文本模态与文本模态进行融合，得到最终的多模态特征表示。

（4）下游任务模块。

下游任务模块采用全连接层对模态融合模块输出的各模态向量表示进行融合，然后分类。这一模块实质上充当着一个分类器的角色，其目的在于利用前一阶段中各单模态表示经过融合后形成的多模态表示信息，以准确地将情感归类到相应的情感类别。

4.3.2　方法

4.3.2.1　模态抽取模块

模态抽取模块旨在从数据集中抽取各个模态的特征向量，供后续模块使用。在本节中，需要对视频中分离出的文本、图像和音频分别进行特征抽取。对于文本部分，将使用预训练模型 BERT 进行特征抽取；对于图像部分，将采用 Facet

工具抽取每帧的一组视觉特征；对于音频部分，将使用 COVAREP 抽取一组低阶声学特征。文本、图像和音频的编码过程如下：

（1）在文本模态方面，利用语音转文字技术将视频中的口头表达转换为文本形式。为了抽取文本特征向量，本节采用 BERT 模型。通过预训练任务——完形填空式语言任务和句子匹配任务，BERT 模型能够对输入序列中单词的语义信息和不同句子之间的语义关系进行建模。最后一层输出的嵌入为 F_w，表示编码后得到的文本特征向量。这样可以捕获到文本中蕴含的情感和观点信息，为后续情感分析和观点挖掘任务提供重要线索。

（2）在图像模态方面，采用面部表情分析工具来抽取视频中人物的面部表情特征。在本节的研究中采用 Facet 工具来抽取视频每一帧中 35 个独立记录人脸信息的肌肉运动单元，然后将抽取得到的视觉信息经过 Transformer 编码得到视觉特征表示向量作为图像模态的特征向量 h_v，反映了视频中人物面部表情的丰富细节和表情变化。通过这种方式，能够更准确地捕捉到视频中人物表情和情感的细微变化，为后续的情感分析和观点挖掘任务提供重要的视觉线索。

（3）针对音频模态，使用声学特征抽取工具捕获音频中人物的声学特性。为了实现音频特性的抽取，在语音信号处理领域广泛采用模拟人类听觉系统运作方式的梅尔频率倒谱系数（Mel-Frequency Cepstral Coefficient，MFCC）。在本研究中选用 COVAREP 库来实现音频特征的抽取，与传统的 MFCC 分析相比，COVAREP 库整合了更多的算法实现。在利用 COVAREP 抽取音频信息之后，将抽取得到的音频信息经过 Transformer 编码得到表示向量，将其作为音频模态的特征向量 h_a，表示编码后得到的音频特征向量，涵盖音调、语速、音量等声学属性，从而更全面地反映音频信号中的情感信息，对于探索语音所蕴含的情感和观点具有至关重要的意义。

4.3.2.2 掩码预测模块

掩码预测模块的设计受到机器翻译的启发，主要思想是将文本模态特征序列视为输入源，将非文本（音频或图像）模态特征序列视为预测目标，使用预先训练好的掩码预测模型来预测目标序列并探索其中共同的特征，将其作为掩码特征提供给模型后续使用。在模型实现中，本节使用 LSTM 来实现掩码预测模型的编码器和解码器,其中注意力权重用 $E_{i \to w}$ 表示。

在掩码预测过程中的基本假设是,如果预测模型旨在尽可能精确地生成非文本模态特征,则应更加重视包含更多相同信息的输入文本特征。通过计算非文本模态对文本模态的注意力权重,模型能够确定与文本模态中关键信息相关联的非文本模态的特征。基于这样的假设,本节设计获得掩码特征的方法如下:给定 $E_{i \to w}$,$i \in \{v, a\}$,$t \in [1, N_w]$,对于每一行 t,首先对注意力权重 $E_{i \to w}^t$ 进行排序,然后获取最大的 K_s 个值的索引 S^t。最后,可以得到掩码特征 **mask**,$\mathbf{mask} \in \mathbb{R}^{N \times N}$。如果 $t^1 \in S^{t^2}$,则为 1,否则为 0。为了直观地描述这个方法,在图 4-3 中展示了这个过程,分为三个步骤:① 建立注意力图,边的值表示注意力权重,为了简单起见,本节举例说明其中的一部分;② 每个非文本模态的节点只保留注意力权重较大的边,删除其他边;③ 将图映射成掩码特征 **mask**,如果文本节点 t^1 和非文本节点 t^2 之间存在一条边,则 $\mathbf{mask}^{t^1 t^2}$ 为 1,否则为 0。

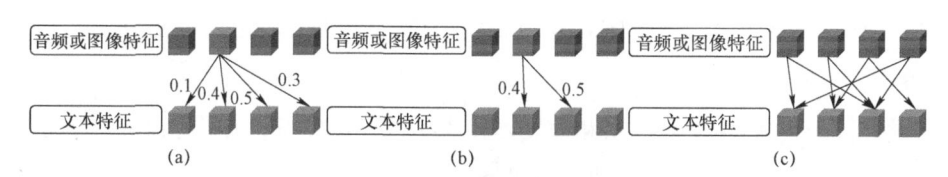

图 4-3 掩码特征的获取方法

这样就可以获得掩码特征 $\mathbf{mask}_{w \to v}$ 和 $\mathbf{mask}_{w \to a}$,并将其传递给模态处理模块,使模型可以更准确地去除非文本模态中的噪声。

4.3.2.3 模态处理模块

本模块的主要作用是利用掩码预测模块的输出对非文本模态数据进行处理,具体来说就是利用获得的掩码特征进行掩码截断处理,然后结合文本模态的数据进行对比学习。从视频中分割出的图像和音频信息经过模糊特征抽取器(如 COVAREP 和 Facet)进行处理,用于视觉和声学模态,其中单峰特征中包含的固有噪声可能仍然存在。因此,该模块着重于抽取信息特征,以隐式过滤掉这些固有噪声,从而为声学和视觉模态生成更为鲁棒和有效的单模态表示。具体来说,是采用掩码跨模态注意力网络,利用掩码特征来关注非文本模态的重要特征,以获得更具有鲁棒性的单模态特征。随后,通过对比学习的方式,进一步缩小非文本模态与文本模态之间的语义距离,突出相同的关键信息,以便得到更能代表原始视频的多模态融合表示。本节先对掩码截断模块进行介绍，然后对文本模态和非文本模态的对比学习模块进行介绍。

（1）掩码截断模块。

掩码截断模块的核心思想是利用掩码预测模块输出的掩码特征来增强非文本模态的表示。为了实现这一目标，本节提出了一种掩码跨模态注意力网络，该网络可以利用掩码预测模块获得的掩码特征来弱化非文本模态中的噪声并突出其中与文本模态相似的重要信息。

在掩码跨模态注意力网络中，首先计算每个单词在非文本表示 $h_u(u \in \{a,v\})$ 上的注意力分数。然后用 $s_{w \to u}(u \in \{a,v\})$ 表示注意力分数，公式为

$$s_{w \to v}^{t_1,t_2} = W_2\left(\tanh\left(W_1([F_w^{t_1}; h_v^{t_2}]) + b_1\right)\right) \tag{4-7}$$

$$s_{w \to a}^{t_1,t_2} = W_4\left(\tanh\left(W_3([F_w^{t_1}; h_a^{t_2}]) + b_3\right)\right) \tag{4-8}$$

其中，W_1、$W_3 \in \mathbb{R}^{d_w \times (d_w + d_u)}$；$W_2$、$W_4 \in \mathbb{R}^{1 \times d_w}$；$b_1$、$b_3 \in \mathbb{R}^{d_w}$。它们都是注意力函数的参数。

然后，为了关注文本模态和非文本模态中的共同特征，使用 Softmax 函数计算关注权重 $L_{w \to v}$ 和 $L_{w \to a}$，并使用掩码特征屏蔽权重其他特征。公式为

$$L_{w \to v}^{t_1,t_2} = \frac{e^{s_{w \to v}^{t_1,t_2}}}{\sum_{t_3=1}^{N} e^{s_{w \to v}^{t_1,t_3}}} \tag{4-9}$$

$$L_{w \to a}^{t_1,t_2} = \frac{e^{s_{w \to a}^{t_1,t_2}}}{\sum_{t_3=1}^{N} e^{s_{w \to a}^{t_1,t_3}}} \tag{4-10}$$

$$L_{w \to v} = L_{w \to v} \odot \mathbf{mask}_{w \to v} \tag{4-11}$$

$$L_{w \to a} = L_{w \to a} \odot \mathbf{mask}_{w \to a} \tag{4-12}$$

其中，$L_{w \to v}$、$L_{w \to a} \in \mathbb{R}^{N \times N}$ 是最终得到的权重矩阵。

最后利用获得的权重矩阵对非文本模态进行处理，获得掩码截断处理后的非文本模态信息 F_v 和 F_a，更准确地甄别并去除非文本模态中的噪声，突出与文本模态相同的重要信息。公式为

$$F_v = L_{w \to v} h_v \tag{4-13}$$

$$F_a = L_{w \to a} h_a \tag{4-14}$$

（2）对比学习模块。

对比学习模块的核心思想是进一步缩小非文本模态与文本模态之间的语义差距，以防非文本模态数据在掩码截断模块中丢失关键信息，突出相同的关键信息，以便进行模态融合时得到更能代表原始视频的多模态融合表示。具体来说，是将掩码截断模块输出的非文本特征向量 F_v、F_a 和文本特征向量 F_w 进行对比学习。

给定一个批次的向量 $F_u = \{F_u^0, F_u^1, \cdots, F_u^{n-1}\}$，$u \in \{a, v\}$，其中每个特征向量 F_u^i（$i \in [1, n]$）都匹配一个正样本 F_w^i，而同一批次中的其他表示 F_w^j（$j \in [1, n]$ 和 $j \neq i$）被认为是负样本，然后用点积来衡量相似性，本节以 InfoNCE 的形式给出了对比损失，即

$$\mathcal{L}_{\text{cl}}^u \triangleq -\log \frac{\exp\left(q \cdot \dfrac{k^+}{\tau}\right)}{\sum_{i=1}^{n} \exp\left(q \cdot \dfrac{k^i}{\tau}\right)} = -\mathop{\mathbb{E}}_{F_u} \left[\log \frac{\exp\left(F_u \cdot \dfrac{F_w}{\tau}\right)}{\sum_{i=1}^{n} \exp\left(F_u \cdot \dfrac{F_w^i}{\tau}\right)} \right] \quad (4-15)$$

其中，τ 是一个温度超参数，控制不同实例的概率分布。由于 $u \in \{a, v\}$，因此最终的单模态对比损失 $\mathcal{L}_{\text{cl}} = \mathcal{L}_{\text{cl}}^a + \mathcal{L}_{\text{cl}}^v$。

由于表示的每个维度都包含一定的特征，并且删除了一定数量的特征，因此掩码截断策略和对比学习可以推动模型隐式地消除非文本模态数据的固有噪声，并捕获对下游任务最重要的语义信息，最终可以获得声学和视觉模态的鲁棒模态特征表示。

4.3.2.4 下游任务模块

下游任务模块的作用在于将三模态的最终特征向量 F_w、F_v 和 F_a 进行融合，得到最终的多模态特征表示，然后利用得到的多模态特征表示进行情感和观点分类。具体来说，就是利用单向 LSTM 和全连接层，将三个模态特征拼接得到的多模态表示 F_m 进行编码后，输出情感分类标签或观点挖掘标签 $\hat{y}$。公式为

$$\hat{y} = W_5 \left(\text{ReLU} \left(\text{LSTM}([F_w; F_v; F_a]) \right) \right) + b_5 \quad (4-16)$$

其中，ReLU 表示激活函数；$W_5 \in \mathbb{R}^{1 \times (d_w + d_v + d_a)}$，$b_5 \in \mathbb{R}$，是全连接层的参数。

模型的回归任务损失函数 $\mathcal{L}_{\text{reg}}$ 为

$$\mathcal{L}_{\text{reg}} = \frac{1}{N}\sum_{i=1}^{N}|y_i - \hat{y}_i| \quad (4-17)$$

其中，N 代表训练样本的个数；$\hat{y}_i$ 代表每个样本的预测标签值；y_i 代表每个样本的真实标签值。

由于模型在模态处理模块中使用了对比学习，因此本节模型的损失由两部分构成，包括回归任务损失函数 $\mathcal{L}_{\text{reg}}$ 以及前面使用的文本和图像的对比损失函数 $\mathcal{L}_{\text{cl}}^{v}$ 和文本和音频的对比损失函数 $\mathcal{L}_{\text{cl}}^{a}$。模型总体损失函数 $\mathcal{L}$ 为

$$L = \mathcal{L}_{\text{reg}} + \alpha \mathcal{L}_{\text{cl}}^{v} + \beta \mathcal{L}_{\text{cl}}^{a} \quad (4-18)$$

其中，α 和 β 是调整对比损失函数影响的加权超参数。

4.3.3 实验

4.3.3.1 数据集和评价指标

1. 实验数据集

本节实验采用的情感分析数据集是 CMU-MOSI 和 CMU-MOSEI，观点挖掘数据集是 POM。

CMU-MOSI 数据集是卡内基梅隆大学从 YouTube 网站上采集的多模态情感分析数据集，包含 93 个电影评论视频。数据集经过人工标注，共生成了 2 199 个视频片段。情感标注等级从强消极到强积极，范围在 $-3\sim+3$ 之间，共分为 7 类情感倾向。数据集包含 1 284 个训练样本、229 个验证样本和 686 个测试样本。

CMU-MOSEI 数据集称为"下一代 CMU-MOSI"多模态情感分析数据集。该数据集包含 3 228 个视频、23 453 个句子、1 000 多位讲述者，涵盖 250 个话题。数据集主题包括评论、辩论和咨询等，分布较均匀。与 CMU-MOSI 数据集相似，CMU-MOSEI 数据集中的标注范围也是 $-3\sim+3$。数据集包含训练集 16 188 条、验证集 1 832 条、测试集 4 614 条。

POM 数据集语料库包含从名为 ExpoTV.com 的社交多媒体网站获得的影评视频，包括 903 个电影评论视频。每个视频都用强度得分 [1, 5] 或 [1, 7] 来标注演讲者的以下 6 类特征：自信（con）、热情（pas）、主导（dom）、生动（viv）、专业（exp）、有趣（ent）。训练集、验证集和测试集的样本数量分别为 600 个、100 个和 203 个。相关数据集的详细统计信息如表 4-8 所示。

表 4-8　MTCL 模型实验用数据集详细统计信息

类别	数据集		
	训练集/条	验证集/条	测试集/条
CMU-MOSI	1 284	229	686
CMU-MOSEI	16 188	1 832	4 614
POM	600	100	203

2. 评价指标

本节在情感分析任务中采用准确率、F1 值、平均绝对误差（Mean Absolute Error，MAE）和皮尔逊相关系数（Corr）作为评价指标，在观点挖掘任务中采用准确率、MAE 和 Corr 作为评价指标。其中，准确率采用二分类准确率，数值越高越好。精确率和召回率是一对矛盾的度量，一般来说，精确率高时，召回率往往偏低；而精确率低时，召回率往往偏高。当分类置信度高时，精确率偏高；当分类置信度低时，召回率偏高。为了能够综合考虑这两个指标，F1 值被提出，它是精确率和召回率的调和值，并且趋近于两者中较小的那个，本节 F1 值采用二分类 F1 值，数值越高越好。MAE 用于衡量模型预测值与真实值之间的平均绝对偏差，数值越低越好。Corr 用于衡量两个变量之间线性相关程度，数值越高越好。

4.3.3.2　实验设置

1. 服务器配置

本节实验所用的操作系统为 Ubuntu，在两张 NVIDIA RTX 3090 GPU 计算卡上进行模型训练，配备 10 TB 硬盘及 190 GB 内存。开发框架选取 PyTorch，开发环境采用 PyCharm Community Edition 2022.2.1 工具。具体配置如表 4-9 所示。

表 4-9　MTCL 模型实验用服务器配置

组件	配置
显卡	NVIDIA RTX 3090
操作系统	Ubuntu
硬盘	10 TB
内存	190 GB

续表

组件	配置
开发工具	PyCharm Community Edition 2022.2.1
开发框架	PyTorch
开发语言	Python 3.6

2. 对比模型

本节选择以下12个视频三模态融合模型作为基线,和本节提出的模型MTCL进行实验比较。

(1) TFN:张量融合网络,使用张量融合方法来捕获模态间的相互作用,该方法利用三次笛卡儿积来融合多模态特征,但受到维数的指数增长和输入到张量的转换所带来的计算复杂度的影响,成本很高。

(2) LMF:低秩张量融合网络是张量融合网络的一种变体,通过因式分解等数学方法降低计算复杂度,在前人的基础上利用低秩张量进行多模态融合,可以提高效率、降低成本。

(3) MFN:记忆融合网络,明确地考虑了神经结构中的相互作用,并随着时间的推移不断地对它们进行建模。

(4) MARN:通过使用名为多注意块的神经组件发现模式之间的相互作用,并将它们存储在名为长短期混合记忆的循环组件的混合记忆中,可以进一步建模长期依赖。

(5) MulT:在跨模态Transformer中通过交叉注意力使用源模态的特征表示来反复加强目标模态的特征表示,是Transformer第一次用于多模态情感分析领域。

(6) TCSP:在另外两个模态中学习和文本模态相同的共享表示来加强文本模态的特征表示,以及每个模态特定的私有表示来与文本模态的特征表示互补,一起提升融合效果。

(7) MMT:核心思想是多路多模态注意,利用多模态计算多路注意张量,是一种扩展Transformer框架以同时分析多个模态的方法。

（8）Self-MM：对多模态任务和单模态任务进行联合训练，分别学习其一致性和差异性，获得多模态表示。

（9）MMCL：通过随机截断策略减少声学和视觉模态噪声的干扰来学习稳健的单模态表示，并且构建了一个强大的伪连体预测网络来学习不同模态之间的共性和交互动态。

（10）ConFEDE：联合进行对比表征学习和对比特征分解，以增强多模态信息的表征。将视频样本的三种模态分解为相似特征和不相似特征，并通过以文本为中心的对比关系来学习。

（11）DBF：采用瓶颈机制来过滤噪声和冗余，并限制接收场，同时使用互信息最大化模块来调节滤除模块，以保留不同模态内的关键信息。

（12）MEMI：提出了一种明确的多对多交互方法，以帮助人工智能有效识别说话者的个性特征。使用 Bi-LSTM 网络对每个模态的人类说话的长特征序列进行编码，同时明确设计了一种多人注意力机制，以捕捉多个交互对的多个模态之间的交互。

3. 参数设置

模型使用 BERT 预训练好的词向量，参数使用 bert-base-uncased 预训练模型进行初始化，每个字符的编码向量为 768 维。训练时，首先通过在验证集上应用网格搜索策略来确定模型的最优超参数组合，从而挑选出性能最佳的模型。随后，为了评估这一最佳模型的泛化能力，在测试集上对其性能进行验证。具体来说是，模型的所有参数均使用 Adam 优化算法进行训练，学习率初始设置为 1e-4，Batch Size 设置为 24，预测层中 LSTM 的 hidden size 设置为 100，epoch 设置为 30 轮。掩码预测模型中 LSTM 的 hidden size 设置为 100，学习率初始设置为 1e-3，Batch Size 设置为 24，掩码获取的 K_S 值设置为 5，epoch 设置为 40 轮。

4.3.3.3 对比实验

1. 不同的方法在情感分析任务数据集上的实验结果

表 4-10 展示了 MTCL 模型与 11 个基线模型在情感分析数据集 CMU-MOSI 上的实验结果。

表 4-10 MTCL 模型及对比模型在情感分析任务数据集 CMU-MOSI 上的实验结果

模型	准确率（↑）	F1（↑）	MAE（↓）	Corr（↑）
TFN（2017）±	73.9%	73.4%	0.97	0.633
LMF（2018）±	76.4%	75.7%	0.912	0.668
MARN（2018）±	77.1%	77.0%	0.968	0.625
MulT（2019）±	81.1%	81%	0.889	0.686
TCSP（2021）±	80.9%	81%	0.908	0.71
Self-MM（2021）±	82.7%	82.6%	0.731	0.785
MMT（2022）±	85.8%	85.8%	**0.657**	**0.830**
ConFEDE（2023）±	84.1%	84.1%	0.742	0.784
MFN（2018）*	77.4%	77.3%	0.965	0.632
MMCL（2022）*	84%	83.8%	0.705	0.797
DBF（2023）*	85.1%	85.1%	0.693	0.801
MTCL（本实验）	**85.9%**	**86%**	<u>0.661</u>	<u>0.83</u>

表 4-10 中，根据是否考虑噪声问题将模型划分为两类，±表示未考虑噪声的模型，*表示考虑了噪声的模型，黑色加粗表示最优结果，下画线表示次优结果。通过观察可以发现，MTCL 模型在 CMU-MOSI 数据集中的准确率、F1 和 Corr 三个指标上相较以前的基线都取得了更好的效果，分别达到了 85.9、86 和 0.83，在 MAE 指标上也取得了次优效果，达到了 0.661，充分证明了模型对模态信息的充分理解和应用。

具体而言，与 TFN、LMF、MARN、MulT、TCSP、Self-MM、MMT 和 ConFEDE 等未考虑模态噪声数据的模型相比，MTCL 模型在准确率和 F1 指标上均有着显著的提升，MAE 和 Corr 指标的优势也较为明显。这充分说明去除噪声在情感分析任务中的重要性，证明了 MTCL 模型在捕捉多模态数据中的情感信息方面，具有更高的敏感度和准确性。与此同时，与考虑了模态噪声数据的模型 MFN、MMCL、DBF 相比，MTCL 模型同样表现出不俗的竞争力，其原因是这三个模型虽然考虑了噪声问题，但也没有提出很好的方法来更准确地甄别噪声和重要信息的区别，导致模型在去除噪声时可能丢失重要信息。值得一提的是，MMT 模型虽然是在 2022 年提出的，但效果却比 2023 年的两个模型更好，这可能是因为它能够探索由多对多多模态交互路径组成的多向注意空间，有利于学习模型，同时测量模态间和模态内的交互，但相比 MTCL 模型而言，MMT 模型在准确率和 F1 指标上仍稍差一些，这是因为它没有考虑模态噪声的问题，导致模型上限受到限制。

综上所述，本节提出的 MTCL 模型在情感分析任务上取得了显著的性能提升，在四个评价指标的分数上均表现出色，验证了模型提出的掩码截断结合对比学习的去除噪声的方法能够更准确地甄别非文本模态中的噪声信息和重要信息，使得模型在视频三模态领域的性能得到提升。

表 4-11 展示了 MTCL 模型与其他 9 个基线模型在情感分析任务数据集 CMU-MOSEI 上的实验结果。

表 4-11　MTCL 模型及对比模型在情感分析任务数据集 CMU-MOSEI 上的实验结果

模型	准确率（↑）	F1（↑）	MAE（↓）	Corr（↑）
TFN（2017）±	78.5%	79%	0.573	0.714
LMF（2018）±	80.5%	81%	0.576	0.714
MulT（2019）±	81.6%	81.6%	0.691	0.694
TCSP（2021）±	82.8%	82.7%	0.576	0.715
Self-MM（2021）±	82.8%	82.5%	0.530	0.765
ConFEDE（2023）±	81.7%	82.2%	0.522	0.78
MFN（2018）*	78.1%	79.2%	0.64	0.637
MMCL（2022）*	84.8%	84.8%	0.537	0.765
DBF（2023）*	84.3%	84.8%	0.523	0.772
MTCL（本实验）	**85.4%**	**85.3%**	**0.518**	**0.784**

表 4-11 中，根据是否考虑噪声问题将模型划分为两类，±表示未考虑噪声的模型，*表示考虑了噪声的模型，黑色加粗表示最优结果，下画线表示次优结果。从表 4-11 中可以看出，在 CMU-MOSEI 数据集中，MTCL 模型在准确率、F1、MAE 和 Corr 四个指标上相较以前的基线全部取得了更好的效果，分别达到

了85.4、85.3、0.518和0.784，这一结果充分说明了MTCL模型的性能优异，可以得到用于情感分析任务的更能代表原始视频的多模态表示。

具体分析，与TFN、LMF、MulT、TCSP、Self-MM和ConFEDE等未考虑模态噪声的模型相比，MTCL模型在四个指标上均有显著的提升。这一结果充分证明了噪声数据对模型性能的影响，也表明了MTCL模型在融合多模态信息、得到多模态表示方面具有更高的准确性。同时，与考虑了模态噪声的模型MFN、MMCL和DBF相比，MTCL模型在四个评价指标中也同样得到了更好的分数，原因是本节模型在考虑模态噪声时采用了掩码截断策略，可以更准确地区分噪声和重要信息。这也再次验证了MTCL模型在情感分析任务中的优越性。

总体来说，本节中的MTCL模型在情感分析任务中表现出色。该模型在两个数据集中都取得了显著的效果。这表明，MTCL模型通过掩码预测模型获得掩码特征，然后利用掩码跨模态注意力网络结合掩码特征对非文本模态进行掩码截断处理。随后，通过对比学习机制对文本和非文本模态进行处理，获得更具鲁棒性的单模态特征。这样的方法促使非文本模态的信息噪声更少，并且和文本模态之间的交互更加密切，使得模型可以更有效地利用三个模态的信息进行融合来获得多模态表示。最终，MTCL模型在情感分析任务中取得了最佳的结果。

2. 不同的方法在观点挖掘任务数据集上的实验结果

表4-12、表4-13和表4-14展示了MTCL模型与其他5个基线模型在观点挖掘任务数据集POM上的实验结果。

表4-12　MTCL模型及对比模型在观点挖掘任务数据集POM上的准确率结果

模型	Ent7	Con7	Pas7	Dom7	Viv7	Exp7
TFN（2017）	31%	17.2%	23.2%	33%	29.1%	27.6%
MARN（2018）	32.5%	28.6%	24.6%	34.5%	31%	27.6%
MulT（2019）	31.5%	25.1%	31%	34%	25%	27.6%
MEMI（2020）	33.5%	29.6%	28.1%	34.5%	**40.9%**	38.4%
MMT（2022）	34.5%	33.5%	34%	**39.9%**	39.4%	35.5%
MTCL（本实验）	**34.8%**	**34%**	**34.1%**	39.6%	39.7%	**38.7%**

表 4-13　MTCL 模型及对比模型在观点挖掘任务数据集 POM 上的 MAE 结果

模型	Ent7	Con7	Pas7	Dom7	Viv7	Exp7
TFN（2017）	1.062%	1.491%	1.335%	1.077%	1.184%	1.215%
MARN（2018）	1.011%	1.057%	1.184%	0.916%	1.053%	1.105%
MulT（2019）	0.961%	0.989%	1.087%	0.869%	0.975%	0.998%
MEMI（2020）	0.952%	0.979%	1.108%	0.856%	0.959%	0.957%
MMT（2022）	**0.911%**	0.941%	0.987%	0.845%	0.944%	0.934%
MTCL（本实验）	0.913%	**0.94%**	**0.979%**	**0.838%**	**0.931%**	**0.93%**

表 4-14　MTCL 模型及对比模型在观点挖掘任务数据集 POM 上的 Corr 结果

模型	Ent7	Con7	Pas7	Dom7	Viv7	Exp7
TFN（2017）	0.265%	0.159%	0.158%	0.067%	0.232%	0.149%
MARN（2018）	0.020%	0.219%	0.102%	0.13%	0.065%	0.008%
MulT（2019）	0.267%	0.294%	0.332%	0.282%	0.286%	0.319%
MEMI（2020）	0.275%	0.432%	0.327%	0.395%	0.392%	0.365%
MMT（2022）	0.386%	0.437%	0.43%	0.368%	0.363%	**0.418%**
MTCL（本实验）	**0.398%**	**0.446%**	**0.439%**	**0.407%**	**0.398%**	0.397%

其中，Ent 等代表各类观点类型，7 代表强度分类为 [1，7]，黑色加粗表示最优结果，下画线表示次优结果。从实验结果可以看出，在 POM 数据集中，MTCL 模型在六个分类的三个指标上相较以前的基线基本取得了显著的效果，表明了 MTCL 模型在处理多模态数据上的有效性和优越性，为观点挖掘任务提供了更加可靠和准确的多模态表征。

具体分析，与较早的模型 TFN、MARN 和 MulT 相比，可以看出 MTCL 模型在六个分类的三个指标上均有明显提升，原因是较早的模型考虑模态噪声时无法精确区分噪声和重要信息，导致可能丢失了关键信息。然后和较新的 MEMI 和 MMT 模型进行比较，可以发现其性能也有所提升，是这两个模型未考虑模态噪声所导致的。进一步验证本节提出掩码截断的去除噪声方法可以更有效地去除非文本模态的噪声。综上所述，本实验通过和多个模型在观点挖掘任务中的表现进行对比,说明了 MTCL 模型在面向视频三模态领域模态信息融合技术研究中的优势。

总体来看,本节中的 MTCL 模型在观点挖掘任务中也达到了最优效果。这进一步证明了 MTCL 模型提出的去除非文本模态噪声方法的有效性,该方法能够得到更具鲁棒性的单模态特征,更充分地利用三个模态的信息,更准确地抽取和得到多模态表征,从而有效提升了 MTCL 模型在观点挖掘任务中的性能。

4.3.3.4 消融实验

本节针对基于掩码截断和对比学习的视频融合模型进行消融实验,选取 CMU-MOSI 和 CMU-MOSEI 两个数据集进行情感分析实验,验证 MTCL 模型中重要模块对实验结果的影响,包括掩码预测部分、掩码截断部分和对比学习部分。

(1) MTCL(no_MP):MTCL 模型通过掩码预测任务获得截断时使用的掩码特征,甄别噪声和重要信息来达到更准确去除噪声的目的,去除这部分,在掩码截断时使用随机初始化的掩码特征来进行截断操作。

(2) MTCL(no_MT):MTCL 模型在掩码截断时利用掩码特征和掩码跨模态注意力网络来处理非文本模态特征,获得更具鲁棒性的单模态特征,将掩码跨模态注意力网络去掉,只利用掩码特征来直接处理非文本模态特征。

(3) MTCL(no_CL):MTCL 模型通过对比学习来防止经过掩码截断处理后的非文本模态信息丢失关键信息,利用对比学习拉近非文本模态和文本模态表示之间的距离,去掉这部分,只利用掩码截断后的单模态特征进行融合得到多模态表示。

(4) MTCL:包含掩码预测、掩码截断和对比学习三部分的完整 MTCL 模型,和消融之后的模型进行对比,验证各个模块的作用。

消融实验结果如表 4-15、表 4-16 所示。

表 4-15 MTCL 模型在 CMU-MOSI 数据集的消融实验结果

模型	准确率(↑)	F1(↑)	MAE(↓)	Corr(↑)
MTCL(no_MP)	84.3%	84.1%	0.701	0.797
MTCL(no_MT)	84.1%	83.9%	0.712	0.784

续表

模型	准确率（↑）	F1（↑）	MAE（↓）	Corr（↑）
MTCL（no_CL）	85.1%	85.1%	0.671	0.801
MTCL（本实验）	**85.9%**	**86%**	**0.661**	**0.83**

表 4-16　MTCL 模型在 CMU-MOSEI 数据集的消融实验结果

模型	准确率（↑）	F1（↑）	MAE（↓）	Corr（↑）
MTCL（no_MP）	83.5%	83.7%	0.598	0.759
MTCL（no_MT）	83.1%	82.9%	0.612	0.761
MTCL（no_CL）	85.1%	85.1%	0.553	0.737
MTCL（本实验）	**85.4%**	**85.3%**	**0.518**	**0.784**

其中，黑色加粗表示最优结果。通过在两个数据集的实验结果中观察 MTCL（no_MP），可以看出掩码预测任务获得的掩码特征对于掩码截断策略很重要，可以更精确地甄别噪声和重要信息，所以把掩码预测任务去掉之后，效果出现了一定程度的下降。通过观察 MTCL（no_MT）的实验结果得知，掩码截断策略中的掩码跨模态注意力网络对整个模型的影响最大，其中不仅仅需要利用掩码预测任务计算非文本模态对于文本模态的重要性，也需要掩码跨模态注意力网络计算文本模态对于非文本模态的重要性，再利用掩码特征对注意力权重进行截断，比起单独利用掩码特征进行截断可以达到更好地去除噪声的效果，所以去掉其中的掩码跨模态注意力网络，效果也会显著下降。通过 MTCL（no_CL）的实验结果可以看出，利用对比学习的方法能够有效地将非文本模态的特征与文本模态的特征在语义空间中拉近，从而获得更具鲁棒性的单模态特征。这种特性使得模型能够更好地代表原始视频信息，并且更准确地区分情感类别。因此，若去除对比学习这一步骤，将会导致模型性能显著下降。

通过上面的对比分析，可以看出 MTCL 模型中掩码预测任务、掩码截断策略和对比学习对模型性能的提升都发挥了作用，其中掩码截断策略的提升效果最好，说明 MTCL 模型掩码截断和对比学习的方式可以充分地利用视频三个模态信息之间的关联性，得到更完善的多模态特征，最终在下游任务中取得更好的结果。

4.3.3.5 参数实验

本节针对基于掩码截断和对比学习的视频融合模型进行参数实验，选取 CMU-MOSI 和 CMU-MOSEI 两个数据集进行情感分析任务的实验，探讨 MTCL 模型受参数的影响状况。本节考虑掩码预测阶段中掩码获取 K_s 的大小对实验效果的影响，实验结果如表 4-17、表 4-18 所示。

表 4-17 MTCL 模型在 CMU-MOSI 数据集的参数实验结果

模型	准确率（↑）	F1（↑）	MAE（↓）	Corr（↑）
MTCL（$K_s=1$）	80.5%	80.7%	0.998	0.559
MTCL（$K_s=2$）	82.7%	82.9%	0.882	0.661
MTCL（$K_s=3$）	83.5%	83.1%	0.811	0.737
MTCL（$K_s=4$）	84.7%	85.1%	0.701	0.791
MTCL（$K_s=5$）	**85.9%**	**86%**	**0.661**	**0.83**
MTCL（$K_s=6$）	84.9%	85%	0.689	0.794
MTCL（$K_s=7$）	84.2%	81.6%	0.695	0.785

表 4-18 MTCL 模型在 CMU-MOSEI 数据集的参数实验结果

模型	准确率（↑）	F1（↑）	MAE（↓）	Corr（↑）
MTCL（$K_s=1$）	80.8%	81.1%	0.896	0.559
MTCL（$K_s=2$）	82.9%	82.9%	0.632	0.681
MTCL（$K_s=3$）	83.2%	83.1%	0.593	0.729
MTCL（$K_s=4$）	85.1%	84.9%	0.554	0.751
MTCL（$K_s=5$）	**85.4%**	**85.3%**	**0.518**	**0.784**
MTCL（$K_s=6$）	84.8%	84.7%	0.542	0.762
MTCL（$K_s=7$）	84.1%	83.9%	0.551	0.753

其中，黑色加粗表示最优结果。从表 4-17、表 4-18 中可以看出在两个数据集中都是 K_s 为 5 的时候效果最好，K_s 从小到大时，效果是先上升后下降的，原因可能是在 K_s 比较大时掩码特征没有很好地突出非文本模态对文本模态的重要性，在 K_s 的值过小时掩码特征中存在太多的 0，导致后续掩码截断处理时没有很好地区分噪声和重要信息，删掉了太多重要信息，导致多模态融合表示效果不佳。

4.4 MRE

MRE 旨在结合视觉信息以提高抽取性能。然而，视觉信息在 MRE 任务中的有效性及其对模型抽取性能的影响仍需进一步探讨，即视觉信息在各种多模态任务中扮演着不同的角色，其有效性因特定位置而异。本节系统地回顾了以往方法中对视觉信息的利用情况，并对多种主流模型进行了广泛实验，以评估视觉信息在 MRE 任务中的实际价值及其有效利用方式。具体如下：① 之前的 SOTA 的方法对视觉信息的利用存在显著缺陷，观察到的改进并非源于视觉信息本身，而是由于样本间视觉线索数量的差异；② 视觉信息的利用受到多模态数据质量的限制，媒体数据中的视觉信息未能有效补充更多的语义知识，从而制约了其性能；③ 提出了一种新的视觉信息利用范式，当视觉信息中包含丰富的实体知识以补充文本信息时，能够稳定地提升 MRE 任务中模型的抽取性能。

4.4.1 任务定义及方法描述

4.4.1.1 任务定义

MRE 是指从包含文本、图像、音频和视频等多种模态的数据中抽取实体间关系的过程。这种抽取过程需要融合多种模态的信息，以更准确地理解数据的语义含义和上下文关系。MRE 在 NLP 领域具有广泛的应用场景，如智能问答、情感分析、推荐系统等。

MRE 任务的输入为一个多模态实例 L，它包含一个文本 T 和一个与文本关联的图像 I。文本 T 由一个单词序列组成，即 $T=\{w_1,w_2,\cdots,w_i,\cdots,w_n\}$，其中，$w_i$ 表示第 i 个单词。在文本 T 中，有两个被标记的实体 $E1$ 和 $E2$，任务的目标是利用文本 T 以及图像 I 的信息预测实体 $E1$ 和 $E2$ 之间的关系类型 r。

4.4.1.2 方法描述

在本节中，通过几种主流方法进行了广泛实验，以探讨视觉信息在 MRE 任务中的作用及其有效利用方式。首先，全面回顾了 MRE 任务中几种基于对象的 SOTA 方法，以讨论以往研究中对视觉信息的利用情况。接着，考虑到视觉信息在某些多模态翻译场景中可能产生的有限影响，研究了视觉信息在现有 MRE 数据集中的作用，以验证其是否对 MRE 任务有益。实验设计如下：

（1）数据审查与对抗性实验。

对以往 SOTA 方法所使用的数据进行了详细检查，并设计了多个对抗性实验，以验证这些方法中视觉信息的具体利用情况。

（2）视觉信息敏感性测试。

在全等解码的框架下，开展了实验，以评估模型对视觉信息的敏感性。这一环节旨在验证视觉信息是否能够有效影响模型的性能。

（3）视觉向量替换实验。

进行了一系列视觉向量替换实验，通过将视觉特征替换为随机高斯噪声，以模拟视觉信息的缺失，评估其对 MRE 任务的影响。

（4）有效利用视觉信息的新范式。

假设关系实体与头尾实体之间存在强相关性，视觉信息可以有效补充缺失的实体信息，从而提高最终的关系抽取性能。

为此，使用 CLIP 模型将包含实体信息的图像重新分配给现有文本，以更新 MRE 数据集。通过这样的方式，希望视觉信息能够在文本中提供缺失的实体信息，从而提升新数据集的实验效果。

4.4.2 方法

4.4.2.1 重新回顾基于对象的方法

在本节中，对视觉信息在以往方法中的利用程度进行了全面评估。回顾了几种 SOTA 方法，并探讨了它们在整合视觉信息后实现显著改进的机制。与纯文本方法相比，基于对象的 MRE 方法实现了 20%~25% 的 F1 性能提升。为了评估这种显著改进是否源于对视觉信息的有效利用，深入分析了其中的机械因素。研究发现，基于对象的方法中存在两种主要的数据处理错误。

（1）样本之间对象图像数量的不一致：关系样本和非关系样本在对象图像数量上存在明显差异。例如，非关系样本通常只有两个对象图像，而关系样本则有三个或更多。这种数量差异直接影响了模型判断哪些样本具有 None 关系，哪些样本之间存在关系。

（2）实体类型信息的引入：一些方法如 TMR 和 RECK 引入了关系样本（如

per/loc/place of birth）的实体类型信息（如 person、location），这使得关系类型的预测范围显著缩小。

为了验证这些问题的存在及其影响，设计了几个对抗性实验。此外，采用对象检测工具包从原始图像中抽取对象图像，以解决不同样本之间对象数量不一致的问题。通过这些措施，希望能够深入理解视觉信息在 MRE 任务中的实际作用，并为后续的研究提供坚实的理论基础。

（1）实验一。

在这个实验中验证了实体类型信息的影响。实验选择了 HVPNET 模型，并对输入文本进行了修改。对于关系样本，为其头部和尾部实体添加实体类型，而对非关系样本不进行任何更改（设置类似于 TMR 和 RECK）。此外通过删除实体类型信息进行了一项消融研究，以重新测试其性能。请注意，在 TMR 中保留了短语信息，以保留其进行细粒度多模式对齐的能力。RECK 根据实体类型构造已知边路径，只删除了实体类型（一小部分路径中的第一个或最后一个节点），同时保留了其余的知识路径，以防影响 RECK 的语义建模功能。

（2）实验二。

在这个实验中关注的是物体数量的问题。实验在纯文本数据上使用 BERT 模型进行。首先修改输入文本：当样本的关系不是 None 时，在文本末尾附加特殊符号（如"玩具""猴子"），以指示是否不存在 None 关系，从而模仿对象数量差异的影响。同时，修正了原始数据集中对象数量上的错误，以保证对象在基于对象的方法中的有效性。然后使用目标检测工具包 Detectron2 从样本的原始图像中抽取新的视觉对象，用于对象少于三个的样本，确保关系样本和非关系样本之间对象数量的一致性。创建修复后的数据集，称为 NEW-MRE，在 NEW-MRE 上，重新评估了五种基于对象的 MRE 方法的实际性能。注意，没有改变基于对象的 MRE 方法的结构，只是纠正了数据中的错误。

4.4.2.2 视觉信息有效性评估

在纠正数据中的错误之后，观察到前一个 SOTA 方法的性能与纯文本方法相当，甚至更差。视觉信息的整合并不会导致实质性的改进，所以需要重新评估视觉信息的重要性。在本节中，全面评估了视觉信息是否有助于 MRE 任务，并引入不一致解码和视觉特征替换方法来验证视觉信息的有效性。本节对几种主流方法进行了实验，并提出了细粒度注意力（FGA）模型。最后，对实验结果进行了详细的分析。

（1）不一致解码。

不一致解码已被证明在评估视觉信息的重要性方面是有效的。它的目的是在训练期间使用正常的多模态数据训练模型，而在测试时随机选择不同的图像来替换原始图像。如果模型学会了利用视觉信息，那么在不一致解码实验中性能会显著下降。如果使用随机图像的性能与使用原始图像相似，则模型对视觉信息不敏感。

（2）视觉特征替换。

视觉特征替换意味着将视觉特征替换为随机的高斯噪声。这个实验模拟了没有视觉信息的情况。将这个实验与使用原始视觉信息的实验进行对比，以量化视觉信息提供了多少帮助。

（3）FGA 模型。

FGA 模型能够捕获细粒度的跨模态相关性，以有效地利用多模态信息。在图像级别、对象级别和补丁级别利用多粒度视觉信息，这有助于将视觉补丁与文本标记相关联。

给定一个句子 $S=[s_1,s_2,\cdots,s_n]$，其中 n 表示 S 的长度，使用 BERT 对文本进行编码，即

$$H^{\text{text}} = \text{BERT}(S) \quad (4-19)$$

其中，$H^{\text{text}} \in \mathbb{R}^{n \times d}$，表示文本表示；$d$ 表示隐藏状态的维度。

对于给定的图像 I 和对象图像 $[o_1,o_2,o_3]$，使用 ResNet 进行编码。它将每个图像编码为 49 个 patch，即

$$H^{\text{img}} = W \cdot \text{ResNet}(\text{IMG}), \text{IMG} = I, o_1, o_2, o_3 \quad (4-20)$$

其中，$H^{\text{img}} \in \mathbb{R}^{m \times d}$，表示视觉表示，$m = 49 \times 4$，表示 patch 的数量；$W$ 表示将 H^{hotel} 的形状转换为 H^{text} 形状的投影矩阵。然后，利用注意力模型来学习文本中的补间标记和图像中的补丁之间的关系，其中 Q、K 和 V 分别是 H^{text}、H^{img} 和 H^{img}。

$$H^{\text{text}}_{\text{att}} = \text{Softmax}\left(\frac{QK^{\text{T}}}{\sqrt{d}}\right)V \quad (4-21)$$

一旦获得了带有图像增强的文本表示，将头部和尾部实体的表示连接在一

起，以进行最终的关系预测。给定头部和尾部实体 e_i 和 e_j 对应于 $H_{\text{att}}^{\text{text}}$ 中的第 i 个和第 j 个单词，生成最终表示

$$H_{\text{final}}^{\text{text}} = H_{\text{att}}^{\text{text}_i} \oplus H_{\text{att}}^{\text{text}_j} \quad (4-22)$$

其中，$H_{\text{att}}^{\text{text}_i}$ 和 $H_{\text{att}}^{\text{text}_j}$ 表示两个实体；$\oplus$ 表示向量拼接。然后，用交叉熵损失与关系 r 训练整体框架

$$L_{\text{ce}} = \sum_{i=1}^{n} \log(p(r_i \mid H_{\text{final}}^{\text{text}})) \quad (4-23)$$

4.4.2.3 探索更好地利用视觉信息

目标是探索视觉信息如何帮助关系抽取。假设视觉信息可以通过提供实体类型知识来增强每种形式的关系抽取。然而，验证此假设需要包含实体类型信息的视觉数据，而这很难获得。因此，这里提出了一种简单、有效的数据收集方法来解决这个问题。

重新收集了原始 MRE 数据集中文本数据的视觉信息，由于关系抽取中的每个样本都包含两个实体，因此目标是为每个样本分配两个图像，以指示这些实体的类型信息。此外，属于社交媒体领域的原始关系抽取数据，其图像可能与新闻或医疗等其他领域的图像不同。为了减少域名差异，继续使用来自社交媒体域名的图像。

数据收集可以分为三个阶段。

（1）第一阶段：MRE 任务涉及四种类型的实体。首先，需要收集包含有关每种实体类型信息的图像。每个实体类型都将拥有一个候选图像集，该图像集涉及包含此类型信息的图像。在这个过程中，利用了 CLIP 预训练模型。CLIP 模型在零样本交叉模态反演方面表现出了强大的性能，成为首选模型。此外，CLIP 模型在互联网数据上进行了预训练，这与社交媒体域数据非常吻合，使其能够准确确定图像是否包含有关特定实体类型的信息。这个过程是计算每张图像和四种类型实体之间的相似性分数；然后，设置一个阈值，如果图像与某个实体类型之间的相似性分数超过阈值，则认为该图像包含有关该实体类型的信息。对于所有四种实体类型，此阈值都是相同的。每张图像只能帮助一种类型的实体，即相关性得分最高的实体。在第一阶段结束时，总共收集了四种类型的图像，每种图像都包含有关一种实体的信息。

（2）第二阶段：需要确定 MRE 数据集中所有实体的类型。关系样本中的头部和尾部实体的类型可以直接从关系类别中推断出来。但是，非关系样本中的实体类型是未知的。MRE 数据集是通过使用在 CoNLL-2003 数据集上训练的 NER 工具自动识别实体，然后手动标注关系来构建的。这里也在 CoNLL-2003 数据集上训练了一个 BERT-CRF 模型，并使用它对非关系样本中的实体执行 NER 任务，如此便能够确定所有实体的类型。

（3）第三阶段：根据其类型为每个实体分配一张图像，以指示其类别。具体来说，是从与实体类型相对应的候选图像集中随机选择一个图像，为每个样本中的两个实体分配一个图像。完成此分配后，获得了新构建的数据集。新数据集中的视觉信息有效地表示了样本中提到的实体类型，从而增强了视觉信息的作用。

4.4.3 实验

4.4.3.1 数据集和评价指标

1. 实验一

实验一使用原始数据集 MRE 和新数据集 NEW-MRE。对于 MRE 数据集，它由 9 201 个文本图像对和 15 485 个实体对组成，具有 23 个关系类别（"无"是其中之一）。在原始数据集 MRE 之后，将训练、开发、测试样本拆分为 12 247、1 624、1 614 个样本。此外，NEW-MRE 数据集具有与 MRE 数据集相同的统计信息，但目标图像除外。在 NEW-MRE 数据集中，所有关系样本和非关系样本一样至少拥有三个对象图像。所以选择了三张物体图像，因为它可以确保足够的物体信息，同时防止了视觉噪声。

实验选择了 TMR、RECK、MMIB、MRE-ISE、HVPNET 五种 MRE 数据集的 SOTA 方法。

（1）TMR 旨在通过翻译视角重新审视多模态实体和关系抽取，重点解决文本-图像数据集中存在的错位问题，并借鉴了机器翻译中的跨语言差异问题。TMR 通过利用基于扩散的生成模型实施多模态回译，生成伪平行对，并构建高资源语料库作为低资源学习者的桥梁，从而优化对齐表示。

（2）RECK 解决传统关系抽取方法在社交媒体环境中的性能下降问题，引入与文本相关的视觉信息，弥合了视觉内容与文本表达之间的语义鸿沟，显式选择来自外部知识的知识路径，并构建知识图谱来捕捉多粒度的相关概念，从而提供更高层次的关键语义信息。

（3）MMIB 解决 MRE 数据集中的模态噪声和模态差距问题。通过引入信息瓶颈原则，MMIB 采用精细化正则化器平衡预测证据与噪声，从而提高表示的表达能力。同时，采用对比方式的对齐正则化器确保文本和图像之间的一致性表示。

（4）MRE-ISE 引入了信息瓶颈的概念，通过有效地平衡信息的压缩与保留，提高了任务的预测能力。同时，MRE-ISE 进一步利用主题建模技术，充分挖掘视觉模态信息与文本内容之间的潜在关系，涉及信息瓶颈。

（5）HVPNET 采用动态门控聚合策略，以实现对视觉特征的分层多尺度整合。通过动态调整不同尺度特征的权重，有效地融合了来自多种视觉输入的信息，使模型能够捕捉更丰富的视觉上下文。通过引入这种分层的视觉特征作为融合的视觉前缀，HVPNET 显著提高了对复杂场景的理解能力。此外，HVPNET 不仅增强了特征的表达能力，也提升了在多模态任务中的整体表现。

评价指标选用了三个：精确率 P（%）、召回率 R（%）、F1（%）。

2. 实验二

实验二采用了五种最先进的基于对象的方法，包括 TMR、RECK、MMIB、MRE-ISE 和 HVPNET（同实验一），并结合了提出的 FGA 模型。为了确保这些模型的结构完整性，所有模型的代码都是从原始论文中获取的。使用 NEW-MRE 数据集进行实验。由于之前的 MRE 数据集中存在错误，因此在本次实验中没有使用。NEW-MRE 数据集每个样本都配备了三个对象图像。

评价指标选用了三个：精确率 P（%）、召回率 R（%）、F1（%）。

3. 实验三

实验三选择了四种方法来测试包含实体类型信息的视觉信息可以给 MRE 任务带来多大的改善。这些方法包括 TMR、MMIB、HVPNET 和 FGA。之所以没有选择 MRE-ISE 和 RECK，是因为这些方法通过图像作为媒介引入外部知识，会干扰对视觉信息本身有效性的评估。数据集使用 NEW-MRE，包含 15 485 个样本，将数据集分为训练集、开发集、测试集，各包含 12 247、1 624、1 614 个样本。

评价指标选用了三个：精确率 P（%）、召回率 R（%）、F1（%）。

4.4.3.2 实验设置

使用 PyTorch 工具包进行实验。bert-base-uncased 预训练模型和 ResNet-50 预训练模型分别用作文本和视觉的主干网络。将 Batch Size 设置为 16，隐藏大小设置为 768，学习率设置为 2e-5。将模型训练了 10 个周期，并在开发数据集上选择最佳 F1 得分作为最终模型，在测试数据集上进行测试。使用三个随机种子运行实验，并报告了测试数据集的平均结果。使用 AdamW 优化器来最小化损失。

4.4.3.3 对比实验

1. 实验一

表 4-19、表 4-20 所示为实验一 Eva1、Eva2 的实验结果。

表 4-19　实验一 Eval 1 实验结果

模型	P/%	R/%	F1/%
HVPNET*	91.44	90.16	90.79
TMR	90.48	87.66	89.05（↓1.74）
RECK	88.77	88.91	88.84（↓1.95）
HVPNET	83.64	80.78	81.85
TMR⊥	81.84	81.46	81.65（↓0.20）
RECK⊥	82.46	81.48	81.97（↑0.12）

表 4-20　实验一 Eval 2 实验结果

模型	P/%	R/%	F1/%
TMR⊥	81.84	81.46	81.65（↓1.85）
RECK	82.46	81.48	81.97（↓3.22）
MMIB	83.49	82.97	83.23（↑0.73）
MRE-ISE	**84.69**	**83.38**	**84.03（↑1.53）**
HVPNET	83.64	80.78	81.85（↓0.65）
BERT*	82.5	82.5	82.5
TMR±	64.12	62.82	63.47（↓0.38）

续表

模型	P/%	R/%	F1/%
RECK$^{\pm}$	64.35	63.33	63.84（↓3.25）
MMIB$^{\pm}$	60.44	62.68	61.56（↓2.32）
MRE-ISE	61.42	62.68	62.05（↓3.81）
HVPNET	63.44 64.53	64.53	63.98（↑0.35）
BERT	64.97	62.44	63.63

在 Eval 1 实验中（见表 4-19），*表示添加了实体类型的修改后的 HVPNET；⊥ 表示修改后的 TMR 和 RECK 以及烧蚀的实体类型。可以观察到，在向关系样本添加实体类型后，HVPNET 的性能上升到 90.79%，甚至超过了 TMR。此外，在去除实体类型信息后，TMR 和 RECK 的性能与原始 HVPNET 相当。这些结果表明，TMR 和 RECK 展示的卓越性能很大一部分归因于实体类型信息的额外引入。

在 Eval 2 实验中（见表 4-20），±表示用 NEW-MRE 数据集进行的方法实验，其对象编号之间没有差异；*表示对 BERT 模型具有特殊标记表示关系是否为 None 表示不满。从表中可以观察到，BERT*（使用特殊代币）的性能上升到 82.5%，与原始 HVPNET 相当。这一结果表明，这种关系将导致显著的性能改进。在消除视觉对象数量的不一致后，5 种基于对象的 SOTA 方法的性能下降到与纯文本的 BERT 方法相当。其中，TMR、RECK 和 HVPNET 与 BERT 相比仅显示出边际改进。此外，MRE-ISE 和 MMIB 的性能甚至低于纯文本方法，初步认为这是由于信息瓶颈相关组件导致的过拟合。

总体实验结果表明，以往方法对视觉信息处理的利用较差，其改进源于数据处理错误而非视觉语义知识。对既往方法的系统评估是本实验的重要贡献。在此更正了数据集中的错误，纠正了夸大的性能，并重新建立了基线性能。

2. 实验二

表 4-21 所示为实验二实验结果。

表 4-21 实验二实验结果

模型	原始			随机播放			嘈杂		
	P/%	R/%	F1/%	P/%	R/%	F1/%	P/%	R/%	F1/%
TMR$^\pm$	64.12	62.82	63.47	64.31	62.5	63.39	63.36	64.06	63.71
RECK$^\pm$	64.35	63.33	63.84	—	—	—	—	—	—
MMIB$^\pm$	60.44	62.68	61.56	61.02	62.72	61.87	62.11	61.23	61.67
MRE-ISE$^\pm$	61.42	62.68	62.05	—	—	—	—	—	—
HVPNET$^\pm$	63.44	64.53	63.98	63.78	63.96	63.87	64.05	63.43	63.74
BERT	64.97	62.44	63.63	64.97	62.44	63.63	64.97	62.44	63.63
FGA（本实验）	65.59	62.02	63.72	63.73	63.43	63.58	63.05	64.48	63.74

"原始"表示对 NEW-MRE 数据集的实验，"随机播放"表示不一致解码，"嘈杂"表示视觉特征替换。由于 RECK 和 MRE-ISE 以视觉信息为媒介构建外部知识，因此用随机高斯噪声随机替换或替换视觉信息会影响这些方法的模型结构，导致偏差，判断不可靠。从表 4-21 中可以看出：首先，在 NEW-MRE 数据集中，选择的 5 种 SOTA 方法和所提出的 FGA 方法与仅文本的 BERT 取得了相当的结果，原因是可能存在由编队瓶颈模块引起的过拟合，导致 MMIB 和 MRE-ISE 的性能下降。"原始"实验表明，在编队中整合视觉不会导致现有数据集的显著改进。接下来，通过"随机播放"实验和"嘈杂"实验来讨论视觉信息本身的有效性。在"随机播放"实验中，不一致解码不会显著影响多模态方法的性能。结果表明，该模型对视觉信息的变化不敏感，不能从视觉线索中学习有用的信息，视觉信息可能没有那么有用。在"嘈杂"实验中，保持超参数和方法不变，用随机高斯噪声替换视觉特征，以模拟视觉信息的缺失。可以看出，使用随机高斯噪声的方法与使用视觉特征的方法在性能方面类似。这表明目前的视觉信息确实不能为 MRE 任务提供有效的帮助。

实验最终结果表明，视觉信息对现有数据集中的 MRE 任务几乎没有好处。原因两个方面：一方面，MRE 任务的数据集来自用户在 Twitter 平台上发布的帖子，视觉模态和文本模态之间的语义相关性是不够的。信息与实体/关系之间的关联相对弱。因此，在整合视觉信息后，关系抽取性能没有明显提高。例如，在

表4-22所示的两个示例中,图像信息中包含的海豹和雪人与org/loc/locate关系没有直接关系。另一方面,即使图像和文本之间存在相关性,视觉特征中包含的语义知识也可能不够重要。即使结合了图像信息,对实体或关系的理解也不会提高。图4-4展示了所提出的 FGA 模型的注意力可视化结果。可以观察到,该图像不包含与 LOC 实体直接相关的视觉信息。注意力权重集中在"树"和"湖"上,虽然它们与 LOC 有关,但不能直接帮助确定 LOC 类型的实体。

表4-22 Twitter 帖子的示例

例1	例2
帮助阻止加拿大的海豹狩猎! 关系:org/loc/locate at	手拿糖葫芦和鲜花的雪人。 关系:org/loc/locate at

在南威尔士林地发现鳄鱼新品种,关系:misc/loc/held_on

图4-4 注意力可视化结果

3. 实验三

实验三实验结果如表4-23、表4-24所示。

表4-23　实验三实验结果1

模型	相关性阈值					
	阈值：0.65			阈值：0.55		
	P/%	R/%	F1/%	P/%	R/%	F1/%
TMR	64.92	**67.96**	66.41（↑2.78）	65.62	65.93	65.78（↑2.15）
MMIB	66.87	65.62	66.24（↑2.61）	66.05	63.65	64.78（↑1.15）
HVPNET	**68.68**	66.00	**67.25**（↑3.62）	**66.61**	64.84	65.71（↑2.08）
FGA	67.24	66.90	67.07（↑3.44）	65.71	**66.24**	**65.96**（↑2.33）
BERT	64.97	62.44	63.63	64.97	62.44	63.63

表4-24　实验三实验结果2

模型	相关性阈值					
	阈值：0.45			阈值：0.25		
	P/%	R/%	F1/%	P/%	R/%	F1/%
TMR	63.80	65.00	64.40（↑0.77）	62.52	63.56	63.04（↓0.59）
MMIB	65.38	62.54	63.96（↑0.30）	60.82	62.75	61.72（↓1.91）
HVPNET	63.00	66.25	64.58（↑0.95）	63.24	63.44	63.34（↓0.29）
FGA	64.57	65.14	64.80（↑1.17）	63.86	62.69	63.22（↓0.41）
BERT	64.97	62.44	63.63	64.97	62.44	63.63

从实验结果可以看出以下两点。

（1）与基于文本的BERT模型相比，所有多模态方法在集成视觉信息后均实现了显著的性能提升。其中，实验结果表明，MRE-0.65数据集的多模态方法性能提升达到3.62%。这些结果表明，当视觉信息包含实体类型信息时，整合视觉信息可以显著提高MRE任务的效果，这也验证了假设：视觉信息可以通过提供实体类型知识边缘来增强关系抽取性能。换句话说，当视觉信息可以补充文本模态中缺失的关键信息时，视觉模态是极其有益的。

（2）在 MRE-0.25、MRE-0.45、MRE-0.55 和 MRE-0.65 的四个数据集中，随着跨模态相关性的增加，包含视觉信息的实体类型信息也增加。图 4-5 记录了多模态方法的 F1 分数和相关性分数。随着视觉信息中实体类型信息的增加，与基于文本的方法相比，多模态方法所获得的改进变得更加明显。这一实验结果证实，视觉信息中包含的关键知识越多，纳入视觉信息后获得的改进就越大。高质量的视觉信息应该包含文本形式中缺失的更重要的知识。同时，验证了所提出的新范式：利用视觉信息来辅助文本实体知识，以稳步提高关系抽取任务的性能。

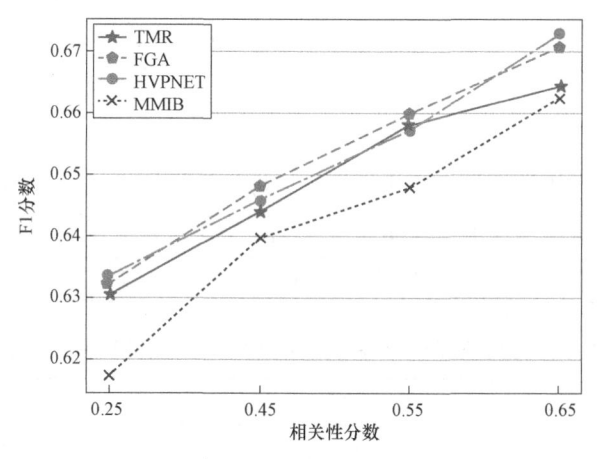

图 4-5　F1 分数和相关性分数的记录

4. 图像覆盖实验

为了进一步探索视觉信息在 MRE 任务中的作用机制，进行了图像覆盖实验。具体来说，研究了图像中特定对象对 MRE 任务的影响。选择人物对象作为例子，因为 71.7% 的图像是用人检测到的，它占据了 51.6% 的区域。此外，人物对象可以直接链接到 PER 实体类型。首先使用 Detectron2 来识别图像中的所有人物区域，然后屏蔽掉这些区域。掩码示例如图 4-6 所示。最后，使用蒙版图像进行实验。实验结果如表 4-25、表 4-26 所示。使用提出的 FGA 模型进行实验，实验设置和超参数与以前相同。

图 4-6 掩码示例

表 4-25 图像覆盖（掩码）和不一致解码（随机）的实验结果 1

模型	相关性阈值					
	阈值：0.65			阈值：0.55		
	P/%	R/%	F1/%	P/%	R/%	F1/%
FGA-Shuffled	49.72	53.22	51.47 (↓15.6)	54.67	51.91	53.29 (↓12.67)
FGA-masked	66.69	64.86	65.87 (↓1.20)	**65.84**	64.30	65.05 (↓0.91)
FGA	**67.24**	**66.90**	**67.07**	65.71	**66.24**	**65.96**
BERT	64.97	62.44	63.63	64.97	62.44	63.63

表 4-26 图像覆盖（掩码）和不一致解码（随机）的实验结果 2

模型	相关性阈值					
	阈值：0.45			阈值 0.25		
	P/%	R/%	F1/%	P/%	R/%	F1/%
FGA-Shuffled	56.35	58.39	57.37 (↓7.43)	63.05	62.58	62.81 (↓0.41)
FGA-masked	63.55	**65.36**	64.41 (↓0.39)	63.24	**62.84**	63.04 (↓0.18)
FGA	64.57	65.14	**64.80**	63.86	62.69	63.22
BERT	**64.97**	62.44	63.63	**64.97**	62.44	**63.63**

从实验结果可以看出：在屏蔽了人物对象后，FGA 方法在所有数据集上的性能都下降了。特别是随着阈值的增加，表明跨模态相关性更高，视觉信息中包含的实体类型信息更多，FGA 方法的性能下降变得更加显著（0.18%、0.39%、0.91%、

1.20%）。这是因为在视觉信息中包含更多实体类型信息的数据集中，模型更依赖视觉模态。此外，这些实验结果表明，图像的某些部分可能与下游任务的性能有关。例如，描绘人物的对象与 PER 实体相关联。在屏蔽这些人物对象后，模型接收到的有关 PER 的信息较少，从而导致性能下降。

5. 不一致解码实验

进行了不一致解码实验，以验证视觉信息在新数据集中的重要性。在训练过程中没有做任何更改，但在测试过程中，随机用其他不相关的图像替换了原始图像。如果模型从视觉中学习了有用的知识，那么不一致的解码实验预计将导致性能显著下降。使用 FGA 模型进行实验，确保所有其他设置和超参数保持不变。实验结果如表 4-25、表 4-26 所示。不一致解码实验会导致性能显著下降。实验结果表明，当前模型对视觉模态的依赖性较强。当视觉信息包含文本中遗漏的关键信息时，视觉模式就变得非常重要。此外，可以观察到，相关性分数越大，每次性能退化的程度就越大，表明对视觉模态的依赖性更强。这与实验二一致：随着视觉模态中包含信息的增加，模型对它的依赖性更强。

参考文献

[1] 吴友政，李浩然，姚霆，等. 多模态信息处理前沿综述：应用、融合和预训练[J]. 中文信息学报，2022，36（5）：1-20.

[2] SUNDAR A, HECK L. Multimodal Conversational AI: A Survey of Datasets and Approaches[C]//In Proceedings of the 4th Workshop on NLP for Conversational AI, 2022: 131-147.

[3] RADFORD A, KIM J W, HALLACY C, et al. Learning Transferable Visual Models from Natural Language Supervision[J]. arXiv preprint arXiv: 2103.00020, 2021.

[4] LI J, SELVARAJU R, GOTMARE A, et al. Align before Fuse: Vision and Language Representation Learning with Momentum Distillation[C]//In Advances in Neural Information Processing Systems, 2021, 34: 9694-9705.

[5] LIN T Y, MAIRE M, BELONGIE S, et al. Microsoft COCO: Common Objects in

Context[C]//In Computer Vision – ECCV 2014: 13th European Conference, 2014: 740 – 755.

[6] KRISHNA R, ZHU Y, GROTH O, et al. Visual Genome: Connecting Language and Vision Using Crowdsourced Dense Image Annotations[J]. International Journal of Computer Vision, 2017, 123: 32 – 73.

[7] SCHUHMANN C, VENCU R, BEAUMONT R, et al. LAION – 400M: Open Dataset of CLIP – Filtered 400 Million Image – text Pairs[J]. arXiv preprint arXiv: 2111. 02114, 2021.

[8] ORDONEZ V, KULKARNI G, BERG T. Im2Text: Describing Images Using 1 Million Captioned Photographs[J]. Advances in Neural Information Processing Systems, 2011, 24: 1143 – 1151.

[9] CHUNG H W, HOU L, LONGPRE S, et al. Scaling Instruction – finetuned Language Models[J]. Journal of Machine Learning Research, 2024, 25(70): 1 – 53.

[10] BELGHAZI M I, BARATIN A, RAJESHWAR S, et al. Mutual Information Neural Estimation[C]//In International Conference on Machine Learning, 2018: 531 – 540.

[11] BARBER D, AGAKOV F. The IM Algorithm: A Variational Approach to Information Maximization[J]. Advances in Neural Information Processing Systems, 2004, 16: 201.

[12] HAN W, CHEN H, PORIA S. Improving Multimodal Fusion with Hierarchical Mutual Information Maximization for Multimodal Sentiment Analysis[C]//In Proceedings of the 2021 Conference on Empirical Methods in Natural Language Processing, 2021: 9180 – 9192.

[13] CHEN X, FANG H, LIN T Y, et al. Microsoft Coco Captions: Data Collection and Evaluation Server[J]. arXiv preprint arXiv: 1504. 00325, 2015.

[14] AGRAWAL H, DESAI K, WANG Y, et al. Nocaps: Novel Object Captioning at Scale[C]//In Proceedings of the IEEE/CVF International Conference on Computer Vision, 2019: 8948 – 8957.

[15] GOYAL Y, KHOT T, SUMMERS – STAY D, et al. Making the V in VQA Matter:

Elevating the Role of Image Understanding in Visual Question Answering[C]//In Proceedings of the IEEE Conference on Computer Vision and Pattern Recognition, 2017: 6325-6334.

[16] HUDSON D A, MANNING C D. GQA: A NEW Dataset for Real-world Visual Reasoning and Compositional Question Answering[C]//In Proceedings of the IEEE/CVF Conference on Computer Vision and Pattern Recognition, 2019: 6700-6709.

[17] LI X, YIN X, LI C, et al. Oscar: Object-semantics Aligned Pre-training for Vision-language Tasks[C]//In Computer Vision-ECCV: 16th European Conference, 2020: 121-137.

[18] ZHANG P, LI X, HU X, et al. Vinvl: Making Visual Representations Matter in Vision-language Models[C]//In Proceedings of the IEEE/CVF Conference on Computer Vision and Pattern Recognition, 2021: 5579-5588.

[19] LI J, LI D, XIONG C, et al. BLIP: Bootstrapping Language-image Pre-training for Unified Vision-language Understanding and Generation[C]//In Proceedings of the 39th International Conference on Machine Learning, 2022: 12888-12900.

[20] XU H, YE Q, YAN M, et al. mPLUG-2: A Modularized Multi-modal Foundation Model Across Text, Image and Video[C]//In Proceedings of the 40th International Conference on Machine Learning, 2023: 38728-38748.

[21] ALAYRAC J B, DONAHUE J, LUC P, et al. Flamingo: A Visual Language Model for Few-shot Learning[J]. Advances in Neural Information Processing Systems, 2022, 35: 23716-23736.

[22] WANG Z, YU J, YU A W, et al. SimVLM: Simple Visual Language Model Pretraining with Weak Supervision[C]//In 10th International Conference on Learning Representations, 2022.

[23] CHEN X, WANG X, CHANGPINYO S, et al. PaLI: A Jointly-scaled Multilingual Language-image Model[C]//In 11th International Conference on Learning Representations, 2023.

[24] HU X, GAN Z, WANG J, et al. Scaling Up Vision-language Pre-training for Image Captioning[C]//In Proceedings of the IEEE/CVF Conference on Computer Vision and Pattern Recognition, 2022: 17980-17989.

[25] NGUYEN V Q, SUGANUMA M, OKATANI T. GRIT: Faster and Better Image Captioning Transformer Using Dual Visual Features[C]//In European Conference on Computer Vision, 2022: 167-184.

[26] HUANG S, DONG L, WANG W, et al. Language is Not All You Need: Aligning Perception with Language Models[J]. arXiv preprint arXiv: 2302.14045, 2023.

[27] JIN W, CHENG Y, SHEN Y, et al. A Good Prompt is Worth Millions of Parameters: Low-resource Prompt-based Learning for Vision-language Models[C]//In Proceedings of the 60th Annual Meeting of the Association for Computational Linguistics, 2022: 2763-2775.

[28] HAO Y, SONG H, DONG L, et al. Language Models are General-purpose Interfaces[J]. arXiv preprint arXiv: 2206.06336, 2022.

[29] TIONG A M, LI J, LI B, et al. Plug-and-play VQA: Zero-shot VQA by Conjoining Large Pretrained Models with Zero Training[C]//In Findings of the Association for Computational Linguistics: EMNLP, 2022: 951-967.

[30] LI J, LI D, SAVARESE S, et al. BLIP-2: Bootstrapping Language-image Pre-training with Frozen Image Encoders and Large Language Models[C]//In Proceedings of the 40th International Conference on Machine Learning, 2023: 19730-19742.

[31] SELVARAJU R R, COGSWELL M, DAS A, et al. Grad-cam: Visual Explanations from Deep Networks via Gradient-based Localization[C]//In Proceedings of the IEEE International Conference on Computer Vision, 2017: 618-626.

[32] DEVLIN J, CHANG M W, LEE K, et al. BERT: Pre-training of Deep Bidirectional Transformers for Language Understanding[C]//In Proceedings of the 2019 Conference of the North American Chapter of the Association for Computational Linguistics: Human Language Technologies (Volume 1: Long and Short Papers), 2019: 4171-4186.

[33] DEGOTTEX G, KANE J, DRUGMAN T, et al. COVAREP-A Collaborative Voice Analysis Repository for Speech Technologies[C]//In Proceedings of the 2014 IEEE International Conference on Acoustics, Speech and Signal Processing, 2014: 960-964.

[34] BAHDANAU D, CHO K, BENGIO Y. Neural Machine Translation by Jointly Learning to Align and Translate[J]. arXiv preprint arXiv: 1409.0473, 2014.

[35] OORD A V, LI Y, VINYALS O. Representation Learning with Contrastive Predictive Coding[J]. arXiv preprint arXiv: 1807.03748, 2018.

[36] HINTON G, VINYALS O, DEAN J. Distilling the Knowledge in a Neural Network[J]. arXiv preprint arXiv: 1503.02531, 2015.

[37] ZADEH A, ZELLERS R, PINCUS E, et al. Mosi: Multimodal Corpus of Sentiment Intensity and Subjectivity Analysis in Online Opinion Videos[J]. arXiv preprint arXiv: 1606.06259, 2016.

[38] ZADEH A B, LIANG P P, PORIA S, et al. Multimodal Language Analysis in the Wild: Cmu-mosei Dataset and Interpretable Dynamic Fusion Graph[C]//In Proceedings of the 56th Annual Meeting of the Association for Computational Linguistics, 2018: 2236-2246.

[39] PARK S, SHIM H S, CHATTERJEE M, et al. Computational Analysis of Persuasiveness in Social Multimedia: A Novel Dataset and Multimodal Prediction Approach[C]//In Proceedings of the 16th International Conference on Multimodal Interaction, 2014: 50-57.

[40] ZADEH A, CHEN M, PORIA S, et al. Tensor Fusion Network for Multimodal Sentiment Analysis[C]//In Proceedings of the 2017 Conference on Empirical Methods in Natural Language Processing, 2017: 1103-1114.

[41] LIU Z, SHEN Y, LAKSHMINARASIMHAN V B, et al. Efficient Low-rank Multimodalfusion with Modality-specific Factors[J]. arXiv preprint arXiv: 1806.00064, 2018.

[42] ZADEH A, LIANG P P, MAZUMDER N, et al. Memory Fusion Network for Multi-view Sequential Learning[C]//In Proceedings of the AAAI Conference

on Artificial Intelligence, 2018: 5634-5641.

[43] TSAI Y H, BAI S, LIANG P P, et al. Multimodal Transformer for Unaligned Multimodal Language Sequences[C]//In Proceedings of the Conference of the Association for Computational Linguistics, 2019: 6558-6569.

[44] WU Y, LIN Z, ZHAO Y, et al. A Text-centered Shared-private Framework via Cross-modal Prediction for Multimodal Sentiment Analysis[C]//In Findings of the Association for Computational Linguistics: ACL-IJCNL, 2021: 4730-4738.

[45] TANG J, LI K, HOU M, et al. MMT: Multi-way Multi-modal Transformer for Multimodal Learning[C]//In Proceedings of the Thirty-first International Joint Conference on Artificial Intelligence, 2022: 3458-3465.

[46] YU W, XU H, YUAN Z, et al. Learning Modality-specific Representations with Self-supervised Multi-task Learning for Multimodal Sentiment Analysis[C]//In Proceedings of the AAAI Conference on Artificial Intelligence, 2021: 10790-10797.

[47] LIN R, HU H. Multimodal Contrastive Learning via Uni-modal Coding and Cross-modal Prediction for Multimodal Sentiment Analysis[C]//In Findings of the Association for Computational Linguistics: EMNLP, 2022: 511-523.

[48] WU S, DAI D, QIN Z, et al. Denoising Bottleneck with Mutual Information Maximization for Video Multimodal Fusion[C]//In Proceedings of the 61st Annual Meeting of the Association for Computational Linguistics, 2023: 2231-2243.

[49] YANG J, YU Y, NIU D, et al. ConFEDE: Contrastive Feature Decomposition for Multimodal Sentiment Analysis[C]//In Proceedings of the 61st Annual Meeting of the Association for Computational Linguistics, 2023: 7617-7630.

[50] WU L, ZHANG D, LIU Q, et al. Speaker Personality Recognition with Multimodal Explicit Many2many Interactions[C]//In 2020 IEEE International Conference on Multimedia and Expo(ICME), 2020: 1-6.

[51] ELLIOTT D. Adversarial Evaluation of Multimodal Machine Translation[C]//In Proceedings of the 2018 Conference on Empirical Methods in Natural Language Processing, 2018: 2974-2978.

[52] CAGLAYAN O, MADHYASTHA P, SPECIA L, et al. Probing the Need for Visual Context in Multimodal Machine Translation[C]//In Proceedings of the 2019 Conference of the North American Chapter of the Association for Computational Linguistics: Human Language Technologies, 2019, 1: 4159–4170.

[53] BISHOP C M.Training with Noise is Equivalent to Tikhonov Regularization[J]. Neural Computation, 1995, 7(1): 108–116.

[54] WU Z, KONG L, BI W, et al. Good for Misconceived Reasons: An Empirical Revisiting on the Need for Visual Context in Multimodal Machine Translation[C]// In Proceedings of the 59th Annual Meeting of the Association for Computational Linguistics and the 11th International Joint Conference on Natural Language Processing, 2021, 1: 6153–6166.

[55] HE K, ZHANG X, REN S, et al. Deep Residual Learning for Image Recognition[C]// In Proceedings of the IEEE Conference on Computer Vision and Pattern Recognition, 2016: 770–778.

[56] VASWANI A, SHAZEER N, PARMAR N, et al. Attention is All You Need [C]// In Proceedings of the 31st International Conference on Neural Information Processing Systems, 2017: 6000–6010.

[57] CHEN X, ZHANG N, Li L, et al. Good Visual Guidance Make a Better Extractor: Hierarchical Visual Prefix for Multimodal Entity and Relation Extraction[C]//In Findings of the Association for Computational Linguistics: NAACL, 2022: 1607–1618.

[58] ZHENG C, FENG J, CAI Y, et al. Rethinking Multimodal Entity and Relation Extraction from a Translation Point of View[C]//In Proceedings of the 61st Annual Meeting of the Association for Computational Linguistics, 2023, 1: 6810–6824.

[59] FENG J, WANG G, ZHENG C, et al. Towards Bridged Vision and Language: Learning Cross-modal Knowledge Representation for Relation Extraction[J]. IEEE Transactions on Circuits and Systems for Video Technology, 2023, 34(1): 561–575.

[60] CAO Y, WU S, FEI H, et al. Information Screening Whilst Exploiting! Multimodal Relation Extraction with Feature Denoising and Multimodal Topic Modeling[J]. arXiv preprint arXiv: 2305.11719, 2023.

[61] CUI S, CAO J, CONG X, et al. Enhancing Multimodal Entity and Relation Extraction with Variational Information Bottleneck[J]. IEEE/ACM Transactions on Audio, Speech and Language Processing, 2024, 32: 1274–1285.

[62] KINGMA D P, BA J. Adam: A Method for Stochastic Optimization[C]//In Proceedings of the Third Conference on Machine Translation, 2017, 9: 304–323.

[63] HESSEL J, LEE L. Does My Multimodal Model Learn Cross-modal Interactions? It's Harder to Tell Than You Might Think![C]//In Proceedings of the 2020 Conference on Empirical Methods in Natural Language Processing, 2020: 861–877.

[64] WU Y, KZRILLOU A, MASSA F, et al. Detectron2[J]. 2019.

[65] RADFORD A, KIM J W, HALLACY C, et al. Learning Transferable Visual Models from Natural Language Supervision[C]//In Proceedings of the 38th International Conference on Machine Learning (Proceedings of Machine Learning Research), 2021, 139: 8748–8763.

[66] SANG E F, MEULDER F D. Introduction to the CoNLL-2003 Shared Task: Language-independent Named Entity Recognition[C]//In Proceedings of the Seventh Conference on Natural Language Learning at HLT-NAACL, 2003: 142–147.

[67] LIN Y, LU K, YU S, et al. Multimodal Learning on Graphs for Diseaserelation Extraction[J]. Journal of Biomedical Informatics, 2023, 143: 104415.

[68] LAFFERTY J, MCCALLUM A, PEREIRA F. Conditional Random Fields: Probabilistic Models for Segmenting and Labeling Sequence Data[C]//In Proceedings of the Eighteenth International Conference on Machine Learning, 2001: 282–289.

第 5 章
句法依赖与层次解码的句子级事件抽取

5.1 引言

随着互联网、现代通信和传播等技术的快速发展，网络已经成为人们获取信息的重要渠道。网络中信息量呈指数级发展，信息爆炸一方面给人们带来便利，另一方面也增加了人们利用信息的成本。自动化的信息抽取技术在一定程度上缓解了这一问题。

现实世界中每天都有各种各样的事件发生，而事件背后往往蕴含着大量信息，为了能有效抽取和利用这些信息，事件抽取技术应运而生。作为信息抽取领域的重要研究分支，事件抽取是一个将非结构化信息（即大量普通文本）转化为结构化信息（即事件各个要素）的过程。

事件抽取作为信息抽取的子领域，不仅具有重要的科学研究价值，还有广泛的实际应用。事件被认为是一种比实体更具有丰富信息的知识单元，事件之间的关系可以作为边用于连接不同的事件，两者构成的事理图谱成为当下的研究热点。此外，事件抽取可以帮助检索事件信息并分析人们的行为，为信息检索、智能问答、推荐等领域提供科学研究基础并推动相关研究的发展。事件抽取还具有较高的社会应用价值，由于社会的热点事件、突发事件等和网络舆情、政府公共事务管理密切相关，事件抽取可用于监测网络舆情变化，帮助政府在紧急情况下做出迅速响应；在金融和情报收集领域，事件抽取可以帮助分析人员从海量数据中锁定目标领域的事件信息，及时作出分析和判断。

事件抽取的目的是从含有事件信息的非结构化文本中自动抽取包含触发词

以及论元的结构化信息。事件抽取得到的各个事件要素通常会被分为两类，一类要素是触发该事件发生的关键词语，另一类要素则是主要构成该事件的相关组成部分。因此，事件抽取通常分为两个子任务，第一个子任务是事件检测，用于识别第一类要素，即触发某事件发生的关键词语，并对该词语进行事件类型的归类；第二个子任务是论元抽取（论元角色识别），根据已经判断出的事件类型从文本中找出该事件的相关论元，并确定论元在该事件中充当的角色。以"周三，华盛顿奇才队的老板终止了与乔丹三年的联盟关系"为例，首先对该文本进行事件检测，识别出句中的触发词"终止"，并对触发词分类得到事件类型"终止位置"。然后进行论元抽取，找出该事件的所有论元及对应角色，如论元"乔丹"充当了"人物"角色。事件抽取示例的详细结果如图5-1所示。

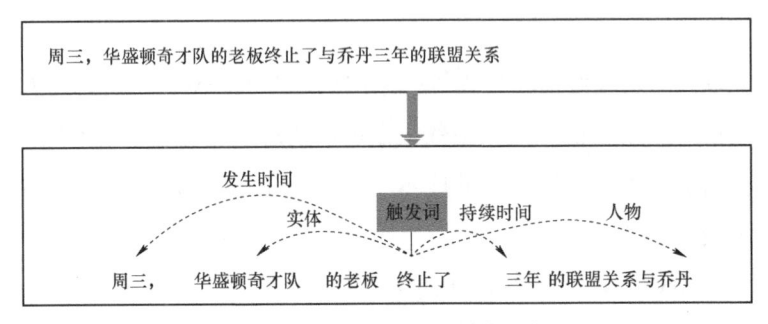

图5-1 事件抽取示例的详细结果

目前各类主流神经网络方法在事件抽取中有所应用并发挥着重要作用。相比传统事件抽取方法，深度学习事件抽取方法通过自动学习数据的特征表示，一方面极大地减少了人工构造特征的成本，另一方面通过自动学习的特征表示相比人工构造的表示更具泛化能力，在识别准确度方面有很大的提升。同时从上述研究中可以看出，目前事件抽取任务仍然面临一定的挑战，例如，在事件检测过程中，已有的大多数方法往往单独使用语义特征或依存句法特征进行建模，未能同时发挥两种特征对事件检测任务的作用。在论元抽取过程中，现有方法通常借助已有实体标注结果独立地对每个实体进行分类，忽略了论元之间的依赖，且不适用于没有实体标注结果的场景。

因此，本章主要围绕事件抽取的两个子任务展开，研究事件检测任务，从非结构化的文本信息中识别事件的触发词及对应的事件类型；研究论元抽取任务，从已经识别出的事件中进一步抽取组成该事件的各个要素。针对已有方法未能将语义特征和依存句法特征有效融合的问题，提出融合预训练模型和句法依赖的事件检测方法，更有效地利用句法依赖特征，缓解触发词的歧义问题，进而提高触发词抽取的准确率；针对已有方法未能充分地利用论元交互信息的问题，提出基于层次解码的论元抽取方法，从全局出发考虑论元之间的相互影响，有效提升论元抽取任务的召回率。针对事件检测和论元角色识别两个任务之间互相关联、互相促进的特点，本章对事件检测和论元角色识别联合抽取模型展开研究，同时抽取事件触发词和论元角色。

具体研究包括以下三部分内容。

（1）融合预训练模型和句法依赖的事件检测方法。

事件检测任务是事件抽取的第一个子任务，主要研究目的是对句中的触发词进行识别并对其进行事件类型的分类。已有的大多数事件检测方法单独基于语义特征顺序建模或者单独基于 GNN 建模，未能将语义特征和句法依赖特征有效融合。针对此问题，本章提出了融合预训练模型和句法依赖的事件检测模型（Event Detection with a Semantic and Syntactic Fusing Model，SSFM-ED），一方面使用 GAT 获得句子的多阶句法依赖特征，另一方面使用 BERT 获得深层双向的语义特征并加入事件层级信息，帮助缓解触发词的歧义问题，并将这两种特征进行融合，用于触发词的识别与分类。最后在 ACE2005 数据集上开展实验，SSFM-ED 的 F1 值达到 78.8%。

（2）基于层次解码的论元抽取方法。

论元抽取任务是事件抽取的第二个子任务，主要研究目的是识别当前事件的各个组成要素，并对它们进行论元角色识别。目前已有的大多数方法在进行论元抽取时忽略了论元和论元之间的相互依赖，未能充分利用论元之间的交互信息。针对此问题，在研究内容（1）的基础上，提出了基于层次解码的论元抽取模型（Event Argument Extraction based on a Hierarchical Decoding Model，HDM-EAE），设计了由预分类层、候选论元交互层和最终分类层组成的层次解码结构，在对当前候选论元进行识别和分类时，模型可以利用上下文中与其他候选论元之间的交互信息，更加全面地抽取该事件包含的所有论元。最后在 ACE2005 数据集上进行实验对比与分析，HDM-EAE 在召回率上表现突出。

（3）基于信息增强的事件检测和论元角色识别联合抽取。

针对事件检测和论元角色识别两个任务互相影响、彼此促进的特点，提出基于信息增强的事件检测和论元角色识别联合抽取（Jointly Event Extraction Based on Information Enhancement，IEJEE）模型。在事件检测阶段，论元角色信息将会作为额外的监督信息融入整个事件检测过程。与此同时，在论元角色识别阶段，触发词信息也会被考虑进来。为了使识别效果更准确，提出一种对偶验证方法，使用孪生神经网络（Siamese Neural Network，SNN）缩小真实触发词和论元角色信息与模型抽取得到的触发词和论元角色信息之间的距离，使得模型的抽取结果更加接近真实数据。

5.2 融合句法依赖的事件检测

针对事件检测过程中难以捕获句子长距离依赖和单词一词多义的问题，重点研究基于 GNN 和预训练模型的事件检测方法。首先对事件检测任务的相关概念进行介绍，然后总结目前已有方法存在的问题并提出相应的改进措施。进一步针对当前基于 GCN 的事件检测方法缺乏深层双向的初始训练特征以及容易忽略触发词自身语义的问题，提出 SSFM-ED。最后在 ACE2005 数据集上进行相关实验与结果分析，验证 SSFM-ED 的有效性。

5.2.1 任务描述及问题定义

事件检测是事件抽取的第一个子任务，同时也是论元抽取的基础，事件检测效果的好坏有可能影响事件抽取系统的整体表现，是事件抽取的关键步骤。事件检测的目的是判断句中是否包含特定类型的事件以及识别最能体现该事件发生的词语。具体地说，根据事件包含的因素，事件可以用 5W1H 的形式来表达，即在某时（When）某地（Where）某人（Who）发生了什么事情（What），为什么会发生（Why）以及如何发生的（How），其中，what 的语义最能表达该事件的发生，可以作为事件检测任务要抽取和分类的触发词，而其他因素则可以作为事件的论元或属性用于下一阶段的论元抽取任务。

早期的事件检测方法主要包含基于模式匹配和基于机器学习两类，其中基于模式匹配的方法往往需要具备相关领域知识的专家手动制定相应的事件模板，耗时耗力的同时会很大程度上局限于特定领域背景而不能通用。基于机器学习的方法为了抽取句中的触发词并判断对应的事件类型，通常需要精心设计一系列特征如词汇特征、句法特征等，高度依赖人工的同时不够灵活。

随着深度学习在科学研究领域的蓬勃发展，在事件检测任务上的应用也越来越多，不同深度学习模型关注的特征也有所不同。一类方法是基于语义特征顺序建模，使用主流的神经网络如 CNN、RNN 以及 Transformer 作为编码器来编码句子的语义特征。其中 CNN 无法有效建模距离较远的单词之间的语义联系，而 RNN 容易产生梯度消失和梯度爆炸的问题。因而 Ji 等人采用 Transformer 引入多头自注意力机制，可以编码句中任意位置单词之间的语义联系，解决了 CNN 过于关注局部和 RNN 容易出现梯度消失或梯度爆炸的问题，并且基于预训练架构得到的无监督语义信息更加丰富，但是仅仅使用 Transformer 无法有效地处理单词的一词多义问题。

由于同一个触发词可能因为自身包含的多种语义而在不同上下文中触发不同类型的事件，因而研究人员提出各种方法来应对触发词的一词多义问题。Ji 等人和 Hong 等人借助已有的实体标注结果，利用实体类型信息帮助单词消除歧义。Liu 等人则将论元信息显式地应用到事件检测阶段，利用论元信息帮助缓解触发词的歧义问题。此外，Liu 等人利用多种语言达到信息互补的目的，在一种语言中的单词歧义可以通过另一种语言提供的信息帮助消除，从而弥补了单独使用一种语言容易产生歧义的缺点。虽然这些方法借助实体类型、论元信息和多语言资源来帮助解决一词多义问题，但是容易引入和当前事件类型不相关的信息，对分类过程造成困扰。

除了基于语义特征顺序建模的方式，另一类方法基于依存句法特征建模。Nguyen 等人在 2018 年提出利用 GCN 引入句法结构特征，应用到事件检测任务中。为了解决已有方法在句子级顺序建模捕捉长距离依赖效率低的问题，Liu 等人在 2018 年提出了一种联合事件抽取框架 JMEE，使用 GCN 对由依赖树转换成的依赖图中的信息建模，通过引入基于依赖树的句法快捷弧来减少同一个句子中单词之间的距离，增强信息流联系。Cui 等人还将句法依赖标签的类型信息融入 GCN，不仅更新节点的表示，还更新边的表示。相比基于语义特征顺序建模，基于依存句法特征利用句法依赖弧能有效缩短触发词和相关实体之间的语义距离。但是在编码更高阶的句法依赖关系时，随着网络层数的加深，节点的表示会由于上层输入变得相似而趋于一致，容易造成过平滑问题，降低 GCN 的性能。

考虑到注意力机制能帮助模型关注更重要的特征，Yan 等人在 2019 年提出 MOGANED 模型，使用 GAT 编码句子的多阶句法依赖关系，不仅避免了传统 GNN 容易产生的过平滑问题，还能根据权重大小不同程度地聚合各个邻居节点的信息。该方法还使用注意力机制对不同阶数的句法依赖关系进行整合，极大提升了事件检测的准确率。但是和使用 GCN 的方法一样，该方法使用传统的词向量作为输入，缺乏有效的初始训练特征。

综上所述，现有方法仍存在部分不足，归纳如下：① 目前基于语义特征顺序建模的方法在应对一词多义问题时容易引入与当前事件类型无关的信息，未能有效地利用数据集中的事件层级信息；② 已有的使用 GNN 建模的方法通常采用传统的词向量表示作为输入，导致模型缺乏深层双向的初始训练特征，并且在建模过程中无法单独考虑候选触发词自身的语义信息；③ 现有大多数方法往往基于语义特征或利用依存句法特征单独建模，未能有效地将这两种对事件检测十分重要的特征同时利用起来。

为了弥补这些不足，本节提出 SSFM–ED，旨在将语义特征和依存句法特征进行有效融合并应用于事件检测任务。首先，采用 GAT 对多阶句法依赖关系进行建模，避免过平滑问题的同时充分挖掘句子的句法依赖信息。并且，为了改善基于 GAT 建模缺乏深层双向的初始训练特征的问题，使用由多个双向 Transformer 堆叠构成的预训练模型 BERT 获取的单词特征表示作为 GAT 的输入。其次，为了缓解触发词的一词多义问题，利用事件之间的层级关系作为概念导向，有效解决同一个触发词由于自身包含多种语义而触发不同事件子类的问题。

SSFM–ED 的优势如下：

（1）有效融合语义特征和依存句法特征进行事件检测，弥补了基于 GAT 建模缺乏有效的初始训练特征和容易忽略候选触发词自身语义信息的缺陷。

（2）有效利用事件大类和事件子类之间的层级关系，将事件层级信息作为概念导向帮助模型区分同一触发词触发的不同事件类型，有效地缓解触发词一词多义的问题。

(3) 在 ACE2005 数据集的实验结果表明，SSFM–ED 在精确率和召回率上同时取得较好的性能表现。

5.2.2　SSFM–ED 模型

5.2.2.1　模型基本思想

事件检测包含触发词识别和触发词分类两个子任务，触发词识别用于判断句中单词是否可以作为候选触发词，是二分类任务；触发词分类则用于对已经识别的候选触发词进行分类，判断候选触发词所属的事件类型，是多分类任务。以 ACE2005 数据集为例，该数据集首先将事件类型粗略分为 8 个事件大类，如生命类（Life）、移动类（Movement）等，涵盖了该语料中描述的各类事件，较为宏观和抽象；然后将每个事件大类又细分为 33 个事件子类，例如，生命类（Life）被进一步细分为出生（Be–Born）、结婚（Marry）、离婚（Divorce）等事件子类，代表更加微观而具体的事件。基于 ACE2005 数据集，已有研究通常将触发词分类建模为 33 类的多分类任务。为了简化事件检测过程，通过引入表示非事件类型的 None 类，将两个子任务合并为一个多分类任务，即基于 ACE2005 数据集的 34 类的多分类任务。

每个事件大类可能包含一个或多个事件子类，事件大类和事件子类之间存在一定的层级关系，事件大类可以作为较为宏观的概念提高事件子类的辨识度。为了应对触发词的一词多义问题，受到已有研究的启发，在语义抽取模块引入事件层级信息，通过利用事件大类和事件子类之间的层级概念信息，将事件大类的信息融入触发词分类过程中，作为一种概念导向引导模型区分出相同触发词所触发的不同事件子类。例如，在句子 S_1 和 S_2 中，相同的触发词"离开"分别触发了"运输"和"结束位置"事件，为了让模型更好地应对此类情况，在训练时将"运输"替换为对应的事件大类标签"移动"，同理，将"结束位置"替换为"人员"。模型通过学习事件层级信息，在对 S_1 分类时以"移动"信息作为概念导向，对 S_2 分类时以"人员"信息作为概念导向，从而区分两个由相同触发词触发不同事件子类的句子。

S_1：以色列军队阻止巴勒斯坦武装分子离开该地区。
标签：运输。

S_2：戴维斯即将离开，成为伦敦经济学院的主席。

标签：结束位置。

众多研究表明，句子的语义特征和依存句法特征都对触发词的识别和分类具有重要作用。因此设计了句法依赖抽取模块以获得有效的依存句法特征。对于事件检测任务，通过依存句法树学习句法关系表示可以更好地捕获候选触发词和实体之间的关联。这种依存句法关系可以是一阶的，表现为两个单词经由一条句法依赖弧直接相连；也可以是高阶的，即经由多条句法依赖弧才能连接。目前基于依存句法特征建模的事件检测方法大多显式地利用了一阶句法关系，并通过堆叠多层 GCN 的方式隐式地捕获高阶的句法关系。为了避免增加网络层数带来的过平滑问题，采用 GAT 来建模多阶句法依赖关系。同时，为了改善基于 GAT 建模缺乏深层双向的初始训练特征的问题，在特征编码层使用预训练模型 BERT 获得初始训练特征，为句法依赖抽取模块提供更深层的输入表示。

综上所述，SSFM-ED 的基本思想如下：首先，为了改善基于 GAT 建模缺乏深层双向的初始训练特征的问题，在特征编码层使用预训练模型 BERT 获得初始训练特征，分别作为句法依赖抽取模块和语义特征抽取模块的输入表示；其次，为了避免过平滑问题，在句法依赖抽取模块使用 GAT 建模多阶句法依赖关系，获得有效的依存句法特征；再次，为了应对触发词的一词多义问题，在语义特征抽取模块引入事件层级信息，帮助区分同一触发词触发的不同事件类型；最后，为了改善基于 GAT 建模容易忽略触发词自身语义的问题，将两种特征有效融合，对融合后的特征表示进行触发词的识别与分类。

SSFM-ED 共包含 4 个部分，分别是特征编码层、基于 GAT 的句法依赖抽取、基于事件层级的语义特征抽取和融合判别层。SSFM-ED 的整体架构如图 5-2 所示。

5.2.2.2 特征编码层

特征编码层用于处理模型的初始输入，将句子中每个单词都编码为向量表示，从而获取单词基于不同上下文的语义特征。在触发词抽取任务中，由于同一个单词在不同的上下文中可能表达不同的语义，相比传统的独热编码和静态词嵌入方法，双向 Transformer 能够动态获取单词基于不同上下文所表达的多样的语义信息，因此模型采用由多个双向 Transformer 结构堆叠构成的预训练模型 BERT

来生成单词的向量表示。BERT 的输入包含三种 Embedding，分别是 Token Embedding、Position Embedding 和 Segment Embedding。

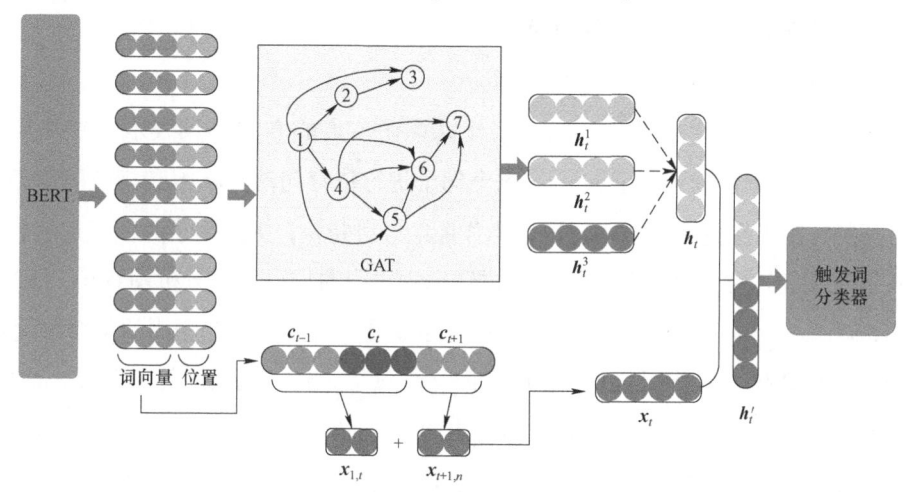

图 5-2　SSFM-ED 的整体架构

（1）Token Embedding：即句子中每个单词对应的词向量表示。在对输入的单词进行 Tokenization 处理之后会将其转换为固定维度的向量。

（2）Position Embedding：即句中每个单词的位置向量。由于 Transformer 未考虑句子中单词的顺序关系，因此设置 Position Embedding 为模型提供单词在句中出现的先后顺序信息。

（3）Segment Embedding：即句子切分向量。BERT 的下一句预测任务可以同时输入两个句子，该向量用于识别上句和下句，由于本模型只需要输入单个句子，因此将 Segment 向量全部初始化为 0。

对于句子中的每个单词，将三种 Embedding 的向量表示按元素相加作为单词的输入向量，第 i 个单词的输入向量表示记作 w_i。将 w_i 输入预训练模型 BERT 中，模型的最后一个隐藏层输出将作为每个单词具有上下文语义信息的向量表示。第 i 个单词的向量表示记作 c_i，具体表示为

$$\{c_1, c_2, \cdots, c_n\} = \text{BERT}(w_1, w_2, \cdots, w_n) \tag{5-1}$$

考虑到单词的词性特征对触发词抽取的影响，特征编码层还将词性标注特征融入编码，该特征表示可以通过查找随机初始化的词性标注矩阵生成，将向量表示 c_i 和词性标注特征 POS Embedding 拼接得到单词的向量表示 p_i，即

$$p_i = [c_i; \text{POS Embedding}] \qquad (5-2)$$

最终，经过特征编码层得到模型的初始输入特征为 $\{p_1, p_2, \cdots, p_n\}$。

5.2.2.3 基于 GAT 的句法依赖抽取

1. 多阶 GAT 的构建

句法依赖抽取模块使用 GAT 来计算单词节点的多阶依赖表示，首先构建 GAT，然后融合多阶句法表示。对每个句子进行依存句法分析得到相应的依存句法分析树，由于在数据结构中树可以当作图的一种特例，因此为了对依存句法分析结果进行建模，首先将依存句法分析树转换为对应的依存句法分析图 $G = (V, E)$，其中，$V = v_1, v_2, \cdots, v_n (|V| = n)$ 是节点的集合；E 是边的集合。句子中的每个单词 w_i 构成节点集合 V，而单词之间存在的有向句法弧 (v_i, v_j) 构成边的集合 E。此外，为了在信息传递过程中考虑到每个单词自身和单词在依存树上所有邻居节点的信息，还添加了两种边的类型，分别是反向句法弧 (v_j, v_i) 和自循环边 (v_i, v_i)，前者是原来有向句法弧相反方向的边，后者是节点到节点自身的自循环边。

每个依存句法分析图的特征都会存储在邻接矩阵中，根据上述三种边的类型，邻接矩阵 A 包含三个维度相同的子矩阵：A_{along}、A_{rev}、$A_{\text{loop}} \in \mathbb{R}^{n \times n}$，其中，$A_{\text{along}}$ 表示图中有向句法弧构成的矩阵，只有当单词 w_i 和单词 w_j 在依存句法树上有相连的边时，$A_{\text{along}}(i, j) = 1$，否则 $A_{\text{along}}(i, j) = 0$；$A_{\text{rev}}$ 表示所有反向句法弧构成的矩阵，相当于对 A_{along} 矩阵进行转置操作，即 $A_{\text{rev}} = A_{\text{along}}^{\text{T}}$；而 A_{loop} 表示自循环边构成的矩阵，本质是一个单位矩阵。由邻接矩阵 A 可以获取一阶句法图的信息，为了捕获句子的高阶句法依赖关系，对邻接矩阵 A 进行矩阵的幂运算从而获取 k 阶句法图的信息，具体计算方式为

$$A_{\text{type}}^k(i, j) = (A_{\text{type}}(i, j))^k, \text{type} \in \{\text{along, rev, loop}\} \qquad (5-3)$$

其中，k 表示句法依赖关系的阶数；矩阵 A_{type}^k 即 k 阶句法图的邻接矩阵。

采用多阶 GAT 对上述过程得到的 k 阶邻接矩阵进行建模，GAT 第 k 阶中第 i 个节点的向量表示 h_i^k 计算方式为

$$h_i^k = f(p_i, A_{\text{along}}^k) \oplus f(p_i, A_{\text{rev}}^k) \oplus f(p_i, A_{\text{loop}}^k) \qquad (5-4)$$

其中，p_i 是 GAT 的输入，由特征编码层获得；$\oplus$ 表示元素级别的相加操作，实际采用多个并行的图注意力层对三种不同类型的 k 阶邻接矩阵分别计算；$f(\cdot)$

是图注意力卷积函数，具体计算方式为

$$f(\pmb{p}_i, \pmb{A}_{\text{type}}^k) = \sigma \sum_{j=1}^n (u_{ij} \pmb{A}_{\text{type}}^k(i,j)(\pmb{W}_A \pmb{p}_j + \pmb{b}_A)) \quad (5-5)$$

其中，σ 表示 ELU 激活函数；$\pmb{W}_A$ 和 $\pmb{b}_A$ 分别是矩阵 $\pmb{A}_{\text{type}}^k$ 对应的权重矩阵和偏置项；u_{ij} 是经过归一化的权重参数，用于衡量节点 v_i 不同邻居节点的重要性，具体计算方式为

$$u_{ij} = \text{Softmax}(e_{ij}) = \frac{\exp(e_{ij})}{\sum_{j \in N_i} \exp(e_{ij})} \quad (5-6)$$

其中，N_i 表示节点 v_i 在每阶句法图上的邻居节点的集合；e_{ij} 表示节点 v_i 和节点 v_j 之间相关程度的大小。在计算 e_{ij} 时，首先对节点 v_i 和节点 v_j 的特征向量进行线性变换，之后将二者拼接，与 $\pmb{W}_c$ 计算内积，激活函数 γ 采用 LeakyReLU 函数，具体公式为

$$e_{ij} = \text{attention}(\pmb{W}_{\text{att}} \pmb{p}_i, \pmb{W}_{\text{att}} \pmb{p}_j) = \gamma(\pmb{W}_c[\pmb{W}_{\text{att}} \pmb{p}_i \| \pmb{W}_{\text{att}} \pmb{p}_j]) \quad (5-7)$$

通过构建多阶 GAT，句中每个单词 w_i 都得到对应的多阶句法依赖表示 $h_i^k, k \in [1, K]$，其中，K 是网络中使用的最高阶数。

2. 多阶句法表示的聚合

考虑到不同阶数的句法依赖关系对分类目标的贡献程度是不一样的，在聚合单词的多阶句法表示时，首先为每阶句法表示分配一个权重，代表该阶句法表示对分类目标的重要性，然后将单词的多阶表示信息进行聚合，得到单词最终的句法依赖表示。

在计算注意力分数时，首先通过随机初始化的方式设置一个全局的上下文向量 **ctx**，然后通过计算每个单词与上下文向量 **ctx** 之间的相似度来得到单词对应的注意力分数，将分数进行归一化后得到单词的每阶句法表示的权重大小。最终单词节点的向量表示通过对每阶句法表示加权求和得到，通过引入注意力机制的方式对多阶句法表示进行动态地融合，具体计算方式为

$$s_i^k = \tanh(\pmb{W}_s \pmb{h}_i^k + \pmb{b}_s) \quad (5-8)$$

$$v_i^k = \text{Softmax}(s_i^k) = \frac{\exp((s_i^k)^{\text{T}} \pmb{\text{ctx}})}{\sum_{j=1}^K \exp((s_i^j)^{\text{T}} \pmb{\text{ctx}})} \quad (5-9)$$

$$h_i = \sum_{k=1}^{K} v_i^k h_i^k \qquad (5-10)$$

首先对 h_i^k 进行线性变换得到 s_i^k，使之与上下文向量 **ctx** 维度相同，然后和上下文向量 **ctx** 相乘计算相似度并使用 Softmax 函数进行归一化，最后将归一化的注意力分数和单词的每阶表示进行加权求和得到单词 w_i 最终的句法依赖表示 h_i。

5.2.2.4　基于事件层级的语义特征抽取

由于依存句法分析在刻画句子语义时是根据单词所在的语义框架进行描述的，因此仅仅使用句法依赖抽取模块容易忽略句中单词自身的语义信息。候选触发词的语义信息对事件检测任务比较重要，但是句法依赖抽取模块不能单独突出候选触发词的语义信息。为了弥补句法依赖抽取模块的不足，本节主要用于抽取单词的语义特征。

为了获取句子完整的语义信息并能突出强调候选触发词，本节基于特征编码层经由 BERT 编码得到的特征序列 $C = \{c_1, c_2, \cdots, c_n\}$，根据句中候选触发词的位置 t 使用动态池化策略分别对候选触发词之前和之后的两部分单词序列做最大池化操作，最终得到富含句子上下文信息的候选触发词的向量表示，具体计算过程为

$$[\boldsymbol{x}_{1,t}]_i = \max\{[\boldsymbol{c}_1]_i, \cdots, [\boldsymbol{c}_t]_i\} \qquad (5-11)$$

$$[\boldsymbol{x}_{t+1,n}]_i = \max\{[\boldsymbol{c}_{t+1}]_i, \cdots, [\boldsymbol{c}_n]_i\} \qquad (5-12)$$

$$\boldsymbol{x}_t = [\boldsymbol{x}_{1,t}; \boldsymbol{x}_{t+1,n}] \qquad (5-13)$$

其中，i 表示向量的第 i 个值；t 表示句中候选触发词的位置；n 表示句中单词个数；$\max\{\cdot\}$ 表示对向量序列求最大值；$\boldsymbol{x}_t$ 表示得到的候选触发词的向量表示，由 $\boldsymbol{x}_{1,t}$ 和 $\boldsymbol{x}_{t+1,n}$ 拼接得到。

在编码候选触发词的语义特征时，考虑到触发词会发生一词多义问题，在使用动态池化策略的基础上引入事件层级概念。和已有的事件检测方法不同，本节在使用 ACE2005 数据集时，不仅考虑 33 个事件子类标签，还会用到 8 个事件大类标签。具体地，在数据预处理阶段以事件大类标签代替事件子类标签作为每个样本的真实类别，在语义特征抽取模块采用交叉熵损失函数对使用动态池化策略的 BERT 进行训练以获取单词的语义特征表示 $\boldsymbol{x}_i$，损失函数的具体计算方式为

$$L(\theta) = -\sum_{i=1}^{N_{sw}} \log p(y_i | \boldsymbol{x}_i) + \lambda(\theta) \qquad (5-14)$$

其中，N_{sw}是训练集中所有的单词个数；y_i是单词x_i对应的真实的事件大类标签；λ是正则化参数；θ是该模块用到的所有参数。

5.2.2.5 融合判别层

在触发词抽取阶段，将从句法依赖抽取模块和语义特征抽取模块获得的句子的依存句法特征$H = \{h_1, h_2, \cdots, h_n\}$以及语义特征$X = \{x_1, x_2, \cdots, x_n\}$进行拼接，得到用于分类的向量$h'$，在分类之前先对向量$h'$进行线性变换，从而映射到对应的标签空间，具体计算过程为

$$h'_i = \text{Concat}(h_i, x_i) \tag{5-15}$$

$$O_i = W_o h'_i + b_o \tag{5-16}$$

其中，权重矩阵$W_o \in \mathbb{R}^{N_T \times d}$，$N_T$是事件类型的个数，包括非事件类型None类，共有34类，d是输出向量维度；b_o是偏置项。最后使用Softmax函数计算候选触发词对应每种事件类型的概率，即

$$y_i^t = \text{Softmax}(O_i^t) = \frac{\exp(O_i^t)}{\sum_{k=1}^{N_T} \exp(O_i^k)} \tag{5-17}$$

由于数据集中没有事件类型的数据样本远远多于有事件类型的数据样本，而有事件类型的数据样本可以为模型的构建提供更多有效信息，因此为了减少数据集样本分布极不平衡对模型带来的影响，在设置损失函数时加入了一个参数$I(y_i^t)$，用于提高有事件类型样本对模型训练过程的影响力，损失函数的具体定义为

$$J = \sum_{}^{N_s} \sum_{}^{N_w} I(y_i^t) \log(p(y)) \tag{5-18}$$

其中，N_s是训练集中数据样本的总数；N_w是每个样本中单词的个数；参数$I(y_i^t)$在当前样本具有事件类型时取值为比1大的正浮点数，否则取值为1。

5.2.3 实验

为了验证SSFM-ED在事件检测任务上的有效性，在ACE2005数据集上共设置四组实验进行对比分析。首先，将SSFM-ED与当前主流的事件检测模型进行对比，验证SSFM-ED的有效性。其次，研究使用不同词向量对模型表现的影响。再次，分析SSFM-ED不同特征抽取模块对模型整体性能的影响。最后，检验SSFM-ED在单事件句和多事件句上的效果。

5.2.3.1 实验数据及评价指标

ACE2005 数据集是事件抽取领域的经典数据集，据不完全统计，约有超过 70% 的事件抽取任务模型在该数据集上进行了实验验证和对比。该数据集包含广播对话、广播新闻、电话文本、新闻、论坛和博客共六大类内容，根据语言又分为英语、汉语和阿拉伯语，所有数据都经历两轮相互独立的标注并由专业人士裁定两个版本的差异。本节实验使用的是最常用的英文语料，共计 599 篇，包含 8 个事件大类以及 33 个事件子类。为了对实验结果进行公平、有效的比较，本文对数据集的划分方式和其他文献保持一致，将其中的 529 篇作为训练集，40 篇作为测试集，剩余 30 篇作为验证集。该数据集英文语料的相关统计信息如表 5-1 所示。

表 5-1 ACE2005 数据集英文语料的相关统计信息

类别	文档	句子	触发词	论元	实体
训练集	529	14 670	4 312	8 169	53 045
测试集	40	711	422	936	4 226
验证集	30	873	492	958	4 050

本节采用精确率 P、召回率 R 以及二者的调和平均数 F1 值作为模型的评价指标。对于每个样本，模型预测出的标签可以分为 4 类，分别是正确预测为正样本 TP、错误预测为正样本 FP、错误预测为负样本 FN 以及正确预测为负样本 TN，而 P、R、F1 值的计算过程如下：

$$P = \frac{TP}{TP + FP} \qquad (5-19)$$

$$R = \frac{TP}{TP + FN} \qquad (5-20)$$

$$F1 = \frac{2P \cdot R}{P + R} \qquad (5-21)$$

其中，P 表示预测为正样本中正确预测的比例；R 表示数据集中所有正样本被正确预测的比例。一般来说，精确率 P 值较高时，召回率 R 值往往偏低；而 R 值较高时，P 值往往偏低。因此对实验结果的评判需要综合考虑 P 值和 R 值，而 F1 值作为二者的调和平均数可以视为一个较为全面的度量指标。

5.2.3.2 实验参数设置

SSFM-ED 的参数设置如表 5-2 所示,其中特征编码层的词向量表示使用的是谷歌官方预训练的 bert-base 版本,共有 12 个双向 Transformer 编码器,隐藏层的词嵌入维度是 768,多头注意力机制的头数为 12,整体的参数量约为 1.1×10^9。词性嵌入是随机初始化得到的,维度是 50。经过实验对比,在 GAT 的层数为 1 和图注意力头数为 1 时,模型性能表现最佳,因此二者均设置为 1。GAT 向量维度设置为 150,句法依赖的最高阶数 K 为 3。同时,SSFM-ED 的 Dropout 率为 0.5,在实验过程中设置 Batch Size 为 10,并规定了句子的最大长度是 50,长度不足 50 的则使用 Padding 操作进行补充。

此外,SSFM-ED 使用了由斯坦福大学开源的 Stanford CoreNLP 工具包对数据集的数据进行预处理,通过分词操作可以将句子分割成每个单词标记,然后对每个单词标记进行词性标注得到单词的词性标签,对句子进行依存句法分析得到依存句法分析树,用于句法依赖抽取模块。

表 5-2 SSFM-ED 参数设置

参数类型	参数值
词嵌入维度	768
词性嵌入维度	50
GAT 向量维度	150
Batch Size	10
Dropout 率	0.5
学习率	0.001
L2 正则化系数	0.000 01

5.2.3.3 对比基线模型

为了评估 SSFM-ED 的有效性,将它与一系列基线模型进行对比。根据模型特点可以分为三类,分别是基于特征工程的、基于语义序列顺序建模的和基于 GNN 的,各个基线模型简介如下:

(1) MaxEnt:利用单词自身的词汇特征使用最大熵模型来抽取触发词和论元。

(2) CrossEntity:利用句中的实体类型特征,借助实体类型和事件类型的一致性以及实体类型和论元角色类别的一致性,帮助触发词抽取和论元抽取,用跨实体推理提升事件抽取性能。

(3)PSL:使用概率软逻辑模型对事件进行分类,利用如实体类型等潜在的本地信息以及事件-事件、事件-主题等关联的全局信息对数据进行编码。

(4)DMCNN:在 CNN 的基础上提出动态多池化策略,通过多池化保留句中更多关键信息,能同时抽取单事件句和多事件句中的触发词。

(5)JRNN:使用 Bi-RNN 对触发词和论元进行联合抽取,并设计记忆向量和记忆矩阵用于存储触发词、论元以及二者之间的关联信息。

(6)dbRNN:根据句子的依存句法结构在 Bi-LSTM 中加入带有权重的依赖弧,将依存句法特征融入序列结构用于事件检测。

(7)DMBERT:将动态多池化策略应用于预训练模型 BERT 进行事件检测。

(8)MFULL:在 BERT 的基础上提出一种获取触发词上下文信息的训练方式,同时结合候选触发词以及上下文信息进行触发词抽取,以提升模型的鲁棒性。

(9)MLBiNet:提出一种多层双向网络用于捕捉篇节级的事件关联和语义信息,可以同时识别篇节内的多个事件。

(10)GCN-ED:率先在事件检测任务中使用 GCN,通过对句子的依存句法特征建模缩短触发词和相关实体之间的距离,为了利用实体信息对池化策略进行了改进。

(11)JMEE:使用自注意力机制和 Highway 网络来增强 GCN,联合抽取单句中多个事件的触发词和论元。

(12)MOGANED:使用 GAT 编码高阶句法依赖,并使用注意力机制对多阶依赖信息进行聚合。

(13)GatedGCN:使用 BERT 对单词进行编码,并结合 GCN 提出一种新的门控机制用于过滤句中与触发词无关的噪声信息。

(14)EE-GCN:对基于 GCN 的事件检测方法进行改进,通过依赖上下文的方式学习和更新关系表示,同时融合了句法结构和依赖标签的类型。

(15)SA-GRCN:提出自注意力图残差卷积网络,使用注意力机制来融合句法结构和潜在依赖关系,并使用残差连接解决图信息消失的问题。

5.2.3.4 实验结果分析

SSFM-ED 与基线模型实验结果如表 5-3 所示,SSFM-ED 相比 15 个对比基线模型在精确率 P 和 F1 值上取得了最好的表现。

首先,对比表 5-3 中的三类事件检测方法可以发现,基于语义特征顺序建模的方法和基于 GNN 建模的方法优于基于特征工程的方法,这说明使用深度学习方法挖掘句子语义特征和句法特征的有效性。其次,在所有基于 GNN 建模的基线模型中,即使与 2021 年的 SA-GRCN 模型相比,SSFM-ED 在精确率 P 和 F1 值上也分别提升 0.92% 和 0.81%。再次,与密切相关的两个方法即单独使用句法特征的 MOGANED 和单独使用语义特征的 DMBERT 相比,SSFM-ED 在 F1 值上分别提升了 3.1% 和 3.9%,说明将句法特征和语义特征进行融合为事件检测带来了提升。最后,虽然 SSFM-ED 在召回率 R 上没有 MLBiNet 高,但是在精确率 P 上比 MLBiNet 高 4.8%,这可能是因为 MLBiNet 利用了文档级信息来建模事件之间的依赖,从而提高召回率,而 SSFM-ED 融合句法特征和语义特征,使得模型更加精准地定位触发词,从而有效提高精确率。

表 5-3 SSFM-ED 与基线模型实验结果

模型	触发词识别与分类		
	P/%	R/%	F1/%
MaxEnt(2013)	74.5	59.1	65.9
CrossEntity(2011)	72.9	64.3	68.3
PSL(2016)	75.3	64.4	69.4
DMCNN(2015)	75.6	63.6	69.1
JRNN(2016)	66.0	73.0	69.3
dbRNN(2018)	74.1	69.8	71.9
MFULL(2020)	75.2	74.4	74.8
DMBERT(2019)	79.1	71.3	74.9
MLBiNet(2021)	74.7	83.0	78.6
GCN-ED(2018)	77.9	68.8	73.1
JMEE(2018)	76.3	71.3	73.7
MOGANED(2019)	79.5	72.3	75.7

续表

模型	触发词识别与分类/%		
	P/%	R/%	F1/%
GatedGCN（2020）	78.8	76.3	77.6
EE-GCN（2020）	76.7	78.6	77.6
SA-GRCN（2021）	78.58	77.41	77.99
SSFM-ED（本实验）	79.5	77.8	78.8

为了验证 SSFM-ED 采用 BERT 进行编码的有效性，对比了使用不同词向量对模型表现的影响，实验结果如表 5-4 所示。其中，Word2Vec 代表使用了 Skip-gram 算法在 NYT 语料上训练得到的 100 维的词向量，和已有研究保持一致；Glove 则代表使用了和已有方法相同的 300 维的词向量。Word2Vec 和 Glove 在语义特征模块都使用 DMCNN 代替了原来的 DMBERT。

表 5-4 模型使用不同词向量的实验结果

词向量	触发词识别			触发词分类		
	P/%	R/%	F1/%	P/%	R/%	F1/%
Word2Vec	81.4	78.1	79.7	77.6	74.8	76.2
Glove	80.1	77.5	78.8	77.2	74.1	75.6
BERT（本实验）	83.4	81.0	82.2	79.5	77.8	78.8

实验结果表明，BERT 编码方式在各方面都优于传统的 Word2Vec 和 Glove。在触发词识别任务上，SSFM-ED 的 F1 值比 Word2Vec 和 Glove 分别提升了 2.5% 和 3.4%；在触发词分类任务上，SSFM-ED 的 F1 值比 Word2Vec 和 Glove 分别提升了 2.6% 和 3.2%，这得益于 BERT 强大的语言表征能力和特征抽取能力，说明采用 BERT 编码方法的有效性。从表 5-4 中的数据也可以看出，Glove 相比 Word2Vec 的表现稍有不足，这可能是因为 Word2Vec 方法中使用的词向量是在 NYT 语料上训练得到，而 ACE2005 测试集的数据也全部来自新闻文章，因此 Word2Vec 相比 Glove 表现更优。

为了验证使用不同类型特征对事件检测结果的影响，对 SSFM-ED 进行消融研究，主要分析句法依赖抽取模块和语义特征抽取模块对模型整体性能的影响。

（1）SSFM-ED_Syn：仅使用句法依赖抽取模块得到的向量表示进行事件检测。

（2）SSFM-ED_Sem：仅使用语义特征抽取模块得到的向量表示进行事件检测。

（3）SSFM-ED_Syn（First）：对 SSFM-ED_Syn 的变形，这里仅使用一阶句法依赖特征。

（4）SSFM-ED_Syn（Average）：对 SSFM-ED_Syn 的变形，在融合多阶句法依赖信息时采用求平均的方式。

（5）SSFM-ED_Sem（No Hierarchy）：对 SSFM-ED_Sem 的变形，去除了事件层级信息，和 DMBERT 模型思想一致。

模型使用不同类型特征的实验结果如表 5-5 所示。

表 5-5 模型使用不同类型特征的实验结果

模型	触发词识别与分类		
	P/%	R/%	F1/%
SSFM-ED_Syn	79.4	75.9	77.6
SSFM-ED_Sem	74.1	80.3	77.1
SSFM-ED_Syn（First）	75.7	73.0	74.3
SSFM-ED_Syn（Average）	78.1	74.8	76.4
SSFM-ED_Sem（No Hierarchy）	73.3	78.3	75.7
SSFM-ED	79.5	77.8	78.8

可以发现：

（1）SSFM-ED 相比单独使用句法特征的 SSFM-ED_Syn 和单独使用语义特征的 SSFM-ED_Sem 分别在召回率 R 和精确率 P 上提升了 1.9% 和 5.4%，这说明将两种特征融合能较好地综合模型单独使用某种特征在精确率 P 或召回率 R 上的优势；

（2）使用多阶句法依赖的 SSFM-ED_Syn 相较只使用一阶句法依赖的 SSFM-ED_Syn（First）在 F1 值上提升了 3.3%，说明多阶句法依赖编码的句中距离较远单词的信息能有效提高模型的表现；

（3）使用注意力机制融合多阶句法依赖的 SSFM-ED_Syn 相较使用求平均的 SSFM-ED_Syn（Average）在 F1 值上提升了 1.2%，说明不同阶数的句法依赖信息具有不同的重要程度，借助注意力的方式能更有效地聚合多阶句法依赖；

（4）通过对比 SSFM-ED_Sem 和 SSFM-ED_Sem（No Hierarchy）发现，使用事件层级信息在 F1 值上提升了 1.4%，说明事件层级信息作为一种概念导向能有效应对触发词一词多义的问题，从而提高模型在事件检测任务中的表现。

为了评估 SSFM-ED 在多事件句中的表现，使用已有工作对测试集的划分方式将测试数据分为两个部分，分别是单事件句 1/1 和多事件句 1/N，其中 1/1 代表该句子仅有一个触发词或同一个论元在该句子里仅扮演一个角色，否则就属于 1/N。经统计，测试集中 1/1 的数据约占 72.7%，1/N 的数据约占 27.3%。模型在单事件句和多事件句上的实验结果如表 5-6 所示。

表 5-6 模型在单事件句和多事件句上的实验结果

模型	触发词识别与分类/%		
	1/1	1/N	全部测试数据
Embedding+T（2013）	68.1	25.5	59.8
CNN（2015）	72.5	43.1	66.3
DMCNN（2015）	74.3	50.9	69.1
JRNN（2016）	75.6	64.8	69.3
JMEE（2018）	75.2	72.7	73.7
SSFM-ED_Syn	80.9	75.1	77.6
SSFM-ED_Sem	80.3	73.2	77.1
SSFM-ED	81.1	77.4	78.8

实验结果表明，SSFM-ED 明显优于其他所有基线模型。在单事件句的触发词抽取任务上，SSFM-ED 相比表现最好的基线模型 JRNN 提高了 5.5%；在多事件句的触发词抽取任务上，SSFM-ED 相比表现最好的基线模型 JMEE 提高了 4.7%，这说明融合句法依赖特征和语义特征的做法既能使触发词分类更精确，也能有效缩小多事件句中不同触发词之间的距离，更好地捕捉长距离依赖。同时实验还研究了单独使用句法特征的 SSFM-ED_Syn 和单独使用语义特征的 SSFM-ED_Sem 在两种场景下的表现。其中 SSFM-ED_Sem 相比同样使用语义特征且表现最好的基线模型 JRNN 在 1/1 和 1/N 场景下分别提高了 4.7% 和 8.4%；SSFM-ED_Syn 相比同样使用句法特征的基线模型 JMEE 表现也显著提高，这说

明采用 BERT 进行编码有助于模型更好地应对更具挑战性的多事件句任务。

5.2.4 小结

本节对事件抽取的第一个子任务——事件检测进行了研究，针对已有多数方法对事件检测中两类重要的特征（即依存句法特征和语义特征）未能有效融合的问题，提出了 SSFM–ED。一方面，针对 GNN 初始训练特征难以捕捉深层表示和容易出现的过平滑问题，使用预训练模型 BERT 得到初始训练特征并选取 GAT 编码多阶句法依赖，充分挖掘句法信息。另一方面，针对 GNN 建模方式容易忽略触发词自身语义和触发词一词多义的问题，基于事件层级信息来抽取触发词的语义特征，在获取触发词语义的同时有效缓解了一词多义问题。最后对两种特征进行有效融合用于事件检测，在 ACE2005 数据集上开展对比实验并分析，证明了 SSFM–ED 的有效性。

5.3 基于层次解码的论元抽取

首先对论元抽取任务及研究现状进行整体介绍，并简明概述了该任务目前存在的主要问题，并提出相应的改进措施。接下来针对现存问题提出 HDM–EAE，并详细介绍模型结构的组成部分。最后在该领域经典的数据集 ACE2005 上进行论元抽取相关的实验，验证模型的有效性。

5.3.1 任务定义及方法描述

论元抽取是事件抽取的第二个子任务，在已知事件触发词和事件类型的情况下识别出句中组成该事件的各个要素，并判断各个要素在该事件中所扮演的论元角色。根据 ACE 国际会议提供的标注指南，论元一般包含事件参与者和事件自身的两类属性。事件参与者通常指参与事件的实体，如 Sue 事件中的原告 Plaintiff 和被告 Defendant。事件自身的两类属性包括事件特定属性和事件通用属性。事件特定属性通常出现在特定事件类型中，如 Sentence 事件的 Sentence 属性；事件通用属性通常是大多数事件都具备的属性，如 Place 和 Time 属性等。同时 ACE 标注指南中也给出了各个事件类型包含的一组论元角色及对应含义，例如，

Transport 事件中包含运输主体 Agent、运输工具 Vehicle、出发地 Origin 和目的地 Destination 等 7 种论元角色。对于给定文本，论元抽取任务需要首先识别句中的各个论元，然后判断对应的论元角色类别。

传统的事件抽取方法在论元抽取任务上取得了较好的效果，但是这类方法需要人工精心设计相关特征并借助外部的 NLP 工具获取部分特征表示。这不仅会造成模型的泛化能力不足，不能灵活适应不同领域的数据，可迁移性较差，还会因为使用外部的 NLP 工具而不可避免地发生错误传播，影响模型整体的表现，降低论元抽取的准确率。

基于深度学习的论元抽取方法能自动学习特征表示，泛化能力更强，有助于提高识别准确度。现有的论元抽取方法大致可以归为两类。一类方法基于相关 NLP 工具或数据集中对实体的标注信息，在已知句子实体识别结果的情况下，对句中的每个实体逐一判断所属的论元角色类别。Sha 等人使用张量描述论元之间的交互，并用最大池化策略挑出最有用的交互特征，相比 Nguyen 等人使用记忆矩阵的方式，张量可以从更多维度获得不同论元之间的联系。Wang 等人根据数据集的论元角色类别手动设计了 8 种概念，利用不同论元角色之间的概念相关性提供额外的关联信息，有助于角色分类。Xiang 等人使用编解码框架将上下文实体的论元角色标签作为输入，同时学习多个论元的隐式分布。虽然这些方法从不同角度考虑了论元之间的交互，并能有效执行论元抽取任务，但是它们都需要基于已有的实体识别结果，实际应用场景较为受限，可能会造成一定的错误传播问题。

另一类方法基于单词级，对句中的每个单词都进行标注，识别论元的同时也得到了该论元对应的角色类别。Zhang 等人使用问答框架将论元识别和角色分类两个阶段合成一步同时进行，既省去了实体标注工作，也缓解了两个阶段独立进行容易造成的错误传播问题。Ma 等人针对数据稀疏和触发词信息利用不充分的问题，使用领域自适应和自训练等方式扩充数据，并在 Transformer 中融入句法信息来建立触发词和论元之间的联系。虽然这些方法不需要预先对实体进行标注，但是它们都没有考虑论元之间的交互。

目前论元抽取的研究方法众多，但仍存在以下不足：① 对于论元抽取，大多数方法主要集中在基于已有实体识别结果来判别实体对应的论元角色类别，直接利用数据集中已有的实体标注结果在实际应用场景中比较受限，而使用 NLP 工具等方法预测得到的实体标注结果又容易产生错误传播问题；② 通常情况下一个事件具有多个论元，在预测和判断论元类别时，上下文中的论元抽取结果对当前论元的抽取有一定影响，在抽取论元时如何将论元之间的联系融入模型中仍是研究的难点；③ 传统的神经网络模型一般使用静态的词嵌入作为输入数据的初始表示，没能考虑到单词在不同的上下文中具有多种语义的问题。

由于一个事件通常包含多个论元，这些论元之间可能存在关联，因此上下文中的论元识别结果能够为当前论元的识别和分类提供有价值的信息。例如，在句子"一枚威力巨大的炸弹炸穿了达沃机场的一个候机棚，同时另一枚炸弹炸了一辆公交车"中，"一个候机棚"和"达沃机场"在语义上更为接近。当识别出"一个候机棚"在由"炸穿了"触发的袭击事件中扮演"目标"角色时，接下来就更容易识别出"达沃机场"也是该事件的一个论元，并且扮演了"地点"角色。因此建模多个论元之间的交互有助于更全面地识别句子的所有论元。

针对已有研究方法的不足，为了有效建模论元之间的交互，本节提出 HDM-EAE。首先，模型基于单词级进行标注，将句中的每个单词作为候选论元进行判断，避免了基于已有实体进行论元抽取的错误传播问题。其次，模型提出层次解码方法，通过预分类层得到候选论元的预分类信息。再次，利用注意力机制捕捉候选论元之间的交互。最后，将交互信息输入最终分类层，从而在对论元进行角色分类时能够从全局出发考虑各个论元之间的相互影响。模型还使用 BERT 构建词嵌入表示，充分考虑上下文语境对单词语义的影响，避免静态词嵌入无法处理一词多义等问题。

HDM-EAE 的优势如下：

（1）提出层次解码方法，利用论元之间的依赖关系并对论元之间的交互进行建模，从全局出发考虑论元之间的相互影响，在抽取论元时充分融入论元之间的关联信息。

（2）实际应用场景广泛，无须借助基于相关 NLP 工具或数据集中对实体的标注信息，有效避免错误传播问题。

（3）在 ACE2005 数据集上实验验证，结果表明 HDM-EAE 能更加全面地抽取论元，有效提升论元抽取任务的召回率。

5.3.2 HDM-EAE 模型

5.3.2.1 模型基本思想

首先，模型通过使用预训练模型 BERT 获得包含上下文信息的单词向量表示。在论元抽取任务中，由于同一个单词在不同的上下文中可能扮演不同的论元角色，使用 BERT 能够动态获取不同上下文中同一单词的不同向量表示。相较于传统的独热编码和静态的词嵌入方法（如 Word2Vec 和 Glove），BERT 是基于上下文语义的词嵌入方法，对同一个单词的表示可以随着上下文环境的变化而不同；相较于其他基于上下文语义的词嵌入方法（如 ELMo），BERT 由具有较强特征抽取能力的 Transformer Encoder 组成，抽取的语义更加丰富。考虑到同一个句子可能包含不同的事件，而不同的事件类型可能具有不同的论元角色类别，模型还使用触发词和事件类型特征帮助模型聚焦当前事件。

然后，考虑到数据集中每个事件子类都至少包含两种论元角色类别，因此在论元抽取任务中考虑各个论元之间的关联关系十分重要，为了捕获论元之间的关联关系，不同于之前的研究，模型提出层次解码方法，设置两个解码层和一个候选论元交互层，具体如下：

（1）由于同一事件的各个论元有可能分布在同一句中相距较远的位置，为了捕获论元之间的相互依赖关系，在预分类层通过对传统 LSTM 进行改造，增加单词预分类结果向量的信息流动，获得包含前面时刻的候选论元的预分类信息。

（2）由于前面时刻和后面时刻预测的论元角色类别都可以为预测当前候选论元的角色类别提供有用的信息，在候选论元交互层将预分类信息作为输入，采用注意力机制进行融合，从而得到包含了不同重要程度其他候选论元预分类信息的向量表示，即候选论元的交互向量。

（3）最终分类层在预分类层改造的 LSTM 的基础上增加候选论元交互向量的信息流动，从而在判断当前论元的角色类别时考虑到了来自前向和后向的候选论元交互信息，充分利用了论元之间的交互。

最后，考虑到数据集中非论元单词的数目远远多于真正论元单词的数目，而模型最容易将非论元的词语误认为是真正论元，因此在模型的损失函数上设置偏差让模型更加注重真正论元的信息。HDM-EAE 的结构如图 5-3 所示。

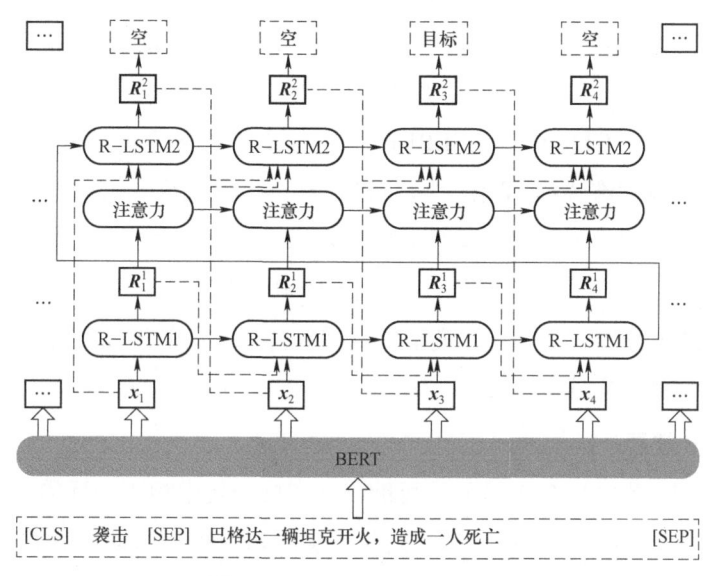

图 5-3 HDM-EAE 的结构

HDM-EAE 共包含 4 个部分，分别是分布式表示层、预分类层、候选论元交互层以及最终分类层。

5.3.2.2 分布式表示层

由于计算机不能理解数据集中由自然语言构成的数据样本，因此模型首先应该将数据样本转换为计算机能够理解的形式。论元抽取任务属于句子级，对应的数据样本是句子级的英文语料，因此分布式表示层用于将句子的基本组成单位即单词转换为计算机能够理解的向量形式，即词向量（或词嵌入）形式。

在论元抽取任务中，由于同一个单词在不同上下文中可能扮演不同的论元角色，而 BERT 获得的单词向量表示包含周围单词的语义信息，能够动态获取不同上下文中同一单词的不同向量表示，因此分布式表示层使用由多个双向 Transformer Encoder 结构堆叠组成的 BERT 来生成单词的向量表示。和 5.2 节相同，BERT 的输入包含 Token Embedding、Position Embedding 和 Segment Embedding 三部分，将这三部分按元素相加得到句中每个单词的输入向量表示 w_i。考虑到触发词对论元抽取的重要作用，在输入部分也融入了当前触发词的相关特征。具体地，将句子的事件类型和触发词拼接到输入中，并使用 BERT 特有的 SEP 标志将触发词在句中的位置标出，将触发词的位置信息也融入模型的输入中。

对于长度为 n 的句子 $S=\{w_1,w_2,\cdots,w_{tr},\cdots,w_n\}$，其中 w_{tr} 代表触发词，对应的事件类型记为 w_{et}，加上 BERT 特有的 CLS 和 SEP 标志，最终 BERT 的输入为

$$S'=\{[CLS]\,w_{et};w_{tr}[SEP]\,w_1,w_2,\cdots,[SEP]\,w_{tr}[SEP],\cdots,w_n\} \quad (5-22)$$

将 S' 输入预训练模型 BERT 中，最后一个双向 Transformer 的最终隐藏层输出将作为每个单词上下文语义信息的向量表示 x_i，具体表示为

$$\{x_1,x_2,\cdots,x_n\}=\mathrm{BERT}(S') \quad (5-23)$$

因此，通过分布式表示层，模型获取到包含上下文信息以及触发词和事件类型特征的单词的分布式表示 x_i。

5.3.2.3 预分类层

考虑到同一事件的各个论元有可能分布在同一句中相距较远的位置，因此为了捕获论元之间的相互依赖关系，预分类层将句中每个单词的分布式表示作为 R-LSTM 的输入。LSTM 是 RNN 的一种较为流行的变体，不仅可以利用循环单元记录上一节点的记忆信息以供当前节点使用，还可以有效避免由文本序列长度过长带来的梯度消失或梯度爆炸问题，能够较好地编码长距离依赖关系。本节提出的 R-LSTM 是在 LSTM 的基础上增加了预分类结果向量 R 的信息流动，用于获得候选论元的预分类信息。

LSTM 通过内部的门控机制来控制信息的增添或丢弃，从而解决了传统 RNN 在长期记忆和反向传播中容易出现的梯度问题。门在这里代表一种让信息选择性通过的结构，具体由 Sigmoid 函数和点乘运算构成，其中 Sigmoid 函数的输出值位于[0,1]区间，0 代表完全放弃，1 代表完全通过。LSTM 的每个记忆单元设有 3 种不同类型的门，分别是遗忘门（Forget gate）、输入门（Input gate）和输出门（Output gate），用于决定不同信息的通过程度。

本节的 R-LSTM 在 LSTM 的基础上增加了预分类结果向量 R 的信息流动，R-LSTM 记忆单元结构如图 5-4 所示，具体的计算过程如下：

在 t 时刻，按照信息流动方向，R-LSTM 首先通过遗忘门来控制前一时刻的记忆细胞状态 C_{t-1} 对当前时刻记忆细胞状态 C_t 的贡献。具体地，将前一时刻的隐层向量 h_{t-1}、前一时刻的预分类结果向量 R_{t-1} 以及当前时刻的输入 x_t 作为 Sigmoid 函数的输入，计算遗忘门 f_t 的大小，即

$$f_t=\sigma(W_{fx}x_t+W_{fh}h_{t-1}+W_{fR}R_{t-1}+b_f) \quad (5-24)$$

第 5 章　句法依赖与层次解码的句子级事件抽取　　215

其中，σ 为 Sigmoid 函数；W_{fq} 为权重矩阵，$q \in \{x, h, R\}$；b_f 为偏置项。

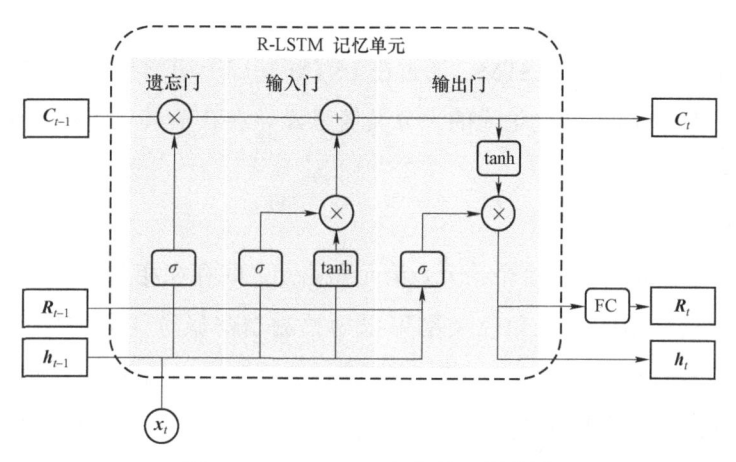

图 5-4　R-LSTM 记忆单元结构图

然后通过输入门 i_t 的大小来确定当前时刻的候选细胞状态 $\widetilde{C}_t$ 中的新信息被加入记忆细胞状态 C_t 中的程度大小，输入门的输入同样包含三部分信息，和遗忘门的一致，即

$$i_t = \sigma(W_{ix}x_t + W_{ih}h_{t-1} + W_{iR}R_{t-1} + b_i) \quad (5-25)$$

同时通过使用激活函数 tanh 来计算当前时刻的候选细胞状态 $\widetilde{C}_t$，即

$$\widetilde{C}_t = \tanh(W_{Cx}x_t + W_{Ch}h_{t-1} + W_{CR}R_{t-1} + b_C) \quad (5-26)$$

当前时刻细胞状态 C_t 的更新取决于以下两部分：一部分由遗忘门 f_t 和前一时刻细胞状态 C_{t-1} 相乘得到，即确定丢弃哪些旧信息；另一部分由输入门 i_t 和当前候选细胞状态 $\widetilde{C}_t$ 相乘得到，即确定加入哪些新信息。具体计算为

$$C_t = f_t \odot C_{t-1} + i_t \odot \widetilde{C}_t \quad (5-27)$$

其中，$\odot$ 表示相乘操作。

接下来设置输出门 o_t，用于控制当前时刻的细胞状态信息对隐藏层向量 h_t 的贡献，即

$$o_t = \sigma(W_{ox}x_t + W_{oh}h_{t-1} + W_{oR}R_{t-1} + b_o) \quad (5-28)$$

因而当前时刻隐藏层向量 h_t 的计算为

$$h_t = o_t \odot \tanh(C_t) \quad (5-29)$$

最终，预分类结果向量 R_t 由当前时刻隐藏层向量 h_t 计算得到

$$R_t = W_R h_t + b_R \quad (5-30)$$

其中，W_R 表示权重参数；b_R 表示偏置项。

在预分类层提出 R-LSTM，通过在 LSTM 基础上增加预分类结果向量 R 的信息流动，获得 t 时刻候选论元的预分类信息 R_t，并在后续过程用于获取候选论元的交互信息。

5.3.2.4 候选论元交互层

同一个事件通常包含多个论元，论元和论元之间存在相互关联关系，前面时刻和后面时刻预测的论元角色类别可以为预测当前候选论元的角色类别提供有用的信息。因此，候选论元交互层将预分类信息作为输入，获取当前候选论元和其他候选论元之间的交互信息。为了区分其他候选论元对预测当前候选论元的贡献程度大小，需要一种动态的方式灵活地计算候选论元之间的相关程度。注意力机制使得模型可以动态关注有益于完成当下任务的某些输入表示，以动态权重的方式让模型更加注重对决策有帮助的信息，忽略其他不相关的信息。因此模型采用注意力机制衡量候选论元之间的相关程度，从而获取候选论元之间的交互信息。

模型首先计算第 t 个候选论元 R_t 和第 k 个候选论元 R_k 的相关程度 z^k，具体公式为

$$z^k = \tanh(R_t W_a (R_k)^T + b_a) \quad (5-31)$$

其中，W_a 和 b_a 分别是权重矩阵和偏置项；tanh 为双曲正切函数，可以将计算结果放缩至[-1,1]区间；z^k 表示两个候选论元的相关程度。

通过式（5-31）计算句中其他候选论元和 R_t 的相关程度 $z = \{z^j | j=1,\cdots,n_A\}$，其中 n_A 为候选论元的个数。为了能有效衡量不同候选论元与 R_t 之间的相关程度强弱，使用 Softmax 函数计算 R_t 与 R_k 在这组相关程度 z 中对应的注意力权重 α^k，即

$$\alpha^k = \frac{\exp(z^k)}{\sum_{j=1}^{n_A} \exp(z^j)} \quad (5-32)$$

最后将注意力权重 α^k 与句中其他候选论元的预分类信息 R_k 进行加权求和，得到候选论元 R_t 与句中其他候选论元交互的向量表示 R_t^a，即

$$R_t^a = \sum_{k=1}^{n_A} \alpha^k R_k \quad (5-33)$$

在候选论元交互层，首先计算了当前候选论元与句中其他候选论元的相关程度，然后采用注意力机制得到这组相关程度对应的注意力权重，将注意力权重作为其他候选论元在交互向量中的占比，最终得到融合了句中其他候选论元交互信息的向量表示 $\boldsymbol{R}^a = \{\boldsymbol{R}_t^a | t=1,\cdots,n_A\}$。

5.3.2.5 最终分类层

由于预分类层只考虑了前面位置候选论元的预分类信息，缺少对后面位置候选论元的预分类信息的利用，因此模型设置了最终分类层。将上一阶段得到的候选论元交互信息也作为输入，在对当前候选论元进行标注时，既考虑到前面时刻的交互信息，同时也考虑了后面时刻的交互信息。

最终分类层 R-LSTM2 和预分类层结构相似，不同在于 R-LSTM2 在 R-LSTM 的基础上增加了候选论元交互向量 $\boldsymbol{R}_t^a$ 的信息流动，通过将候选论元交互向量 $\boldsymbol{R}_t^a$ 作为输入的一部分，可以综合考虑具有不同重要程度的前向和后向候选论元之间的交互信息，从而得到每个单词的最终向量表示，具体的计算过程为

$$\boldsymbol{C}_t^2 = \boldsymbol{f}_t^2 \odot \boldsymbol{C}_{t-1}^2 + \boldsymbol{i}_t^2 \odot \tilde{\boldsymbol{C}}_t^2 \tag{5-34}$$

$$\boldsymbol{h}_t^2 = \boldsymbol{o}_t^2 \odot \tanh(\boldsymbol{C}_t^2) \tag{5-35}$$

$$\boldsymbol{R}_t^2 = \boldsymbol{W}_R^2 \boldsymbol{h}_t^2 + \boldsymbol{b}_R^2 \tag{5-36}$$

其中，$\boldsymbol{f}_t^2$、$\boldsymbol{i}_t^2$ 和 $\boldsymbol{o}_t^2$ 分别代表当前时刻的遗忘门、输入门和输出门；$\tilde{\boldsymbol{C}}_t^2$ 和 $\boldsymbol{C}_t^2$ 分别表示当前时刻的候选细胞状态和细胞状态；$\boldsymbol{h}_t^2$ 是当前时刻的隐藏层向量，初始值为预分类层的隐藏层向量的最终表示 $\boldsymbol{h}_n$；$\boldsymbol{R}_t^2$ 是单词的最终向量表示，$\boldsymbol{W}_R^2$ 和 $\boldsymbol{b}_R^2$ 分别是权重矩阵和偏置项。

将 $\boldsymbol{R}_t^2$ 作为输入，经过一个全连接网络得到输出 $\boldsymbol{O}_t$，使用 Softmax 函数计算概率判断当前候选论元的角色类别，具体计算过程为

$$\boldsymbol{O}_t = \boldsymbol{W}_y \boldsymbol{R}_t^2 + \boldsymbol{b}_y \tag{5-37}$$

$$p(\boldsymbol{O}_t^i) = \text{Softmax}(\boldsymbol{O}_t) = \frac{\exp(\boldsymbol{O}_t^i)}{\sum_{k=1}^{n_L} \exp(\boldsymbol{O}_t^k)} \tag{5-38}$$

其中，$\boldsymbol{W}_y$ 和 $\boldsymbol{b}_y$ 分别为全连接网络的权重矩阵和偏置项；$p(\boldsymbol{O}_t^i)$ 为属于第 i 个论元角色类别的概率；n_L 为论元角色类别个数。

考虑到数据集中非论元单词的数目远远多于真正论元单词的数目，而模型最

容易将非论元的词语误认为是真正论元,因此在模型的损失函数上设置偏差让模型更加注重真正论元的信息。最终,模型的损失函数计算式为

$$J(\theta) = \max \sum_{t=1}^{n_A} (\log p(O_t^y|\theta) \cdot I(O) + \alpha \log p(O_t^y|\theta) \cdot (1 - I(O))) \quad (5-39)$$

其中,θ 代表模型中的所有参数;α 是偏差参数,它的值越大说明模型越关注真正论元带来的影响;$I(O)$ 是一个指示函数,当单词属于真正论元时,$I(O)$ 的值为 1,否则为 0。

5.3.3 实验

为了验证本节提出的 HDM-EAE 在论元抽取任务上的表现,本节共设计了三组实验。首先,将 HDM-EAE 与当前众多主流的论元抽取模型进行比较,验证 HDM-EAE 的优越性。其次,分析了本节提出的层次解码方式对模型性能的影响,并探索了触发词相关特征对模型的作用。最后,对模型进行案例分析。

5.3.3.1 实验数据及评价指标

由于目前大多数事件论元抽取任务是基于 ACE2005 数据集进行实验的,因此为了验证 HDM-EAE 的有效性,本节实验仍在 ACE2005 数据集上开展。该数据集共包含主体(Agent)、买家(Buyer)、卖家(Seller)、出发地(Origin)、目的地(Destination)、持续时间(Duration)等 35 种不同的论元角色,并且每个事件子类至少包含 2 种论元角色。本节将在句中没有充当论元角色的单词标注为 None,因此共有 36 种论元角色标签。当模型识别的论元位置和判断的角色标签都正确时,认为该论元被模型正确识别。实验的评价指标和已有相关工作保持一致,同样采用 5.2 节使用的精确率 P、召回率 R 以及 F1 值作为判断准则。

5.3.3.2 实验参数设置

本节提出的 HDM-EAE 的参数设置如表 5-7 所示,其中分布式表示层使用了和 5.2 节相同的 bert-base 版本,因此词嵌入的维度是 768,BERT 参与模型的训练并在过程中进行参数的调整。为了尽可能保证 BERT 输出的语义信息不被压缩,R-LSTM 隐藏层的维度也相应地设置为 768,预分类结果向量 R 的维度设置为 100。模型的学习率初始设置为 1e-4,Dropout 率为 0.5,有偏损失函数中的偏差参数 α 经过调整和验证,在 α = 10 时达到的模型效果最佳。

表 5-7　HDM-EAE 的参数设置

参数类型	参数值
词嵌入维度	768
R-LSTM 隐藏层维度	768
预分类结果向量 R 维度	100
学习率	1e-4
Batch Size	64
Dropout 率	0.5
优化器 Optimizer	Adam

5.3.3.3　对比基线模型

为了验证本节提出的 HDM-EAE 的有效性，和已有的相关工作进行对比，并在表 5-8 中将一系列基线模型按照是否使用 ACE2005 数据集提供的已标注的实体信息分为两类，基线模型的具体情况如下：

（1）JointIE：提出基于结构化预测的联合抽取框架，缓解触发词和论元分别独立预测带来的错误传播问题，并将特征分为局部和全局，与其他基于特征工程的方法相比表现突出。

（2）DMCNN：基于 CNN 提出动态多段池化的策略对句子按照触发词和论元的位置进行分割，保留更多关键信息的同时可以应对单句多事件中同一个论元充当不同角色的问题。

（3）JointEntityEvent：借助文档级信息对事件和实体以及它们之间的依赖关系进行建模并联合推理，基于文档级的上下文信息，模型既学习事件内部的结构也学习事件与事件之间的关系。

（4）JRNN：首次在神经网络模型上采用联合抽取模式，使用 Bi-RNN 自动抽取特征，从而学习句子的表示，并引入记忆向量、记忆矩阵等用于存储触发词、论元之间的依赖关系，使两个子任务相互促进。

（5）dbRNN：为了解决神经网络不能有效利用句法关系特征的问题，将依存句法关系融入 Bi-LSTM 中，根据依存结构赋予节点不同的权重，并引入张量描述候选论元之间的交互，提升模型在论元抽取任务上的表现。

（6）PLMEE：为了解决论元角色重叠问题，该模型为每种角色类别设置一个二分类器进行判断，使用有限状态机帮助确定论元的边界，并利用角色在不同事件类型中的重要性重新加权损失函数。

（7）HMEAE：考虑到同一个句子中不同论元角色之间具有一定的相关性，该研究设计了 8 种概念对数据集的 35 种论元角色加以归类，形成概念层次，为模型提供论元角色间关联的信息，有助于论元角色的分类。

（8）GAIL-ELMo：提出一种基于生成对抗的模仿学习框架用于联合实体和事件抽取，使用一种逆强化学习的动态机制对实体和事件抽取实例中正确和错误标签进行评估。

（9）Joint3EE：为了避免使用现有工具进行实体预测给事件抽取带来误差传播，该研究对实体、事件触发词、论元三者进行联合抽取，提出通过共享隐藏层表示的方法同时执行多个任务，提高事件抽取的表现。

（10）QA-SL：提出一种新的基于问答的框架，将论元识别和角色分类两步合成一步同时执行，并设计基于问答的序列标记模型来处理不存在的论元角色和包含多个单词的论元，同时使用 BERT 预训练模型缓解数据稀疏问题。

（11）ResourcedEAE：为了在论元抽取过程中充分发挥触发词的作用，在编码阶段融入触发词的信息，并利用句法依赖关系对 Transformer 的多头注意力机制进行改进，缩短论元和触发词之间的距离。

（12）BERD：将论元抽取建模为序列到序列的任务，使用编解码框架，输入句子和事件类型，输出句中包含的一系列论元角色，借助已有工具对句子进行实体识别并以实体为单位进行论元抽取。

（13）Text2Event：传统方法将事件抽取任务分解成多个子任务从而抽取事件信息，不同于传统方法，该研究提出一种端到端的方式直接从文本中抽取事件，设计序列到结构的框架对事件抽取的子任务统一建模。

5.3.3.4　实验结果分析

HDM-EAE 与基线模型实验结果如表 5-8 所示。

第 5 章 句法依赖与层次解码的句子级事件抽取　　221

表 5-8　HDM-EAE 与基线模型实验结果

模型	论元识别与分类		
	P/%	R/%	F1/%
JointIE（2013）±	64.7	44.4	52.7
DMCNN（2015）±	62.2	46.9	53.5
JRNN（2016）±	54.2	56.7	55.4
dbRNN（2018）±	66.2	52.8	58.7
PLMEE（2019）±	61.7	53.9	57.5
HMEAE（2019）±	62.2	56.6	59.3
ResourcedEAE（2020）±	61.1	60.6	60.8
BERD（2021）±	59.1	61.5	60.3
JointIE（2013）*	60.5	39.6	47.9
JointEntityEvent（2016）*	70.6	36.9	48.4
dbRNN（2018）*	—	—	50.1
GAIL-ELMo（2019）*	61.6	45.7	52.4
Joint3EE（2019）*	52.1	52.1	52.1
QA-SL（2020）*	54.5	52.4	53.4
ResourcedEAE（2020）*	53.0	55.7	54.3
Text2Event（2021）*	52.5	55.2	53.8
HDM-EAE（本实验）	52.6	58.9	55.6

从整体实验效果来看，可以得到以下结论。

（1）虽然使用了数据集中已标注实体信息的模型（表 5-8 中以±表示）普遍表现优于未使用的（表 5-8 中以*表示），其中 F1 值最高甚至可以达到 60.8%，但是在某些实际应用场景中要进行论元抽取任务的数据可能不具备已经标注好的实体信息，因此应用场景较为受限。

（2）相比未使用数据集已标注实体信息的方法，本节提出的 HDM-EAE 在召回率 R 和 F1 值上均达到最高，甚至超过某些使用了已标注实体信息的方法，充分说明本节提出的层次解码方式有助于提升事件论元抽取任务的表现。

（3）和在未使用已标注实体信息的方法中表现突出的 ResourcedEAE 相比，

HDM-EAE 不仅考虑到触发词信息对论元抽取的作用，还使用层次解码的方式充分利用候选论元之间的交互，因而 HDM-EAE 在召回率 R 和 F1 值上分别提升 3.2%和 1.3%。

（4）HDM-EAE 在精确率 P 上没有达到最优，分析原因可能是在抽取论元过程中模型为了尽可能多地发现论元，将非论元的单词也识别为论元，导致错误预测为正例的情况增多，因而精确率受到影响有所下降。

为了研究本节提出的层次解码方式对论元抽取任务的影响，对本节提出的模型在 ACE2005 数据集上进行分层实验验证，设置了如下对比模型。

（1）HDM-EAE（LSTM）：即 BERT+LSTM，在本节分布式表示层使用的 BERT 模型上使用 LSTM 替换本节提出的层次分类结构。

（2）HDM-EAE（Bi-LSTM）：即 BERT+Bi-LSTM，在本节分布式表示层使用的 BERT 模型上使用 Bi-LSTM 替换本节提出的层次分类结构。

（3）HDM-EAE（R-LSTM）：即 BERT+R-LSTM，仅使用了本节提出的分布式表示层和预分类层。

（4）HDM-EAE（DR-LSTM）：即 BERT+DR-LSTM，相比（3）增加了一层 RLSTM，是在本节提出模型的基础上去除了候选论元交互层。

（5）HDM-EAE（No Bias）：即在本节提出模型的基础上去除损失函数中设置的偏差。

实验结果如表 5-9 所示。

表 5-9 层次解码方式对模型的影响

模型	论元识别与分类		
	P/%	R/%	F1/%
HDM-EAE（LSTM）	48.9	50.7	49.8
HDM-EAE（Bi-LSTM）	51.5	50.9	51.2
HDM-EAE（R-LSTM）	51.3	54.6	52.9
HDM-EAE（DR-LSTM）	51.7	55.4	53.5
HDM-EAE（No Bias）	52.1	58.7	55.2
HDM-EAE	52.6	58.9	55.6

实验结果表明，在对模型进行不同的变形以及分层实验后，本节提出的层次解码方式无论在精确率 P、召回率 R 还是 F1 值上均表现最好。具体地，首先 HDM-EAE（Bi-LSTM）和 HDM-EAE（R-LSTM）相比 HDM-EAE（LSTM），在 F1 值上分别提升 1.4%和 3.1%，这说明加入预分类结果向量 R 的信息流动相比增加 LSTM 的方向对模型性能提升更大，其原因和 5.2 节事件检测中没有在 BERT 之后使用 Bi-LSTM 相同，在实验过程中发现同时使用 BERT 和 Bi-LSTM 会有损模型性能。同时，相比 HDM-EAE（R-LSTM），增加 R-LSTM 的层数即 HDM-EAE（DR-LSTM）和加入能够编码候选论元交互信息表示的注意力层即 HDM-EAE（No Bias）分别在 F1 值上提升 0.6%和 2.3%，后者带来的提高更明显，充分说明考虑论元交互对论元抽取任务的重要意义。由于数据集中论元和非论元单词的占比很不平衡，HDM-EAE 相比 HDM-EAE（No Bias）在 F1 值上提升 0.4%，表明在最终分类层对模型的目标函数重新加权可以有效缓解数据不平衡对模型的消极影响。

进一步探索触发词的相关特征对本节模型的影响，实验结果如表 5-10 所示。

表 5-10　触发词相关特征对模型的影响

模型	论元识别与分类		
	P/%	R/%	F1/%
HDM-EAE（No Event Type）	51.9	57.1	54.4
HDM-EAE（No Trigger Word）	52.0	57.3	54.5
HDM-EAE（No Trigger Position）	52.1	57.4	54.6
HDM-EAE	52.6	58.9	55.6

表 5-10 分别展示了在本节模型的基础上去除事件类型（No Event Type）、去除触发词（No Trigger Word）以及去除触发词位置信息（No Trigger Position）后的实验结果。和原有模型相比，单独去除触发词的某一种特征都会降低模型的性能，这说明在事件检测阶段抽取的触发词以及对应的事件类型可以为论元抽取阶段提供有用的信息。具体分析来看，不同事件类型可能具有不同的论元角色，因而加入事件类型特征可以引导模型抽取与当前事件类型相关的论元。由于同一种事件类型可以由不同的触发词触发，因此加入触发词的语义特征和位置信息后

有助于模型关注和触发词更加相关的单词,从而更准确地识别论元。

根据表 5-8 的实验结果,可以发现本节提出的 HDM-EAE 在召回率 R 上相比同样未使用已标注实体信息的基线模型表现突出,甚至超越了 3/4 的使用已标注实体信息的基线模型,但是 HDM-EAE 在精确率 P 上却表现一般。分析出现上述结果的原因,可能是由于 HDM-EAE 使用层次解码的方式旨在考虑候选论元之间的交互,因而模型会尽可能多地识别论元,更容易将非论元单词识别成论元,导致精确率 P 的计算公式中"错误预测为正样本 FP"类型的数量增多,同时召回率 R 的计算公式中"错误预测为负样本 FN"类型的数量相对减少,呈现出召回率 R 高、精确率 P 低的结果。

表 5-11 列出了测试集样本 S_3、S_4 以及 S_5 的触发词、事件类型、论元角色、真实标签以及预测结果。以样本 S_3 为例,在已知触发词为开火且触发了袭击事件的情况下,本节模型除了识别出真实标签中的两个论元外,还将巴格达不同地区和首都识别为地点,即袭击事件发生的地点。分析样本 S_3 可以发现,"巴格达不同地区都听到了巨大的爆炸声,整个首都都响起了空袭警报"在一定程度上说明巴格达不同地区和首都可能是攻击发生的地点,因而本节模型将其混淆,误认为是袭击事件的地点属性。样本 S_4 和 S_5 情况类似。

表 5-11 案例分析

S_3 样本	"巴格达不同地区都听到了巨大的爆炸声,整个首都都响起了空袭警报",他们说,又补充道:"伊拉克防空炮兵部队已经开始开火还击。"
事件	开火(触发词);袭击(事件类型)
论元角色	袭击者、目标、工具、时间、地点
真实标签	伊拉克(角色=袭击者),防空炮兵部队(角色=工具)
预测结果	伊拉克(角色=袭击者),防空炮兵部队(角色=工具),巴格达不同地区(角色=地点),首都(角色=地点)
S_4 样本	希腊开始撤离驻巴格达大使馆,并表示所有人员将在几天内撤离伊拉克
事件	撤离(触发词);交通运输(事件类型)
论元角色	主体、工件、车辆、价格、出发地、目的地、时间段
真实标签	希腊(角色=主体),巴格达大使馆(角色=出发地),所有人员(角色=工件)
预测结果	希腊(角色=主体),巴格达大使馆(角色=出发地),所有人员(角色=工件),几天(角色=时间段)

续表

S_5样本	"周二，菲律宾南部机场爆炸，至少有 19 人死亡，114 人受伤"，官员说，但报道说死亡人员可能会攀升至 30 人
事件	爆炸（触发词）；袭击（事件类型）
论元角色	袭击者、目标、工具、时间、地点
真实标签	周二（角色=时间），菲律宾南部机场（角色=地点）
预测结果	周二（角色=时间），菲律宾南部机场（角色=地点），19 人（角色=目标），114 人（角色=目标）

5.3.4 小结

本节对事件抽取的第二个子任务——论元抽取进行了研究，由于基于已有标注实体进行论元抽取容易产生错误传播问题并且实际应用场景较为受限，因此本节基于单词级抽取句中事件论元，提出了 HDM-EAE。为了更加有效地将候选论元的交互信息融入模型，本节采用层次解码的方式，首先设置预分类层获取候选论元的预分类信息，然后将其作为输入，使用注意力机制获取候选论元之间的交互信息，在最终分类层对融入了候选论元交互信息的表示进行论元识别和角色分类。通过在 ACE2005 数据集上进行实验对比与分析，验证了本节提出模型在论元抽取任务上的有效性。

5.4 基于信息增强的事件检测和论元角色识别联合抽取

本节旨在对事件抽取任务中的事件检测任务以及论元角色识别任务进行联合抽取，同时提升两个子任务的效果。首先，简要介绍事件抽取任务的研究现状，针对现有联合抽取模型无法充分利用事件检测和论元角色识别两个阶段信息的问题，提出 IEJEE 模型。其次，详细介绍该模型，重点介绍其中的对偶验证方法。最后，在 ACE2005 数据集上验证了该模型相较于其他联合抽取模型的优越性。

5.4.1 任务定义及方法描述

事件抽取任务由事件检测和论元角色识别两个子任务组成，本节旨在对这两个子任务进行联合抽取。给定一个句子,其中包含 n 个单词 $(w_1,w_2,\cdots,w_n)$。在事件检测阶段,联合抽取模型需要判断句子中的每个单词 w_i 是否为触发词,然后将其归属到对应的时间类别 C 中;在论元角色识别阶段,联合抽取模型需要判别句子的一个字段 $w_i,\cdots,w_j$ 是否为当前事件的论元,并将其划分到对应的论元角色中。

当前主流联合抽取模型在进行事件检测和论元角色识别两个任务时,都是先完成事件检测任务,然后将事件检测结果继续作为联合抽取模型的输入来完成论元角色识别任务,整个过程如图 5-5 所示。这样就会使得在事件检测过程中,事件的论元信息无法被充分地考虑;而在论元角色识别任务中,事件触发词信息的准确性不能得到保证。所以,针对上述问题,本节提出 IEJEE 模型。IEJEE 模型示意图如图 5-6 所示。

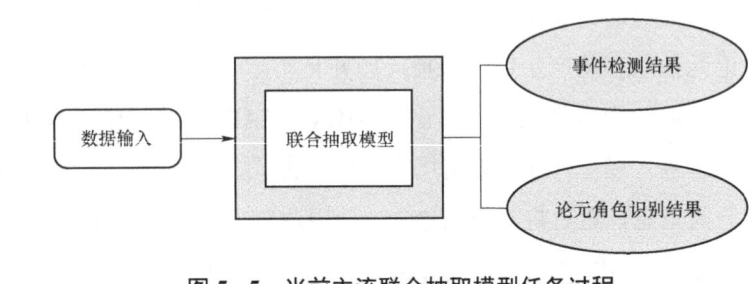

图 5-5 当前主流联合抽取模型任务过程

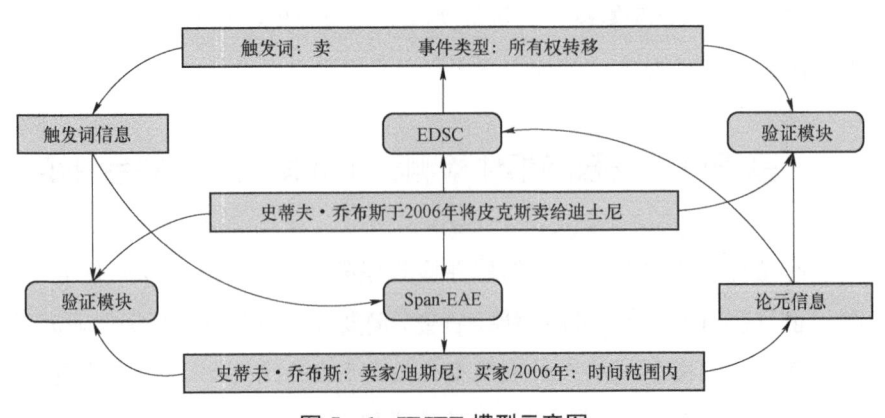

图 5-6 IEJEE 模型示意图

为了解决事件检测阶段无法充分利用论元信息的问题,本节将 HDM-EAE 的输出作为额外的论元信息输入事件检测阶段,使得在对触发词进行识别的过程中能充分考虑论元信息;为了缓解论元识别过程中事件触发词信息的准确性无法得到保证以及事件检测过程中论元信息不准确等问题,提出一种对偶验证的方法来增强事件触发词信息和论元信息的置信度。通过在 ACE2005 数据集上进行实验，有效验证了 IEJEE 模型的优越性。

IEJEE 模型优势如下：

（1）有效缓解事件检测阶段无法充分利用论元信息的问题。通过将 HDM-EAE 输出的论元信息输入事件检测阶段，使得在对触发词识别过程中，论元信息能被充分考虑，从而提升事件检测的准确性。

（2）对偶验证方法可以对事件检测过程得到的触发词信息和论元角色识别过程得到的论元信息进行二次验证，有效增强触发词信息以及论元信息的置信度。

（3）有效解决了当前主流联合抽取模型缺乏分类特征的问题。通过融合 SSFM-ED 和 HDM-EAE 的优点，使得整个联合抽取模型的学习能力更强，进而使得模型能够学习到更丰富的分类特征。

5.4.2 IEJEE 模型

IEJEE 模型是在 5.2 节提出的 SSFM-ED 和 5.3 节提出的 HDM-EAE 的基础上进一步融合而成。在进行事件检测任务时，会将 HDM-EAE 得到的论元信息作为 SSFM-ED 中语义融合模块的输入，从而将论元信息融合事件检测过程来辅助完成该任务；在进行论元角色识别任务时，会将 SSFM-ED 得到的触发词信息作为额外输入融入整个任务，来辅助论元角色识别。与此同时，在联合训练阶段，提出一种对偶验证方法，通过将原始任务颠倒来二次验证得到的触发词和论元角色的准确性。整个模型主要由事件检测、论元角色识别以及对偶验证三个阶段构成，模型结构图如图 5-7 所示。其中绿色部分代表事件检测过程、黄色部分代表论元角色识别过程、紫色部分代表对偶验证过程。

5.4.2.1 事件检测过程

联合抽取模型事件检测过程是在 5.2 节模型的基础上融入了论元信息。

给定一个句子 S，其中包含 n 个单词 $(w_1, w_2, \cdots, w_n)$。首先通过查询词嵌入矩阵，将句子中每个单词表示为一个包含丰富语义信息的稠密向量 $\{x_1, x_2, \cdots, x_n\}$。然后通过上位概念信息获取模块得到当前句子包含上位概念信息的向量表示 Z。具体过程如下，通过事件检测模块得到每个单词融入上下文信息的向量表示 $T = (h_1, h_2, \cdots, h_n)$；通过语义融合模块得到每个单词包含上位概念信息的向量表示 ε。

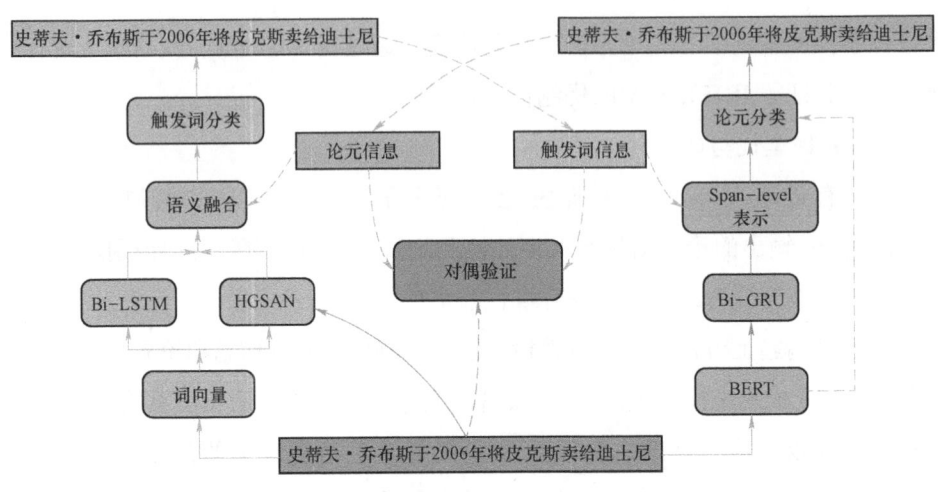

图 5-7　IEJEE 模型结构图（附彩插）

区别于之前的事件检测模型直接对向量表示 ε 进行分类，在这里引入了论元信息来进一步提升事件检测的效果。论元信息来源于 Span-EAE 模型的输出，模型的输出为一个集合，集合中的每个元素为论元在当前句子的开始位置、结束位置以及当前论元的向量表示。具体表示如图 5-8 所示，其中 $Span\_i$ 表示第 i 个论元的向量表示。

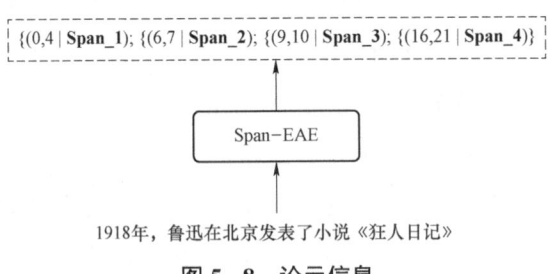

图 5-8　论元信息

为了使得论元信息能够更加有效地融入事件检测过程中，在这里假设句子中的每个单词不可能既是触发词又是论元。所以在已知论元的前提下，只需要对剩余的单词进行触发词检测即可。具体执行过程如下：

首先，将论元的位置信息转换成向量表示 V。由于目前已知句子中每个论元角色的开始位置和结束位置，所以将论元所在位置对应的下标置为 0，其余位置置为 1（如图 5-8 中论元的位置信息转换为对应的向量表示为 [0,0,1,1,1,0,1,0]）。

然后，为了有效利用每个论元的语义信息，在这里使用最大池化操作来抽取

所有论元信息中最重要的部分 I_{arg}，即

$$I_{arg} = \text{Max-pooling}(\textbf{Span\_1}, \textbf{Span\_2}, \textbf{Span\_3}) \quad (5-40)$$

将得到的论元信息与当前每个单词包含上位概念信息的向量表示 ε 做拼接，使得每个单词同时包含上位概念信息以及论元信息，在这里用 ψ 来表示，即

$$\psi = [\varepsilon \| I_{arg}] \quad (5-41)$$

其中，$\|$ 表示向量拼接操作。然后将每个单词最终的向量表示 ψ 与论元的位置信息向量 V 相乘，使得在最终分类过程中，只需要对非论元的单词进行分类，而无须对句子中的全部单词进行分类。

5.4.2.2 论元角色识别过程

联合抽取模型论元角色识别过程是在 5.3 节模型的基础上融入了经过对偶验证的事件触发词信息。

联合抽取模型论元角色识别过程的输入为原始的训练语句以及当前数据中所包含的触发词信息。区别于 5.3 节提出的模型，联合抽取阶段的触发词信息并不是训练集中原本存在的真实触发词，而是经过对偶验证后的触发词信息。整个论元角色识别过程如下。整个模型的输入为句子 $S = \{w_1, w_2, \cdots, w_n\}$ 以及经过对偶验证的触发词信息 $E_{\text{event-}V}$。首先，通过预训练语言模型 BERT 将句子中的每个单词转化为包含上下文语义信息的向量表示 $E = \{e_1, e_2, \cdots, e_n\}$，然后将该向量表示与每个单词的词性 Embedding 和实体类型 Embedding 做拼接，得到每个单词经过编码器模块后的最终向量表示。然后将该向量表示输入编码器模块，通过 Bi-GRU 进一步对句子进行编码，同时识别句子中每个论元角色的位置信息。通过编码器模块，得到了每个单词编码后的向量表示 $h^\theta = \{h_1^\theta, h_2^\theta, \cdots, h_n^\theta\}$，以及论元的位置序列信息 p_i。根据论元位置信息，通过 Span-level 表示模块将一个论元内多个单词的特征表示融合为当前论元的向量表示 $\textbf{Span\_}i$。然后将之前得到的触发词信息 $E_{\text{event-}V}$ 与每个论元的向量表示 $\textbf{Span\_}i$ 拼接，使得对每个论元进行角色分类的过程中，事件触发词信息能够进行辅助决策。

5.4.2.3 对偶验证过程

对偶验证过程旨在提升事件检测过程得到的事件触发词信息以及论元角色识别过程得到的论元角色信息的置信度，从而降低联合抽取模型的错误传播问

题。在此，本节提出一种基于孪生神经网络的对偶验证模型，模型示意图如图5-9所示。

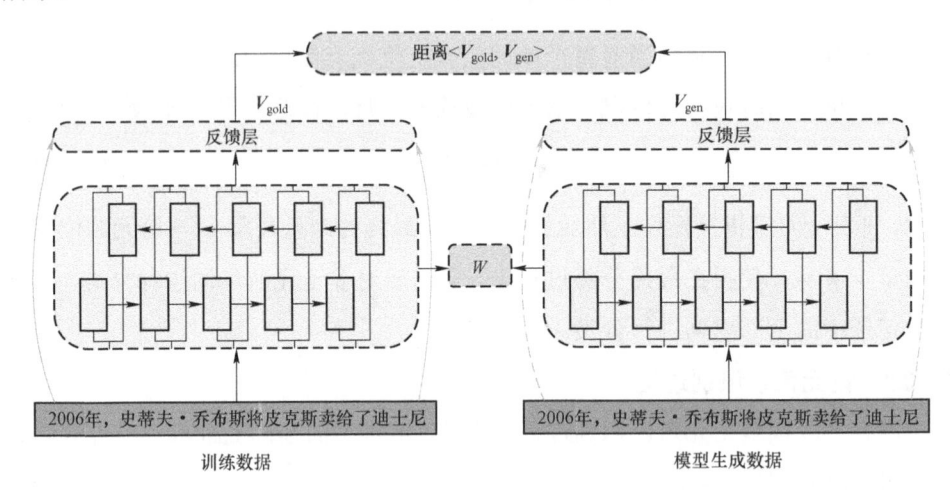

图5-9 基于孪生神经网络的对偶验证模型示意图（附彩插）

孪生神经网络，又称双生神经网络，是基于两个人工神经网络建立的耦合构架，由Yann Lecun等人于2005年提出。孪生神经网络包含两个子网络，子网络各自接收一个输入，将其映射至高维特征空间，并输出对应的表征。通过计算两个特征的距离，如欧式距离，使用者可以比较两个输入的相似程度。在本节所提出的基于孪生神经网络的对偶验证模型中，模型的输入分为两部分，分别为数据集中事先定义好的真实训练数据（Golden Training Data）和通过SSFM-ED和HDM-EAE抽取得到的相关事件数据（Model Generation Data）。然后分别将这两部分数据输入两个共享参数的Bi-LSTM网络中，将网络最后一个时间步的输出作为输入句子的向量表示。通过全连接层得到两个输入数据最终的特征表示V_1和V_2，然后通过比较两个输出的距离来判断两个输入的相似程度。

由于整个模型需要SSFM-ED和HDM-EAE抽取得到的相关事件数据，所以在训练该模型之前，需要预训练SSFM-ED和HDM-EAE。之后，根据抽取结果构建相关数据集。整个模型在训练阶段所使用的数据集为真实训练数据S_{gold}和通过预训练相关模型生成的数据S_{gen}。

图5-9中黄色箭头代表论元角色信息，绿色箭头代表触发词信息，实线代表真实训练数据，虚线代表模型生成的数据。模型在训练阶段，首先会将输入转

化为包含语义信息的稠密向量 X_{gold} 和包含 n 个向量的向量矩阵 X_{gen}，n 为输入数据的长度。然后通过 Bi-LSTM 对输入数据进行进一步的编码。在当前孪生神经网络中，两个子网络的输入分别为 X_{gold} 和 X_{gen}（两个子网络共享网络参数），将 Bi-LSTM 最后一个时间步的输出作为当前输入数据的特征表示，分别为 H_{gold} 和 H_{gen}。接着将真实的触发词信息 T_{gold} 以及论元角色信息 A_{gold} 与当前句子的向量表示 H_{gold} 做拼接，与此同时将模型抽取得到的触发词信息 T_{gen} 以及论元角色信息 A_{gen} 与 H_{gen} 做拼接，得到了全连接层的输入特征 C_{gold} 和 C_{gen}。

$$C_{\text{gold}} = [H_{\text{gold}} \parallel T_{\text{gold}} \parallel A_{\text{gold}}] \tag{5-42}$$

$$C_{\text{gen}} = [H_{\text{gen}} \parallel T_{\text{gen}} \parallel A_{\text{gen}}] \tag{5-43}$$

最后将该表示输入全连接层得到最终的向量表示 V_{gold} 和 V_{gen}。为了使得最终的向量表示尽可能相似，在这里使用余弦相似度来衡量两个特征表示的相似性。

$$\text{Distance} < V_{\text{gold}}, V_{\text{gen}} > = \frac{V_{\text{gold}} \cdot V_{\text{gen}}}{\|V_{\text{gold}}\| \cdot \|V_{\text{gen}}\|} \tag{5-44}$$

对偶验证的目的就在于通过缩小真实触发词和论元角色信息与模型抽取得到的触发词和论元角色信息之间的距离，使得模型的抽取结果更加接近真实数据。

5.4.3 实验

为验证 IEJEE 模型的效果，本节设定了两组对比实验。首先，将本节所提模型与当前主流的联合抽取模型进行比较来验证本节所提模型的优越性；其次，通过进行消融实验，证明基于孪生神经网络的对偶验证模型的有效性。

5.4.3.1 实验数据及评价指标

本节实验采用 ACE2005 数据集。在联合抽取实验阶段，主要通过触发词识别、触发词分类、论元识别和论元分类四种方式来对模型进行验证。其中触发词识别表示只识别当前单词是否为触发词，不进行具体类别分类，而触发词分类则是将识别出来的触发词归属到具体类别中。与此同时，论元抽取与触发词抽取过程相同。在模型训练阶段，依然仿照 5.2 节，选取 40 篇新闻专线的文章来作为测试集，随机选取 30 篇文章作为验证集，剩余 529 篇文章作为训练集。实验结果评价指标使用精确率 P、召回率 R 和 F1 值。

5.4.3.2 实验参数设置

IEJEE 模型的超参数设置如表 5–12 所示。由于本节模型是在 SSFM–ED 和 HDM–EAE 的基础上提出，所以在训练阶段依然遵循之前的参数设定。除此之外论元信息维度、触发词信息维度以及对偶验证过程所使用的 Bi-LSTM 隐藏层的维度皆为 300，模型的 Batch Size 为 16，学习率设置为 0.001。为了防止模型过拟合，同样在最终模型的分类阶段采用 Dorpout，Dropout 率设置为 0.5。

表 5–12 IEJEE 模型的超参数设置

超参数	设定值
论元信息维度	300
触发词信息维度	300
Bi-LSTM 隐藏层维度	300
Batch Size	16
学习率	0.001
Dropout 率	0.5

5.4.3.3 对比基线模型

为验证模型 IEJEE 的性能，本节将其与以下联合抽取模型进行比较。

（1）Cross–event：基于事件和参数共现的文档级特征抽取。

（2）Cross–entity：根据实体之间的关系抽取特征。

（3）JointBeam：通过手动设计的全局特性，明确捕获多个触发词和参数的依赖关系。

（4）DMCNN：采用动态池化算法，根据触发词和候选论元的位置，从句子的不同部分抽取最优特征。

（5）JRNN：使用 Bi-RNN 和手动设计的特征联合抽取触发词和参数。

（6）RBPB：使用正则化方法考虑两种积极和消极的论元关系。RBPB 使用结构嵌入、句子级嵌入和模式嵌入共同提高了事件抽取的有效性。

（7）dbRNN：通过在 Bi-LSTM 上添加依赖桥来建模单词之间的依赖关系。张量层被用来同时捕获候选论元之间的潜在交互作用。

（8）JMEE：通过 GCN 利用句法信息建立单词之间的依赖关系。图卷积层通过考虑语法解析图来丰富单词的表示。

（9）JointTransition：基于神经转换的框架建立了模型，在状态转换过程中逐步预测复杂的关节结构。

（10）GCN+Soft tree：基于语法森林的 GCN 来建模触发词和论元之间的关系。

5.4.3.4 实验结果分析

为了验证本节所提模型相较于其他模型的有效性，将本节模型与当前主流的联合抽取模型进行比较，具体实验结果如表 5-13 所示。

表 5-13 IEJEE 模型与当前主流联合抽取模型对比实验结果

模型	触发词识别 P/%	触发词识别 R/%	触发词识别 F1/%	触发词分类 P/%	触发词分类 R/%	触发词分类 F1/%	论元识别 P/%	论元识别 R/%	论元识别 F1/%	论元分类 P/%	论元分类 R/%	论元分类 F1/%
Cross-event±	—	—	—	68.7	68.9	68.8	50.9	49.7	50.3	45.1	44.1	44.6
Cross-entity±	—	—	—	72.9	64.3	68.3	53.4	52.9	53.1	51.6	45.5	48.3
JointBeam±	76.9	65.0	70.4	73.7	62.3	67.5	69.8	47.9	56.8	64.7	44.4	52.7
DMCNN*	80.4	67.7	73.5	75.6	63.6	69.1	68.8	51.9	59.1	62.2	46.9	53.5
JRNN*	68.5	75.7	71.9	66.0	73.0	69.3	61.4	64.2	62.8	54.2	56.7	55.4
RBPB*	—	—	—	70.3	67.5	68.9	63.2	59.4	61.2	54.1	53.5	53.8
dbRNN*	—	—	—	74.1	69.8	71.9	71.3	64.5	67.7	66.2	52.8	58.7
JMEE*	80.2	72.1	75.9	76.3	71.3	73.7	71.4	65.6	68.4	66.8	54.9	60.3
JointTransition*	76.7	75.5	76.1	74.4	73.2	73.8	60.0	55.1	57.4	55.7	51.1	53.3
GCN+Soft tree*	78.8	78.4	78.6	76.2	74.6	75.4	61.1	59.5	60.3	58.5	52.6	55.5
IEJEE（本实验）	81.2	78.3	79.8	80.1	73.7	77.0	69.7	66.4	67.5	65.9	61.1	63.4

根据实验结果，可以得到以下结论。

（1）相较于传统的基于手工特征的方法（表 5-13 中以±表示），基于深度学习的方法（表 5-13 中以*表示）得到了更好的表现效果。这是因为传统方法过于依赖手工特征，使得模型表现能力与特征设计效果紧密相关，泛化能力较差，而且人为构造特征也会使得人力成本和资源成本过高。

（2）相较于主流联合抽取模型，本节所提模型有更好的实验效果。首先，传统的联合抽取模型在完成事件检测任务过程中缺乏对论元角色信息的有效利用，而本节所提模型能够将论元角色信息融入事件检测过程，使得在对触发词进行识别过程中论元角色信息能够提供额外的监督信息。然后，本节提出的基于孪生神经网络的对偶验证模型能够进一步提升触发词信息以及论元角色信息的准确性，从而使得模型能够在一定程度上避免错误传播带来的准确性问题，与此同时也能够加快模型的优化速率。最后，相较于传统联合抽取模型使用一个模型来同时完成两个任务，可能使得分类特征稀疏的问题，IEJEE 模型在基于上位概念信息的事件检测模型以及基于 Span-level 表示的论元角色识别模型基础上进行联合抽取。同时利用两个模型的学习能力来完成联合抽取任务，有效解决了分类特征稀疏的问题。

为了验证本节所提出的基于孪生神经网络的对偶验证模型的有效性，本节通过设置消融实验来进行验证。具体实验结果如图 5-10 所示。

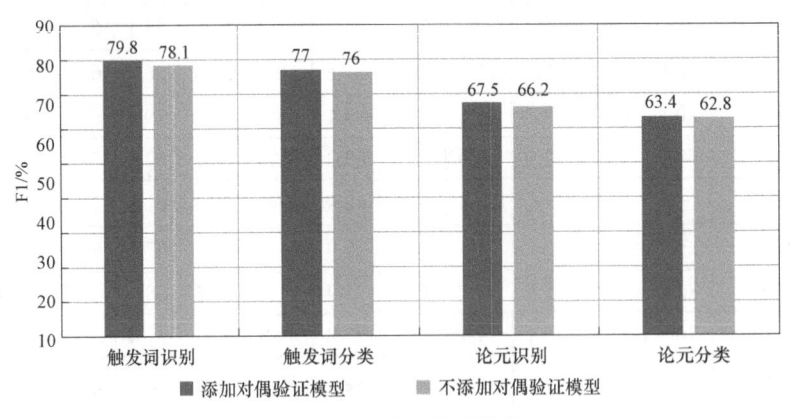

图 5-10 消融实验结果

从图 5-10 中可以看出在联合抽取模型中添加对偶验证模型后，整体效果都要优于不添加对偶验证模型的联合抽取模型，证明了本节所提的对偶验证模型可以通过对触发词信息以及论元角色信息的二次验证来提升事件触发词以及论元角色的置信度，进而提升整个模型的性能。

5.4.4 小结

本节研究事件检测以及论元角色识别联合抽取算法。针对现有的联合抽取模型在事件检测阶段无法充分利用论元信息以及缺乏分类特征的问题，在SSFM-ED和HDM-EAE的基础上，提出IEJEE模型。该模型能够将论元角色信息融入事件检测阶段，从而提升模型事件检测能力；同时将事件的触发词信息作为输入来辅助论元角色的识别过程。为了提升触发词信息以及论元角色信息的置信度，减少由信息错误传播带来的误差问题，本节提出一种基于孪生神经网络的对偶验证模型。最终，通过设置多组实验，有效证明了本节所提联合抽取模型的优越性，与此同时也证明了对偶验证模型的有效性。

5.5 本章小结

事件抽取是信息抽取领域的重要研究分支，该研究具有重要的科学研究和实际应用价值，为信息检索、知识图谱、智能问答、推荐等领域提供了很多相关技术支持。随着互联网数据的爆炸式增长，为了能从数量较多的文本数据中快速有效地获取关键信息，事件抽取越来越受到研究人员的重视。事件抽取任务旨在从含有事件信息的非结构化文本中自动抽取包含触发词以及论元的结构化信息。在实际研究中，事件抽取任务可以分为事件检测和论元抽取两个子任务，对应的研究方法也主要分为两类，分别是流水线训练方式和联合训练方式。对于流水线训练方式，首先进行事件检测，然后识别对应事件的所有论元。而联合训练方式则是同时进行事件检测和论元抽取。虽然联合训练方式可以减少误差传播问题，但是流水线训练方式更具灵活性。本章针对现有事件抽取存在的问题，采用较为灵活的流水线训练方式，先实现事件检测，然后实现论元抽取。本章完成的具体工作总结如下：

（1）基于融合预训练模型和句法依赖的事件检测研究。针对当前基于深度学习的事件检测方法的优势和不足，提出了SSFM-ED。首先为GAT提供基于BERT的深层双向表征作为输入以弥补传统方法的不足，并获取单词的多阶句法依赖特征；同时基于BERT获得含有事件层级信息的单词的语义特征以缓解触发词歧义问题。最后融合以上两种特征用于事件检测，进一步提升事件检测模型的性能。

（2）基于层次解码的论元抽取研究。为了在抽取指定事件的多个论元时能够充分利用论元之间的依赖关系，建模论元之间的交互信息，提出了HDM-EAE。

首先基于 BERT 获得单词的深层双向表征作为模型的输入,并在该输入中融合触发词的相关特征帮助抽取论元。然后将预分类层得到的预分类信息输入候选论元交互层,得到交互信息表示,并将该交互信息表示用于最终分类层,从而在对论元识别和分类的过程中充分考虑论元之间的交互,提升了论元抽取的效果。

(3)针对现有的联合抽取模型存在的无法充分利用论元角色信息以及由于模型学习能力不足带来的缺乏分类特征的问题,在 SSFM-ED 和 HDM-EAE 的基础之上提出 IEJEE 模型。在事件检测阶段,论元信息将作为额外的监督信息融入整个过程;在论元角色识别阶段,经过二次验证的触发词信息也能够提供更准确的信息来促进论元识别过程。除此之外还提出一种基于孪生神经网络的对偶验证模型来同时提升触发词信息以及论元角色信息的置信度,减少由信息错误传播带来的误差问题。通过将事件检测模型和论元角色识别模型进行有效整合,极大提升了整个模型的学习能力,有效解决了分类特征稀疏的问题。

参考文献

[1] NGUYEN T H, GRISHMAN R. Event Detection and Domain Adaptation with Convolutional Neural Networks [C]//Proceedings of the 53rd Annual Meeting of the Association for Computational Linguistics and the 7th International Joint Conference on Natural Language Processing (Volume 2: Short Papers), 2015: 365–371.

[2] NGUYEN T H, CHO K, GRISHMAN R. Joint Event Extraction via Recurrent Neural Networks[C]//Proceedings of the 2016 Conference of the North American Chapter of the Association for Computational Linguistics: Human Language Technologies, 2016: 300–309.

[3] JI Y, LIN Y, GAO J, et al. Exploiting the Entity Type Sequence to Benefit Event Detection[C]//Proceedings of the 23rd Conference on Computational Natural Language Learning, 2019: 613–623.

[4] HONG Y, ZHANG J, MA B, et al. Using Cross-entity Inference to Improve Event Extraction[C]//Proceedings of the 49th Annual Meeting of the Association for

Computational Linguistics: Human Language Technologies, 2011: 1127-1136.

[5] LIU S, CHEN Y, LIU K, et al. Exploiting Argument Information to Improve Event Detection via Supervised Attention Mechanisms[C]//Proceedings of the 55th Annual Meeting of the Association for Computational Linguistics, 2017, 1: 1789-1798.

[6] LIU J, CHEN Y, LIU K. Exploiting the Ground-truth: An Adversarial Imitation Based Knowledge Distillation Approach for Event Detection[C]//Proceedings of the AAAI Conference on Artificial Intelligence, 2019, 33(1): 6754-6761.

[7] LIU J, CHEN Y, LIU K, et al. Event Detection via Gated Multilingual Attention Mechanism[C]//Proceedings of the Thirty-Second AAAI Conference on Artificial Intelligence and Thirtieth Innovative Applications of Artificial Intelligence Conference and Eighth AAAI Symposium on Educational Advances in Artificial Intelligence, 2018: 4865-4872.

[8] NGUYEN T H, GRISHMAN R. Graph Convolutional Networks with Argument-aware Pooling for Event Detection [C]//32nd AAAI Conference on Artificial Intelligence, 2018: 5900-5907.

[9] LIU X, LUO Z, HUANG H Y. Jointly Multiple Events Extraction via Attention-based Graph Information Aggregation[C]//Proceedings of the 2018 Conference on Empirical Methods in Natural Language Processing, 2018: 1247-1256.

[10] CUI S, YU B, LIU T, et al. Edge-enhanced Graph Convolution Networks for Event Detection with Syntactic Relation[C]//Findings of the Association for Computational Linguistics: EMNLP, 2020: 2329-2339.

[11] YAN H, JIN X, MENG X, et al. Event Detection with Multi-order Graph Convolution and Aggregated Attention[C]//Proceedings of the 2019 Conference on Empirical Methods in Natural Language Processing and the 9th International Joint Conference on Natural Language Processing, 2019: 5766-5770.

[12] CHEN Y, XU L, LIU K, et al. Event Extraction Via Dynamic Multi-pooling Convolutional Neural Networks [C]//Proceedings of the 53rd Annual Meeting of the Association for Computational Linguistics and the 7th International Joint

Conference on Natural Language Processing (Volume 1: Long Papers), 2015: 167-176.

[13] LI Q, JI H, HUANG L. Joint Event Extraction via Structured Prediction with Global Features[C]//Proceedings of the 51st Annual Meeting of the Association for Computational Linguistics, 2013, 1: 73-82.

[14] LIU S, LIU K, HE S, et al. A Probabilistic Soft Logic Based Approach to Exploiting Latent and Global Information in Event Classification[C]//Proceedings of the Thirtieth AAAI Conference on Artificial Intelligence, 2016: 2993-2999.

[15] SHA L, QIAN F, CHANG B, et al. Jointly Extracting Event Triggers and Arguments by Dependency-bridge RNN and Tensor-based Argument Interaction[C]//Proceedings of the Thirty-second AAAI Conference on Artificial Intelligence and Thirtieth Innovative Applications of Artificial Intelligence Conference and Eighth AAAI Symposium on Educational Advances in Artificial Intelligence, 2018: 5916-5923.

[16] WANG X, HAN X, LIU Z, et al. Adversarial Training for Weakly Supervised Event Detection[C]//Proceedings of the 2019 Conference of the North American Chapter of the Association for Computational Linguistics: Human Language Technologies, 2019, 1: 998-1008.

[17] LIU J, CHEN Y, LIU K, et al. How does Context Matter? On the Robustness of Event Detection with Context-selective Mask Generalization[C]//Findings of the Association for Computational Linguistics: EMNLP, 2020: 2523-2532.

[18] LOU D, LIAO Z, DENG S, et al. MLBiNet: A Cross-sentence Collective Event Detection Network[C]//Proceedings of the 59th Annual Meeting of the Association for Computational Linguistics and the 11th International Joint Conference on Natural Language Processing, 2021, 1: 4829-4839.

[19] LAI V D, NGUYEN T N, NGUYEN T H. Event Detection: Gate Diversity and Syntactic Importance Scores for Graph Convolution Neural Networks[C]//Proceedings of the 2020 Conference on Empirical Methods in Natural Language

Processing, 2020: 5405 – 5411.

[20] LIU A, XU N, LIU H. Self-attention Graph Residual Convolutional Networks for Event Detection with Dependency Relations[C]//Findings of the Association for Computational Linguistics: EMNLP, 2021: 302 – 311.

[21] WANG X, WANG Z, HAN X, et al. HMEAE: Hierarchical Modular Event Argument Extraction[C]//Proceedings of the 2019 Conference on Empirical Methods in Natural Language Processing and the 9th International Joint Conference on Natural Language Processing, 2019: 5777 – 5783.

[22] XIANGYU X, YE W, ZHANG S, et al. Capturing Event Argument Interaction via a Bi-directional Entity-level Recurrent Decoder[C]//Proceedings of the 59th Annual Meeting of the Association for Computational Linguistics and the 11th International Joint Conference on Natural Language Processing, 2021, 1: 210 – 219.

[23] ZHANG Y, XU G, WANG Y, et al. A Question Answering-based Framework for One-step Event Argument Extraction[J]. IEEE Access, 2020, 8: 65420 – 65431.

[24] MA J, WANG S, ANUBHAI R, et al. Resource-enhanced Neural Model for Event Argument Extraction[C]//Findings of the Association for Computational Linguistics: EMNLP, 2020: 3554 – 3559.

[25] YANG B, MITCHELL T. Joint Extraction of Events and Entities within a Document Context[C]//Proceedings of the 2016 Conference of the North American Chapter of the Association for Computational Linguistics: Human Language Technologies, 2016: 289 – 299.

[26] YANG S, FENG D, QIAO L, et al. Exploring Pre-trained Language Models for Event extraction and Generation[C]//Proceedings of the 57th Annual Meeting of the Association for Computational Linguistics, 2019: 5284 – 5294.

[27] ZHANG T, JI H, SIL A. Joint Entity and Event Extraction with Generative Adversarial Imitation Learning[J]. Data Intelligence, 2019, 1(2): 99 – 120.

[28] NGUYEN T M, NGUYEN T H. One for All: Neural Joint Modeling of Entities and Events[C]//Proceedings of the AAAI Conference on Artificial Intelligence,

2019, 33(1): 6851 – 6858.

[29] LU Y, LIN H, XU J, et al. Text2Event: Controllable Sequence-to-structure Generation for End-to-end Event Extraction[C]//Proceedings of the 59th Annual Meeting of the Association for Computational Linguistics and the 11th International Joint Conference on Natural Language Processing, 2021, 1: 2795 – 2806.

[30] RILOFF E. Automatically Constructing a Dictionary for Information Extraction Tasks[C]//Proceedings of the Eleventh National Conference on Artificial Intelligence, 1993: 811 – 816.

[31] KIM J T, MOLDOVAN D I. Acquisition of Linguistic Patterns for Knowledge-based Information Extraction[J]. IEEE Transactions on Knowledge and Data Engineering, 1995, 7(5): 713 – 724.

[32] RILOFF E, SHOEN J. Automatically Acquiring Conceptual Patterns without an Annotated Corpus [C]//Third Workshop on Very Large Corpora, 1995: 148 – 161.

[33] 姜吉发. 一种事件信息抽取模式获取方法[J]. 计算机工程, 2005, 31(15): 96 – 98.

[34] AHN D. The Stages of Event Extraction[C]//Proceedings of the Workshop on Annotating and Reasoning about Time and Events, 2006: 1 – 8.

[35] LI P, ZHU Q, ZHOU G. Joint Modeling of Argument Identification and Role Determination in Chinese Event Extraction with Discourse-level Information[C]//Proceedings of the Twenty-third International Joint Conference on Artificial Intelligence, 2013: 2120 – 2126.

[36] LI Q, JI H, HONG Y, et al. Constructing Information Networks Using One Single Model[C]//Proceedings of the 2014 Conference on Empirical Methods in Natural Language Processing, 2014: 1846 – 1851.

[37] SHA L, LIU J, LIN C Y, et al. Rbpb: Regularization – based Pattern Balancing Method for Event Extraction [C]//Proceedings of the 54th Annual Meeting of the Association for Computational Linguistics (Volume 1: Long Papers), 2016: 1224 – 1234.

[38] LECUN Y, BOTTOU L, BENGIO Y, et al. Gradient-based Learning Applied to

Document Recognition[J]. Proceedings of the IEEE, 1998, 86(11): 2278-2324.

[39] KALCHBRENNER N, GREFENSTETTE E, BLUNSOM P. A Convolutional Neural Network for Modelling Sentences[C]//Proceedings of the 52nd Annual Meeting of the Association for Computational Linguistics (Volume 1: Long Papers), 2014: 655-665.

[40] HOPFIELD J J. Neural Networks and Physical Systems with Emergent Collective Computational Abilities[J]. Proceedings of the National Academy of Sciences, 1982, 79(8): 2554-2558.

[41] SCARSELLI F, GORI M, TSOI A C, et al. The Graph Neural Network Model[J]. IEEE Transactions on Neural Networks, 2009, 20(1): 61-80.

[42] VASWANI A, SHAZEER N, PARMAR N, et al. Attention is All You Need[C]// Proceedings of the 31st International Conference on Neural Information Processing Systems, 2017: 6000-6010.

[43] DEVLIN J, CHANG M, LEE K, et al. BERT: Pre-training of Deep Bidirectional Transformers for Language Understanding [C]// In Proceedings of the 2019 Conference of the North American Chapter of the Association for Computational Linguistics: Human Language Technologies (Volume 1: Long and Short Papers), 2019: 4171-4186.

[44] CHO K, MERRIENBOER B V, GULCEHRE C, et al. Learning Phrase Representations Using RNN Encoder-decoder for Statistical Machine Translation [C]//Proceedings of the 2014 Conference on Empirical Methods in Natural Language Processing, 2014: 1724-1734.

[45] HOCHREITER S, SCHMIDHUBER J. Long Short-term Memory[J]. Neural Computation, 1997, 9(8): 1735-1780.

[46] MCDONALD R, PEREIRA F. Online Learning of Approximate Dependency Parsing Algorithms[C]//11th Conference of the European Chapter of the Association for Computational Linguistics, 2006: 81-88.

[47] KOO T, CARRERAS X, COLLINS M. Simple Semi-supervised Dependency Parsing[C]//Proceedings of ACL-08: HLT, 2008: 595-603.

[48] KEARNES S, MCCLOSKEY K, BERNDL M, et al. Molecular Graph Convolutions: Moving Beyond Fingerprints[J]. Journal of Computer-aided Molecular Design, 2016, 30(8): 595−608.

[49] VELICOVIC P, CUCURULL G, CASANOVA A, et al. Graph Attention Networks [J]. arXiv preprint arXiv:1710.10903, 2017.

[50] GRISHMAN R, WESTBROOK D, MEYERS A. Nyu's English Ace 2005 System Description[J]. ACE, 2005, 5.

[51] CHOPRA S, HADSELL R, LECUN Y. Learning a Similarity Metric Discriminatively with Application to Face Verification[C]//2005 IEEE Computer Society Conference on Computer Vision and Pattern Recognition, 2005: 539−546.

[52] ZHANG J, QIN Y, ZHANG Y, et al. Extracting Entities and Events as a Single Task Using a Transition-based Neural Model[C]//IJCAI, 2019: 5422−5428.

[53] LIAO S, GRISHMAN R. Filtered Ranking for Bootstrapping in Event Extraction[C]// Proceedings of the 23rd International Conference on Computational Linguistics, 2010: 680−688.

第6章

基于共指消歧的文档级事件抽取

6.1 任务描述及问题定义

随着网络信息技术的飞速发展和广泛应用,互联网所产生的电子文本数据量高速增长。这些文本数据作为信息的载体,蕴含着丰富的知识和经验。事件抽取技术应运而生,这项技术能够高效地从海量的非结构化电子文本中自动抽取出有价值的结构化信息,极大地节省了人力、物力和财力。事件抽取技术相关任务的举例说明如图6-1所示,事件抽取技术已经成为政府提高治理效率、企业增强竞争力的关键工具,它通过将分散的知识和经验整合成统一的形式,为决策制定和知识管理提供了强有力的支持。

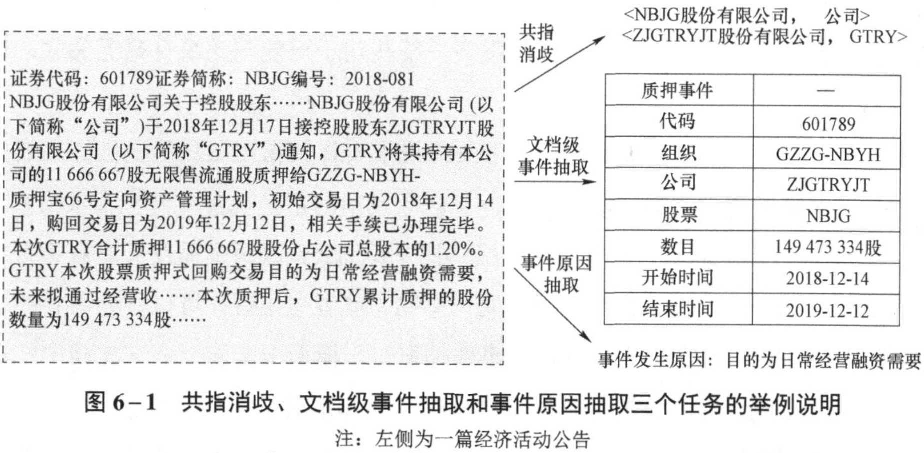

证券代码:601789 证券简称:NBJG 编号:2018-081
NBJG股份有限公司关于控股股东……NBJG股份有限公司(以下简称"公司")于2018年12月17日接控股股东ZJGTRYJT股份有限公司(以下简称"GTRY")通知,GTRY将其持有本公司的11 666 667股无限售流通股质押给GZZG-NBYH-质押宝66号定向资产管理计划,初始交易日为2018年12月14日,购回交易日为2019年12月12日,相关手续已办理完毕。本次GTRY合计质押11 666 667股股份占公司总股本的1.20%。GTRY本次股票质押式回购交易目的为日常经营融资需要,未来拟通过经营收……本次质押后,GTRY累计质押的股份数量为149 473 334股……

共指消歧
<NBJG股份有限公司,公司>
<ZJGTRYJT股份有限公司,GTRY>

文档级事件抽取

质押事件	—
代码	601789
组织	GZZG-NBYH
公司	ZJGTRYJT
股票	NBJG
数目	149 473 334股
开始时间	2018-12-14
结束时间	2019-12-12

事件原因抽取

事件发生原因:目的为日常经营融资需要

图6-1 共指消歧、文档级事件抽取和事件原因抽取三个任务的举例说明
注:左侧为一篇经济活动公告

事件抽取作为信息抽取技术的一种,可以在自然文本中抽取结构化的事件信

息。事件知识被认为由事件类型和论元（即在事件中充当某些角色的实体）两部分组成，是许多领域中分析和理解文本的一个常见、重要、不可忽略的部分。在音乐领域，丁效等人提出的模型能够自动发现音乐领域具有代表性的事件。在智能交通领域，Sakaki等人利用社交媒体抽取实时驾驶信息，为驾驶员提供交通拥堵、天气预报等重要事件。在法律领域，从法庭判决中抽取的事件可以为整个案件提供一个可视化的概述。同时也有很多研究工作致力于解决通用事件的抽取问题。

根据文本粒度的不同，事件抽取可以分为句子级和文档级。句子级事件抽取方法通过整合句子内部特征，识别事件类型和论元角色。因为句子本身所能够利用的信息有限，所以模型需要更加精准的特征工程，或者引入外部的知识以提高识别性能。文档级事件抽取（Document-level Event Extraction）则是从一个文档中抽取出所有事件的相关信息，因此可以考虑到更多的语境和信息，产生更全面、准确的结果，但难度也更高。

文档级事件抽取的困难和挑战：① 一般情况下文档中可能存在多个不同类型的事件，这些事件之间可能存在嵌套或冲突；② 一个事件的论元分散在文档中各个位置，模型需要将这些分散的信息聚合在一起。以图6-1中NBJB与GTRY参与的股份质押事件为例，它涉及的实体出现在文档的开头、中间和结尾。

研究人员在应对多事件和论元分散问题时，往往借助数据标签信息，通过监督学习将句子聚合到一起，认为只要是包含了某事件标签里实体的句子都在描述该事件。显然，这种方式会引入大量噪声，某些句子可能与该事件毫无关联，对抽取造成干扰。

此外，目前主流文档级事件抽取方法忽视了实体共指现象所能提供的有效信息。共指现象指的是语篇中两种或多种表达形式指的都是现实中同一个事物。比如，图6-1中"ZJGTRYJT股份有限公司"和GTRY这两个提及（即自然文本中表达实体的语言片段）都指代现实同一事物。前者先出现，可以称为后者的先行词。如果缺失这部分信息，在进行事件抽取时，模型很难将分散在文档中的不同指称项链接到同一事件要素上，无法获得完整和准确的事件信息。

事件原因抽取（Reason Extraction）任务作为事件抽取的下游任务，是指从文本中识别和抽取出描述某个事件原因的信息。例如，图6-1中可以识别出该股份质押事件发生的原因是"目的为日常经营融资需要"。在金融领域,模型识别出相关金融事件的原因,可以使分析师不必阅读公司的大量公告,帮助投资者做出财务决策。其难度在于多事件场景下进行多个原因的抽取。

随着信息时代的到来,文档级事件抽取对人们认知世界具有重要意义,在信息检索、智能问答、情感分析等应用场景具有重要价值。共指消歧(Coreference Resolution)作为其上游任务,旨在理解文本中的多义性并为文档级事件抽取任务提供辅助。而事件原因抽取作为其下游任务,可以揭示事件发展规律和解释事件发生原因,为决策者提供重要的决策线索。

这些任务有着极高的应用价值,但也存在较大难度。本章针对主流文档级事件抽取方法对于共指现象和噪声句子处理不足,可能会遗漏关键信息等问题展开研究,重点研究引入共指消歧的文档级事件抽取模型。进一步研究如何在多事件场景下进行多个原因的抽取。

6.2 融合句法依存和成分的共指消歧

本节主要探讨了共指消歧任务,它能够消除共指现象引起的歧义,辅助后续文档级事件抽取任务。首先,介绍了实体共指消歧任务的定义和背景,以及对其他 NLP 任务的价值和意义。其次,分析了现有模型存在的问题和改进方向。再次,针对现有模型对句法信息利用不充分和全局特征捕捉能力弱的问题,提出了融合句法依存和成分的共指消歧(Incorporating Syntactic Dependencies and Constituent in Coreference Resolution,SDC-CR)模型。最后,在 OntoNotes 5.0 英文和中文数据集上进行了实验评估,并对实验结果进行了分析,证明了本节方法的有效性。

6.2.1 任务描述及问题定义

在日常语言环境中,所描述的实体往往存在共指现象:语篇中两种或多种表达形式指的都是现实中同一个事物。例如,在公告中,为了简洁,人们通常会用简称来代替长的公司名称或文件名称,图 6-1 中 GTRY 就是"ZJGTRYJT 股份有限公司"的简称,指代现实同一事物。识别出这些不同的表达方式,并将它们关联起来,对于其他 NLP 任务有着重要的意义。

揭示这样的共指现象，抽取文本中同一现实实体的不同表达术语的任务称为实体共指消歧任务。这项技术可以帮助将分散在文档中的不同指称项链接到同一事件要素上，可以作为上游任务辅助文档级事件抽取模型对文本的理解，从而获得更完整和准确的事件信息。目前实体共指消歧方法对句法特征的利用存在较大局限性，捕捉全局特征的能力弱。

目前，最流行和最有效的共指消歧模型是提及排序模型。这种模型在确定一个实体提及的先行词时，会比较所有可能的候选先行词，并选择得分最高的那个作为结果。以前的一些工作通常采用流水线方式来进行共指消歧：先用 NLP 工具来检测文本中的实体提及，再用排序评分函数来判断哪些提及之间有共指关系。这些流水线模型不仅依赖 NLP 工具的质量，而且也容易产生错误累积和泛化能力不足等问题。

为了解决流水线模型的问题，Lee 等人在 2017 年首次提出一个端到端系统，即 e2e－coref，该系统不直接考虑实体提及，而是枚举所有可能的文本 span，span 表示是通过将 span 中的第一个和最后一个单词结合，并连接所有相关标记而构建的。e2e－coref 学习识别提及 span 以及如何将它们组合成集群。对于每一对 span，该模型使用每个 span 的提及分数和两个 span 间的共指分数相加作为最后得分。接着，Zhang 等人在其基础上提出了一种不同的评分方式，使用双仿射注意力（Biaffine Attention）机制代替纯前馈网络来计算共指得分。

由于提及排序模型对每个共指链接单独做出判断，因此容易导致局部一致而全局不一致的簇。为了解决此问题，Fei 等人提出了一种基于端到端强化学习的共指消歧模型，直接优化共指评价指标。另外，为了适应不同的任务和领域，Nafise 和 Michael 分析了语言特征在构建更通用的共指消歧器上的影响。Sanjay 和 Dan 则采用对抗学习的方式增强模型的泛化能力。

为了从大规模语料中学习语法语义知识，预训练语言模型对其参数进行了训练，从而有助于提高共指消歧等后续任务的性能。Joshi 等人在他们的研究中探讨了预训练语言模型 ELMo 和 BERT 在共指消歧任务上的应用。2020 年，Joshi 等人提出了 BERT 的改进版 SpanBERT，目标是更有效地表征和预测文本中的 span，其研究证明 SpanBERT 对共指消歧在内的 span 选择任务有很大提升。

预训练模型中包含的语法语义知识虽然在一定程度上降低了后续模型对这

些特征的依赖，但其他领域的许多研究已经表明这些句法信息对基于 BERT 的模型仍有积极影响。所以，在 2021 年，Jiang 和 Cohn 提出了一个基于异构图的模型，融合了句子的句法和语义结构，其中句法信息来自依存树，语义信息来自语义角色标注，然后通过特征结构连接不同层次的节点，通过定义的消息传递机制迭代地更新节点表示，并使用注意力集成模块和门控机制将其融入上下文编码中。

2022 年，他们进一步将句法成分树应用于共指消歧任务，句法成分树能提供多种有用信息，如嵌套多词短语捕获的清晰 span 边界信号、额外的语言标签和有助于识别回指的层次结构。具体做法是利用高阶邻域信息对每个句法成分树中的丰富结构进行编码，提出了一种新的消息传播机制来实现树中节点之间的信息流。虽然研究人员开始重新探究句法信息在共指消歧中的作用并取得一定成果，但是这些模型在利用句法信息时，一方面只使用一种特征或者多种特征简单叠加，而没有考虑如何有效地进行信息融合，另一方面，都是对每个句子的语法树单独编码，导致上下文信息局限在句子内。

如上文所述，现有方法仍存在部分不足，归纳如下：① 目前方法要么单独使用一类句法特征，要么简单地将不同类型的句法特征叠加起来，导致句法信息的使用效率低下；② 使用句法特征时局限于句子层面，导致现有模型对全局特征信息缺乏有效的捕获能力。

为了弥补这些不足，本节提出 SDC-CR 模型，旨在将依存和成分信息有效地融合起来用于共指消歧。首先，使用 SpanBERT 对文本单词进行编码；其次，利用句法依存树和句法成分树所得到的局部和非局部依赖关系，将单词连接起来构建出文档层面的异构图；再次，使用 GCN 更新节点的表示；最后，计算每对 span 的共指得分，保留分数最高的作为共指结果。本节的共指消歧策略没有任何领域的特定假设，不仅可以协助本节中的文档级事件抽取技术，其他领域和任务也可以从中受益。

6.2.2　SDC-CR 模型

SDC-CR 模型的主要优势在于：

（1）能够将句法依存树和句法成分树进行有机融合以获得更高质量的编码

表示，能够超越句子边界限制和增强模型捕捉全局特征的能力，解决共指消歧方法中对句法信息利用不充分和缺乏全局特征的问题，从而提高共指消歧效果；

（2）同时利用句法依存树和句法成分树构建文档层的异构图，使用对边区别看待的 GCN 融合句法信息，能够保留更丰富的信息；

（3）在 OntoNotes 5.0 英文和中文数据集上的实验结果表明，SDC-CR 模型能够取得较好的性能，F1 值相较主流最新模型分别提高了 0.6% 和 0.9%。

6.2.2.1 模型基本思想

句法语义特征在早期基于统计的共指消歧方法中广泛使用，但随着神经网络特别是预训练模型的发展，这类特征被忽视了。句法依存树描述的是各个词语之间的依存关系，由树的根节点核心词向下扩展，能够表示句子的句法结构。如图 6-2（a）所示，ROOT 表示中心词，n subj 表示名词性主语，dobj 表示直接宾语，subj 表示主语，aux 表示助动词，从图图 6-2（a）中可以看出"公司"和"投资"有主谓关系，"投资"和"集群"有动宾关系等。

句法成分树由短语组成，分析句子的组成成分。如图 6-2（b）所示，S 表示句子，NP 表示名词，VP 表示动词，可以看出"倾向投资"和"虚拟产业集群"分别是动词短语和名词短语，这对模型寻找合适的 span 帮助很大。

图 6-2 句法依存树和句法成分树

（a）句法依存树；（b）句法成分树

目前使用句法语义特征的系统要么使用单一句法特征，要么简单地将多个句法特征叠加起来，导致句法信息的使用效率低下，并且对全局特征信息缺乏有效的捕获能力。为了将句法依存树和句法成分树充分结合起来用于共指消歧，SDC-CR 模型构建出一个基于单词和成分的异构图：① 保留两种句法树中的节点和边；② 将句子的句法根与前一句和下一句的根连接起来，了解相邻句子之间的非局部依赖性；③ 将句法成分树中单词之外的成分视为全局节点；④ 引入相连单词和自循环等联系。这样做不仅能将句法依存树和句法成分树融合在一个图中,而且能在文档层面工作,使得模型捕捉全局特征的能力增强。接着,为了捕捉图的结构信息,使用 GCN 更新节点表示,并且独立看待每种类型的边。

最后,遵循 e2e-coref 经典模型中流程,枚举所有 span 提及,计算 span 提及得分。考虑到计算效率,进行剪枝操作,包括 span 提及的长度限制和提及分数阈值。再针对每个 span 组合,计算其共指得分,排序后保留分数最高的作为结果。

此外,为了更好地表征和预测文本中的 span,SDC-CR 模型使用 SpanBERT 对英文数据进行编码,其基于 span 的训练方式使得模型能得到更完整和丰富的特征表示。

SDC-CR 模型由编码模块、基于单词和成分的异构图构建模块、信息融合模块、提及识别模块以及提及链接模块 5 部分组成,整体架构如图 6-3 所示。

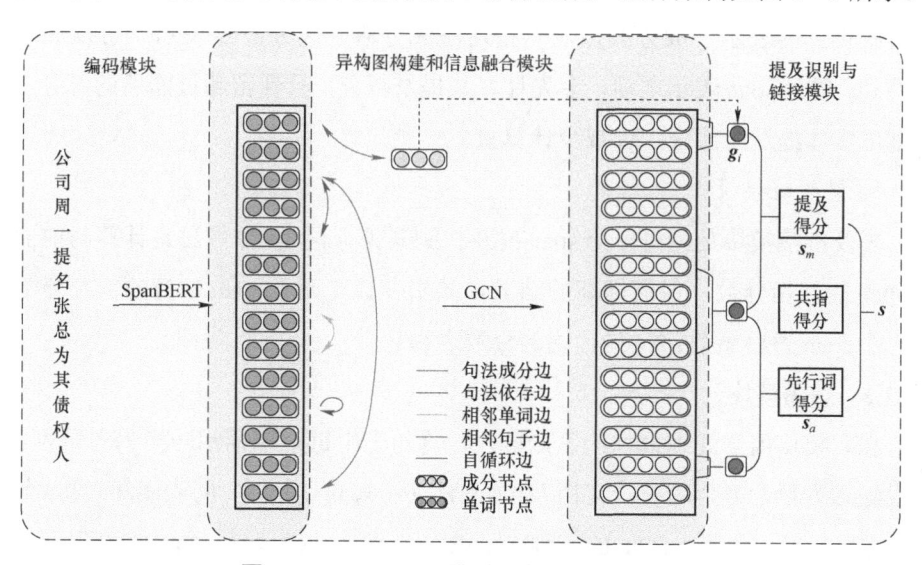

图 6-3 SDC-CR 模型架构图(附彩插)

1. 编码模块

编码模块是为了获取文档中单词的最初表示,这里采用 SpanBERT 编码器,其为预训练模型 BERT 的一个变种。预训练模型中含有丰富的词汇、语法、语义、逻辑等多种信息,并且 SpanBERT 针对 span 选择任务做了优化,非常适用于共指消歧领域,可以帮助后续模块抽取更深层次的语义特征。

2. 基于单词和成分的异构图构建模块

异构图构建模块是为了将句法依存树和句法成分树的结构信息以图的方式保留下来。除此之外，还将句法成分树中的成分节点（Constituent Node）看作全局节点，并且把相邻句子的句法根连接起来，目的是突破句子层面限制，让模型学习到全局特征。

3. 信息融合模块

信息融合模块是对上个模块所构建的异构图中的信息流进行建模，因为普通的 GCN 无法区分不同类型的边，所以对其进行改进。具体做法是在更新节点时，不同类型的边使用不同参数，以聚合丰富的特征。

4. 提及识别模块

提及识别模块获取 span 的表示，该表示由 4 部分构成：头单词表示，尾单词表示、加权向量表示和成分类型表示。加权向量表示指 span 内所有单词通过注意力机制得到的表示，成分类型表示指句法成分树中成分节点表示，可以通过查表得到。得到 span 表示之后，会先计算其提及得分，只保留超过阈值的部分，即识别出实体提及的部分，以减少计算量。

5. 提及链接模块

提及链接模块是为每一个 span 提及找到其先行词。具体做法是计算与前面所有 span 的共指分数，保留最高的结果。共指分数是两个 span 本身的提及分数和前一个 span 为后一个 span 先行词的分数之和。

6.2.2.2 编码模块

编码模块用于处理模型的原始输入，将句子中每个单词都转换为向量表示。假设输入为包含 T 个单词的文档 $D=(w_1,w_2,\cdots,w_T)$，其中，w_i 表示第 i 个单词，T 为文档长度。使用 BERT 的变种 SpanBERT 作为编码器（SpanBERT 只有英文版本，中文数据依然使用 BERT 作为编码器）。相比 One-hot 和 Word2Vec 编码方式，BERT 和 SpanBERT 能够获得更加多样的语义信息表示。

SpanBERT 预训练语言模型有两个训练目标：掩码语言模型（Masked Language Model，MLM）和 span 边界目标（Span Boundary Objective，SBO）。SpanBERT 不再对随机的单个单词添加 Mask，而是掩盖随机连续的 span，其次 SBO 目标可以让模型从边界上观察到的单词来预测整个 span。因为这样的训练目标，SpanBERT 可以更好地表示和预测 span，能够在 span 选择任务上达到更好的性能。

这些预训练语言模型通常只能在最多 512 个单词序列上使用。因此，为了对一个长文档进行编码，通过在每 $n/2$ 个单词之后创建一个长度为 n 的文本段来将文档分割成重叠的段（$n=512$）。然后将这些片段独立地传递给编码器，又称滑动窗口的方式。最终的单词表示是通过获取具有最大上下文的表示来生成的，即通过取每个片段的单词表示的平均值，得到最终的单词表示。这样做可以减少片段之间的不连续性。设 $X=(x_1,x_2,\cdots,x_T)\in \mathbb{R}^{T\times d_w}$ 为 SpanBERT 编码器的输出

$$(x_1,x_2,\cdots,x_T)=\text{SpanBERT}(w_1,w_2,\cdots,w_T) \quad (6-1)$$

其中，d_w 为编码器输出维度。

6.2.2.3　基于单词和成分的异构图构建模块

异构图构建模块利用句法依存树和句法成分树等信息将整个文档构建成一个基于单词和成分的异构图。句法依存树和句法成分树全部来自数据集本身，认为是完全正确的，并没有使用其他外部工具或者引入外部知识库。

如图 6-3 所示，SDC-CR 模型所构建的异构图中，存在两类节点，分别是单词节点（Word Node）和成分节点。单词节点表示 $X=(x_1,x_2,\cdots,x_T)$ 由编码模块得到。成分节点为句法成分树中单词之外的其他节点，有 70 种类型，包括主语、谓语、宾语、定语、状语、补语、动语、中心语等以及 Unknown。成分节点表示 $C=(c_1,c_2,\cdots,c_M)\in \mathbb{R}^{M\times d_w}$ 通过随机初始化生成。

异构图中的边通过邻接矩阵 $A\in \mathbb{R}^{(M+T)\times(M+T)}$ 表示，其中元素为 0 代表不相连，其他数字代表不同类型的边。边的类型有五大类，分别是句法依存边（Syntactic Dependency）、句法成分边（Syntactic Constituent）、相邻句子边（Adjacent Sentence）、相邻单词边（Adjacent Word）、自循环边（Self-loop），具体内容如下：

（1）句法依存边：根据句法依存树得到，如图 6-2（a）所示。句法依存关系能够揭示句子内部各个单词间的关系，提供了重要的局部特征。为了学习更多的特征，将不同的依存关系视为不同的边，异构图构建模块考虑形容词补语（Adjectival Complement）、从句补语（Clausal Complement）等 49 种依存关系。

（2）句法成分边：根据句法成分树得到，如图 6-2（b）所示。除了树中已

有的边,如果单词节点 w_i 在成分节点 c_j 的最左边或者最右边,则构成一条句法成分边,如图 6-4 中虚线所示。其中,S 表示句子;NP 表示名词;VP 表示动词。补充这些边的目的是使得单词节点和成分节点直接相连,这样 GCN 训练时信息才能在这两类节点中传播。不然的话,由于成分节点是随机初始化生成的,因此远端的成分节点很难学习到有效知识。句法成分关系含有重要的短语边界信息,对抽取实体提及有关键作用。

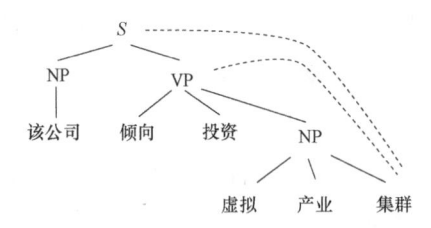

图 6-4 虚线为补充的句法成分边

(3)相邻句子边:将句子的句法根与前一个和下一个句子的根连接起来,以了解相邻句子之间的非局部依赖性。

(4)相邻单词边:为了保持句子中单词之间的顺序信息,将每个单词与其前一个和下一个单词连接起来。

(5)自循环边:为了将节点信息本身包含在后续学习的表示中,在图的所有节点上形成自循环边。

6.2.2.4 信息融合模块

信息融合模块通过在构建的异构图上应用 GCN,融合局部句法信息和全局特征,得到每个单词的表示。GCN 能够在学习节点的语义表示的同时,保留其结构信息,这样就可以利用句法依存树和句法成分树的特征来增强文本理解。然而,其不能区分不同边类型的重要性,可能导致节点特征表示损失一些重要或有用的信息。为了解决这个问题,信息融合模块在普通 GCN 的基础上进行改进,为每个边类型 l 保留了独立的参数,从而学习每种边类型特定的表示,并将它们融合到节点表示中,迭代地更新每个节点 i 的表示 $x_i^{k+1} \in \mathbb{R}^{d_{GCN}}$,即

$$x_i^{k+1} = f\left\{ \sum_{u \in v(i)} [W_{l(i,u)}^k x_u^k + b_{l(i,u)}^k] \right\} \tag{6-2}$$

其中,d_{GCN} 为图卷积层最终输出的维度,即节点向量大小;x_i^{k+1} 是从第 k 层 GCN

产生的第 i 个节点表示；$v(i)$ 是第 i 个节点的一组相邻节点；$W_{l(i,u)}^{k}$ 和 $b_{l(i,u)}^{k}$ 是节点 i 和 u 之间的边类型为 l 的第 k 个块的参数；f 为 ReLU 激活函数。

需要注意信息融合模块对每个类型的边分别处理。但是在训练过程中，只有数量最多的 N_{edge} 个类型的边保留单独的参数，其他的边类型（"稀有"类型边）共用一套参数来优化模型。这样可以防止因为不同边类型参数过多而造成的过拟合。

6.2.2.5 提及识别模块

在提及识别模块，枚举文档中所有 span，保留其中最可能为实体提及的部分，同时 span 最大长度限制为 L，目的是降低计算量。

对于每一个可能的 span_i，其 span 表示 $g_i \in \mathbb{R}^{4 \times d_{\text{GCN}}}$ 定义为

$$g_i = [x_{\text{start}(i)}; x_{\text{end}(i)}; \hat{x}_i; c_{\text{type}}] \tag{6-3}$$

其中，$x_{\text{start}(i)}$ 和 $x_{\text{end}(i)}$ 表示 span 的头尾边界，由其第一个和最后一个单词表示构成；c_{type} 是从随机初始化的查找表中获得的成分类型表示，来自句法成分树中的成分节点，这部分节点将在训练过程中进行更新，并且对于识别提及 span 有着重要作用。如果 span_i 找不到其成分类型，则用零向量代替。$\hat{x}_i$ 根据注意力机制按照式（6-4）～式（6-6）计算可得

$$\alpha_t = \text{FFNN}_\alpha(x_t) \tag{6-4}$$

$$\beta_{i,t} = \frac{\exp(\alpha_t)}{\sum_{j=\text{start}(i)}^{\text{end}(i)} \exp(\alpha_j)} \tag{6-5}$$

$$\hat{x}_i = \sum_{j=\text{start}(i)}^{\text{end}(i)} \beta_{i,j} x_j \tag{6-6}$$

其中，FFNN_α 为一个多层前馈神经网络，将每个单词级别的表示 x_t 映射成非标准的注意力分数；$\hat{x}_i$ 是 span_i 中所有单词表示的权重和，以充分考虑 span 上下文信息。

通过另一个前馈神经网络 FFNN_m 计算 span_i 的提及分数 $s_m(i)$，即 span_i 可能为一个实体提及的得分：

$$s_m(i) = \text{FFNN}_m(g_i) \tag{6-7}$$

在这一步之后，考虑到计算效率，模型只保留 λn 个提及分数最高的 span。

舍弃的部分被认为不可能是实体的span集合，所以就不可能和其他实体构成共指关系。

在以往的工作中，为了保持提及的高召回率，参数 λ 一般设置为 0.4，这些工作并没有直接训练提及识别模块，而是将提及抽取和提及链接联合训练。在通用的共指消歧数据集中，单例的引用，或者说没有先行词的实体，是没有被显式地标注出来的，因为注释只包含属于共引用链的引用。但是这些非单例提及仍然可以为训练有效的提及抽取模块提供有用的信息。因此，模型先利用这些标注提前训练一下提及识别模块。根据实验证明，该预训练步骤大大提高了提及识别性能。所以，只需将参数 λ 设置为较低的 0.25 就可保持提及识别的高召回率，大大降低了提及链接模块的计算量。提及识别的预训练损失计算为

$$\begin{aligned}\mathcal{L}_{\text{detect}}(i) &= y_i \log \hat{y}_i + (1-y_i)\log(1-\hat{y}_i) \\ \mathcal{L}_{\text{detect}} &= -\sum_{i \in S}\mathcal{L}_{\text{detect}}(i)\end{aligned} \quad (6-8)$$

其中，$\hat{y}_i = \text{Sigmoid}(s_m(i))$，当且仅当 span_i 是共指链中提及时 $y_i = 1$；S 为最高得分 span 集合。

6.2.2.6 提及链接模块

对于提及识别模块所保留的 span_i，提及链接模块需要从前面的所有 span（同样地考虑到计算效率，限制在 K 个以内）和虚拟先行词 ϱ 中分配一个先行词 a_i。虚拟先行词 ϱ 代表两种情况，一种情况是这个 span 本身就不是一个实体提及，另一种情况是此 span 虽然是一个实体提及但它与任何先前 span 都不相关。

分配先行词的依据是共指得分，两个 span 的共指得分 $s(i,j)$ 计算方式为

$$\begin{aligned}s_a(i,j) &= \text{FFNN}_{sa}([\boldsymbol{g}_i, \boldsymbol{g}_j, \boldsymbol{g}_i \circ \boldsymbol{g}_j]) \\ s(i,j) &= s_m(i) + s_m(j) + s_a(i,j)\end{aligned} \quad (6-9)$$

其中，FFNN_{sa} 为前馈神经网络；$s_m(i)$ 和 $s_m(j)$ 通过式（6-7）计算得来；$\circ$ 表示向量对位相乘操作。总得分 $s(i,j)$ 被三个因素影响：① $s_m(i)$，span_i 是否为提及；② $s_m(j)$，span_j 是否为提及；③ $s_a(i,j)$，span_j 是否为 span_i 的先行词。虚拟先行词 ϱ 的特殊情况下，$s(i,\varrho)$ 固定为 0。

模型的训练目标是最大化每个提及 span_i 的正确共指链中似然概率 $P(y_1, \cdots, y_K | D)$，这里使用对数似然，即

$$\mathcal{L}_{\text{link}} = -\sum_{S} \log P(y_1, \cdots, y_K \mid D) \quad (6-10)$$

$$\begin{aligned} P(y_1, \cdots, y_K \mid D) &= \prod_{i=1}^{K} P(y_i \mid D) \\ &= \prod_{i=1}^{K} \frac{\exp(s(i, y_i))}{\sum_{y' \in \mathcal{Y}(i)} \exp(s(i, y'))} \end{aligned} \quad (6-11)$$

其中，D 表示文档；K 是所考虑先行词数目；S 是由提及识别模块得到的最高得分 span 的集合；$\mathcal{Y}(i)$ 是包含 span$_i$ 的真实共指簇中的 span 集合。当似然函数取最大值时，意味着这组参数一定程度上非常贴合所给文档 D 的数据分布，也就是在这组参数下，模型预测的值和真实值相比较接近，即损失较小。

总体而言，SDC-CR 模型首先对提及识别模块进行预训练，以最小化式（6-8）中定义的损失函数。然后，联合训练提及识别和提及链接模块，以端到端的方式优化式（6-10）中定义的目标函数。

6.2.3 实验

本节首先介绍了实验所使用的数据集、评价指标和参数设置。为了验证 SDC-CR 模型的有效性，设计了 4 组实验进行分析：① 对比实验，将本节模型与其他共指消歧模型进行比较；② 消融实验，通过移除或者更换本节模型的组件，以分析各个组件的效果；③ 参数影响实验，分析 GCN 层数和保留边类型的数目对模型的影响，设置不同大小的层数和 N_{edge} 来寻找最佳结果；④ 句法依存树和句法成分树质量的影响，采用性能不同的句法依存分析和句法成分分析模型，分析其影响。

6.2.3.1 数据集和评价指标

本节使用的数据集为 OntoNotes 5.0，又称 CoNLL-2012。数据来源包括新闻专线、杂志文章、广播新闻、广播对话、网络数据和会话语音等。使用英语和中文两个版本。英语语料库分别包含 2 802、343 和 348 份训练、验证和测试文档，中文语料库分别包含 1 810、252 和 218 份训练、验证和测试文档。此数据集可以用于评测多种任务，包括句法依存分析和句法成分分析[*]，所以模型中使用的句法信息全部来自数据内标注，没有引入外部资源。

---

[*] 句法依存树使用斯坦福工具由数据集中的短语树处理生成。

评价指标使用共指消歧中主流的 MUC、B³ 和 CEAF 三种算法，并将三者的平均 F1 值作为最终得分（Avg.F1）。

（1）MUC：计算了将预测的共指链映射到标注的共指链所需插入或者删除的最少的链接数量或成本，其缺陷在于无法衡量模型预测单例实体的性能。计算方式为

$$\text{partition}(x,y) = \{y \mid y \in Y \cap y \in x \neq \varnothing\}$$
$$\text{Precision} = \sum_{r \in R} \frac{|r| - |\text{partition}(r,T)|}{|r| - 1}$$
$$\text{Recall} = \sum_{t \in T} \frac{|t| - |\text{partition}(t,R)|}{|t| - 1}$$
（6-12）

其中，T 是一组人工标注的共指链接引用；R 是共指消歧模型得到的结果；$|\text{partition}(r,T)|$ 是某个预测结果集合 r 被真实结果集合 T 截断，所得到的集合数目；$|r|$ 是集合内实体数目。如果 r 和 T 一样，则 $|\text{partition}(r,T)|$ 为 1。最差的结果就是全部预测错误，r 和 T 完全不同，$|\text{partition}(r,T)|$ 为 $|r|$。

（2）B³：从提及的角度计算精确率和召回率，以所有提及的平均值作为最终的指标。因此在很大程度上解决了 MUC 度量倾向于多个单个共指簇的问题。最终精确率和召回率是通过式（6-13）对各个提及的精确率和召回率进行加权求和而获得的。

$$\text{Precision}_i = \frac{\text{NcR}_i}{\text{NR}_i}$$
$$\text{Recall}_i = \frac{\text{NcR}_i}{\text{NT}_i}$$
$$\text{Final Precision} = \sum_{i=1}^{N} w_i \text{Precision}_i$$
$$\text{Final Recall} = \sum_{i=1}^{N} w_i \text{Recall}_i$$
（6-13）

其中，NcR_i 是包含第 i 个提及的预测共指链中正确提及的数量；NR_i 是包含第 i 个提及的预测共指链中元素的数量；NT_i 是包含第 i 个提及的真实共指链中元素的数量；N 是文档中实体提及的数量；w_i 是实体提及 i 分配的权重，通常分配为 $1/N$。

（3）CEAF：一种基于实体相似度的评估算法，对于实体相似度的计算为

$$\text{CEAF}_{\emptyset_i} \text{Precision} = \max_m \frac{\sum_{r \in R} \emptyset_i[r, m(r)]}{\sum_{r \in R} \emptyset_i(r, r)}$$

$$\text{CEAF}_{\emptyset_i} \text{Recall} = \max_m \frac{\sum_{r \in R} \emptyset_i[r, m(r)]}{\sum_{r \in R} \emptyset_i(t, t)} \quad （6-14）$$

$$\text{Sim}_4(T, R) = 2\frac{|R \cap T|}{|R| + |T|}$$

其中，Sim 为相似度度量方法；$m(r)$ 为预测共指簇和真实共指簇的最佳映射。

6.2.3.2 实验参数设置

SDC-CR 模型由 PyTorch 实现，在三片 NVIDIA RTX 3090 GPU 上进行训练，参数设置如表 6-1 所示。对于英文数据集，使用 SpanBERT-base 来编码文档，而对于中文数据集，由于没有对应的 SpanBERT 版本，使用 bert-wwm-base 作为文档编码器。句法信息使用了数据集上表述的真实句法依存树和句法成分树。在剪枝阶段，最大 span 宽度 $L=10$，span 保留程度 λ 为 0.25，候选先行词最大数目 $K=250$。在信息融合模块使用的图卷积层数为 2，每层的输出维度分别为 500 和 200。保留前 $N_{\text{edge}}=4$ 个类型的边。训练阶段的 Batch Size 为 1（单个文档），学习率为 3×10^{-4}，Dropout 率为 0.5。

表 6-1 SDC-CR 模型的参数设置

参数类型	参数值
词嵌入维度	768
L	10
λ	0.25
K	250
图卷积层数	2
N_{edge}	4
Batch Size	1
学习率	3×10^{-4}
Dropout 率	0.5
优化器 Optimizer	Adam

6.2.3.3 对比实验

为了验证 SDC-CR 模型的有效性，将其与往年的 12 个基线进行比较，按照年份排列，实验结果如表 6-2 和表 6-3 所示。

表 6-2 模型在 OntoNotes 5.0 英文数据集上的实验结果

模型	MUC P/%	MUC R/%	MUC F1/%	B³ P/%	B³ R/%	B³ F1/%	CEAF P/%	CEAF R/%	CEAF F1/%	Avg. F1/%
Clark 等人	78.9	69.7	74.0	70.0	56.9	62.8	62.4	55.8	58.9	65.3
e2e-coref	78.4	73.4	75.8	68.6	61.8	65.0	62.7	59.0	60.8	67.2
c2f-coref	81.4	79.5	80.4	72.2	69.5	70.8	68.2	67.1	67.6	73.0
Fei 等人	79.0	76.9	77.9	66.8	64.9	65.8	66.5	63.0	64.7	69.5
Joshi 等人	84.3	83.1	83.7	76.2	76.9	76.6	74.3	73.1	73.7	78.1
Kirstain 等人	85.0	85.0	85.0	77.8	77.8	77.8	75.6	74.2	74.9	79.2
Lai 等人	85.4	85.4	85.4	78.4	78.9	78.7	76.1	73.9	75.0	79.9
CorefQA¶	85.2	87.4	86.3	78.7	76.5	77.6	76.0	75.6	75.8	79.9
Hourali 等人¶	87.9	90.5	89.2	81.7	84.6	83.1	77.1	78.2	77.6	83.3
Kong 和 Jian*	80.5	73.9	77.0	71.1	61.4	65.9	64.2	61.1	62.6	68.5
Jiang 和 Cohn（2021）*	85.1	84.5	84.8	77.4	77.2	77.3	75.5	73.3	74.4	78.8
Jiang 和 Cohn（2022）*	85.6	85.8	85.7	78.2	79.0	78.6	76.3	74.8	75.5	80.0
SDC-CR*（本实验）	86.3	86.2	86.2	78.5	78.7	78.6	77.0	76.8	76.9	80.6

注：*表示模型使用了句法信息，¶表示模型使用了数据集以外的资源。

表 6-2 中部分内容解释如下：

（1）Clark 等人：利用共指簇的分布式表示捕捉实体级信息特征，有助于模型判断共指集群是否应该合并，训练时使用搜索算法。

（2）e2e-coref：首个提及识别和提及链接联合训练的端到端共指消歧模型，是后续许多工作的基础。

（3）c2f-coref：在 e2e-coref 的基础上引入了从粗到细的候选提及剪枝策略和高阶 span 细化机制。

（4）Fei 等人：引入了一种基于端到端强化学习的共指消歧模型，以直接优化共指评价指标，并且引入了最大熵正则化来进行充分的探索，以防模型过早地收敛到坏的局部最优。

（5）Joshi 等人：用 SpanBERT 取代了 c2f-coref 中的 LSTM 编码器。

（6）Kirstain 等人：针对内存占用的问题，提出了轻量级的端到端共指消歧模型，它消除了对 span 表示、手工特性和启发式的依赖。

（7）Lai 等人：对 e2e-coref 修改和简化，为共指消歧任务提出了一个简单而有效的基线。

（8）CorefQA：用机器阅读理解框架将共指消歧问题重新定义为基于查询的 span 预测任务。

（9）Hourali 等人：基于知识的共指消歧模型，使用 XLNet 嵌入作为输入，不依赖任何语法或依赖性解析器。

（10）Kong 和 Jian：将句法成分树作为约束过滤无效的候选提及，并对树的节点遍历序列进行编码以增强文档表示。

（11）Jiang 和 Cohn（2021）：通过使用异构 GAT，合并依赖语法和语义角色标签来提高共指消歧模型的性能。

（12）Jiang 和 Cohn（2022）：将句法成分树引入共指消歧，提出基于图的方法来合并句法成分结构，利用高阶邻域信息来编码树中的丰富结构。

根据是否使用句法信息和是否引入外部资源，基线模型可以分为三大类。

对于英语数据集，可以发现：① 相比于不使用句法信息以及外部资源的基线，即 Lai 等人的工作，SDC-CR 模型的平均 F1 值提高了 0.7%，这证明了句法特征对目前基于 BERT 的模型仍然有提升作用，不应该被忽视；② 相比于使用句法信息的最新基线，即 Jiang 和 Cohn（2022）的工作，SDC-CR 模型的平均 F1 值提高了 0.6%，可能的原因是以往利用句法信息的模型都是使用某一单独的句法特征或者简单地将几种句法特征叠加起来，并且局限在句子层面，而 SDC-CR 模型构建出文档层面的异构图，可以更加充分地利用句法信息，融合局部和全局特征以识别共指 span 组合；③ SDC-CR 模型的表现差于 Hourali 等人的工作，这是因为其研究工作引入了包括 ConceptNet 5 在内的多种知识库，只使用单一数据集的模型很难与它竞争，所以本节模型不与使用外部资源的模型对比。

表 6-3 模型在 OntoNotes 5.0 中文数据集上的实验结果

模块	MUC P/%	MUC R/%	MUC F1/%	B³ P/%	B³ R/%	B³ F1/%	CEAF P/%	CEAF R/%	CEAF F1/%	Avg. F1/%
Clark 等人	73.9	65.4	69.4	67.5	56.4	61.5	62.8	57.6	60.1	63.7
Kong 和 Jian*	77.0	64.6	70.2	70.6	54.7	61.6	64.9	55.4	59.8	63.9
Jiang 和 Cohn（2022）*	84.4	78.6	81.3	77.4	71.5	74.4	76.5	70.0	73.1	76.3
SDC-CR（本实验）	85.0	77.9	81.5	76.5	73.4	76.4	76.3	72.6	74.2	77.2

注：*表示模型使用了句法信息。

对于中文数据集，本节所提出的 SDC-CR 模型平均 F1 值达到了最好的 77.2%。同样的模型在中文上的表现总是不如英文，一方面可能是中文语料没有 SpanBERT 编码器，导致初始编码质量上有差距；另一方面也可能说明中文语料上的共指消歧更具挑战性。相比英文数据集，Jiang 和 Cohn（2022）在中文数据集上的平均 F1 值下降了 3.7%，而 SDC-CR 模型仅下降 3.4%，表明融合句法信息对中文效果更好，可能是因为句法成分树中对短语的划分带来了额外的帮助。

6.2.3.4 消融实验

为了研究 SDC-CR 模型中各个组件对共指消歧结果的影响程度，设计了消融实验，对模型进行了修改，实验结果如表 6-4 所示。

表 6-4 SDC-CR 模型消融实验结果

模型	英文 Avg.F1/%	英文 ΔF1/%	中文 Avg.F1/%	中文 ΔF1/%
SDC-CR（本实验）	80.6	—	77.2	—
- Sliding Window		-0.3		-0.4
- Adjacent Word		-1.2		-1.3
- Syntactic Constituent		-0.8		-1.0
- Syntactic Dependency		-0.5		-0.8
- Self-loop		-0.7		-0.8
- Adjacent Sentence		-0.4		-0.5
- Type embedding		-0.5		-0.7

表 6-4 中部分内容解释如下：

（1）Sliding Window：编码时不使用滑动窗口划分文档，使用独立设置进行文档编码。

（2）Adjacent Word：移除相邻单词的连接。

（3）Syntactic Constituent：移除由句法成分树得到的节点和边。

（4）Syntactic Dependency：移除由句法依存树得到的边。

（5）Self-loop：移除自循环边。

（6）Adjacent Sentence：移除相邻句子句法根的连接。

（7）Type embedding：获得 span 表示时，不使用从成分节点获得的类型编码，替换为零向量。

从表 6-4 消融实验结果可以看出：① 无论英文还是中文数据，对结果影响最大的两个变量都是相邻单词的连接和句法成分树的信息，句子内相邻单词的连接通过图卷积编码后能够获取到局部特征，而根据句法成分树构建的全局成分节点和边能够捕捉到文档全局特征，这可以表明 SDC-CR 模型融合这些特征的有效性；② 在构建 span 表示时，使用 span 类型的表示也是有益的，可能的原因是，一方面句法成分树的短语划分能帮助识别 span 是否为提及，另一方面短语提及的语义类型也能帮助判断两个提及是否指向同一事物；③ 使用独立设置进行编码在英文和中文数据上分别下降 0.3% 和 0.4%，说明直接截断文档放入编码器中不如使用滑动窗口方式。

6.2.3.5 参数影响实验

为了研究图卷积层数对模型的影响，使用层数为 1~5 的模型进行实验，结果如图 6-5（a）所示。可以看出，随着图卷积层数的增加，模型性能先提升后下降。图卷积层数代表节点信息所能达到的最远距离，如层数为 1，每个节点得到的是其一阶邻居节点上的特征。对于所有节点来说，信息获取的过程是独立、同时开展的。当在上面再堆一层时，就可以重复收集邻居信息的过程，并且收集到的邻居信息中已经包含了这些邻居节点在上一个阶段所收集的它们的邻居节点的信息。所以当层数增加时，模型的性能会有一定提升。然而可以看到，图卷积层数增加到 4 层和 5 层时，模型的平均 F1 值呈现下降趋势，这可能因为层数过多使得聚合效果变差或者出现过拟合问题，所以综合考虑下将 SDC-CR 模型的信息融合模块中图卷积层数设置为 2。

为了研究 SDC-CR 模型在信息融合阶段保留不同边类型数目的影响，使用不同数目进行实验，结果如图 6-5（b）所示。保留不同边类型数目为 0 意味着模型所构建的异构图中的边没有类型，共享参数，此时的平均 F1 值为 76.5%，依然略好于使用句法信息模型（Jiang 和 Cohn（2022））的 76.3%。这在一定程度上可以证明本节 SDC-CR 模型架构的有效性。保留不同边类型数目在 3~6 之间时，模型能学习到不同的特征，平均 F1 值都保持在较高水平。但保留不同边类型数目更多时，模型效果变差，保留不同边类型数目为 8 时的效果甚至不如为 0 时。这应该是因为保留不同边类型数目越多，参数越多，从而使得模型学习困难或者出现过拟合问题。最终，考虑到性能和计算效率，选择保留频次前 4 个类型的边，其他类型的边使用同一参数。

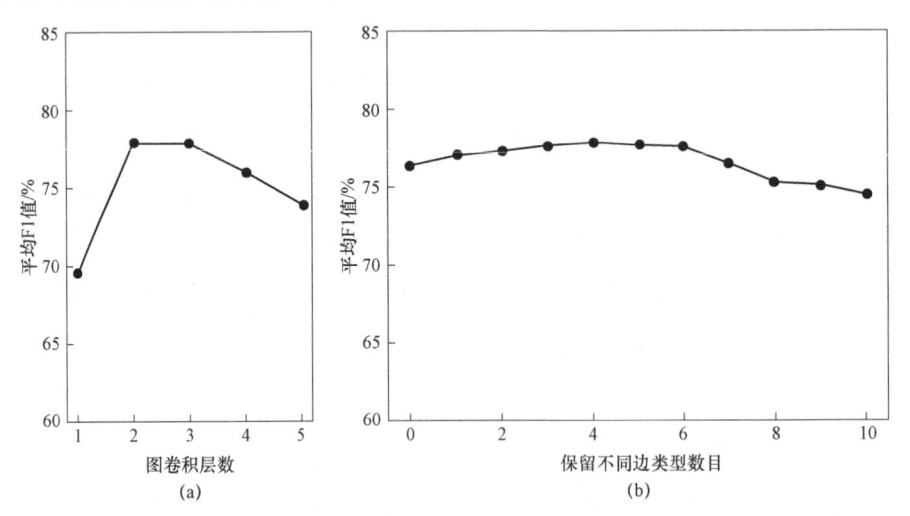

图 6-5 不同图卷积层数和保留不同边类型数目在 OntoNotes 5.0 中文数据集上的平均 F1 值
（a）不同图卷积层数在 OntoNotes 5.0 中文数据集上的平均 F1 值；
（b）保留不同边类型数目在 OntoNotes 5.0 中文数据集上的平均 F1 值

6.2.3.6 句法依存树和句法成分树质量的影响实验

SDC-CR 模型所使用的句法依存和成分信息来自 OntoNotes 5.0 数据集内的标注，可以认为是准确无误的注释。

为了评估句法依存树的质量如何影响性能，这里测试了两个现有的句法依存分析模型：Yang 和 Tu 以及 Wang 和 Tu，分别在 CTB[*]取得 93.33%和 90.81%的

---

[*] CTB 是句法分析领域通用的中文数据集。

分数。对比实验结果如表 6-5 所示，当 SDC-CR 模型使用上述系统生成的句法依存树时，平均 F1 值分别下降了 0.7%和 1.0%。

表 6-5 句法依存树和句法成分树质量的影响实验结果（OntoNotes 5.0 中文数据集）

模型	Avg.F1/%	ΔF1/%
SDC-CR（本实验）	77.2	—
Yang 和 Tu		-0.7
Wang 和 Tu		-1.0
Zhang 等人-1		-1.1
Zhang 等人-2		-1.8

同样，为了评估句法成分树的质量如何影响性能，也测试了两个现有的句法成分分析模型，Zhang 等人提出的两个方法（为了区别，前者为-1，后者为-2），分别在 CTB 取得 91.55%和 87.13%的分数。对比实验结果如表 6-5 所示，当 SDC-CR 模型使用上述系统生成的句法成分树时，平均 F1 值分别下降了 1.1%和 1.8%。

总的来看，句法依存树和句法成分树质量越好，模型效果越好，并且句法成分树的影响更大，可能的原因是句法成分树能为共指消歧中 span 识别提供更多帮助。

6.3 引入共指消歧的文档级事件抽取

首先，本节介绍了文档级事件抽取的概念和研究现状，总结目前已有方法存在的问题并提出相应的改进措施。其次，针对文档级事件抽取任务中忽略共指现象和句子团体内噪声影响的问题，提出引入共指消歧的文档级事件抽取（Based on Coreference for Document-level Event Extraction，Core-DEE）模型。最后在 ChFinAnn 和 DuEE-fin 两个中文金融文档数据集上进行相关实验与结果分析，验证本节提出模型的有效性。

6.3.1 任务定义及方法描述

作为信息抽取的重要组成部分，事件抽取技术是一种快速理解事件本质内容的关键技术。事件本身是一类特定的信息形式，指在特定的时间、特定的地点发生的某件事，涉及一个或多个参与者，并且参与者在事件中扮演着不同角色。那么事件抽取技术旨在将此类信息从非结构化的自然文本中抽取出，并组装成结构化形式的知识，这些知识主要描述真实世界事件的"谁、何时、何地"以及"如何"发生。如表6-6和表6-7所示，从文本中可以抽取出股票回购事件，并给出回购股份为"70 150股"，回购金额为"739 381.0元"等信息。随着大数据时代的到来，事件抽取技术的研究成果越来越重要，可以应用在舆情分析、金融情报、法律案例和医疗案例等众多领域。

表6-6 事件抽取任务文档示例

编号	句子
S_2	**SHFXYY（集团）股份有限公司**关于**回购注销**部分**限制性 A 股股票**通知债权人公告……
S_3	根据 SHFXYY（集团）股份有限公司 2015 年第一次临时股东大会、2015 年第一次 A 股类别股东会……
S_5	注销完成后，本公司注册资本将由人民币 2 495 131 045.0 元减少至 2 495 060 895.0 元
S_6	同意由本公司回购并注销 D 先生、W 先生已获授但尚未解锁的共计 **70 150 股**限制性 A 股股票，回购价格为人民币 **10.54 元/股**，回购总价款为人民币 **739 381.0 元**
…	…

注：句子中粗体表示事件论元，灰体表示共指现象。

表6-7 事件抽取任务结果示例（事件类型：股票回购事件）

论元角色	论元
公司	SHFXYY（集团）股份有限公司
交易价格	10.54 元/股
回购股份	70 150 股
回购金额	739 381.0 元

早期，事件抽取领域主要围绕基于统计和规则方法进行研究。统计方法即人工统计文本数据中所有事件的触发词和论元，从而构建出候选词典。规则方法是

依靠专家经验构造出规则或模板，通过语法树或者正则表达式进行文本匹配。显然，这些传统的事件抽取方法都需要人工的高度介入，成本非常高且模型泛用性差。

随着深度学习的快速发展，神经网络方法在事件抽取领域大放光彩。为了在不使用复杂 NLP 工具和特征工程的情况下自动抽取词汇和句子级的特征，Chen 等人引入了一种新的词表示模型，称为 DMCNN。传统的 GCN 在池化层使用的是最大池化，这会导致有价值特征信息的丢失，然而 DMCNN 模型在池化层则采用动态池化，可以保留更多的关键信息。但该模型是流水线架构，无法减少错误传播等问题。JRNN 是 Nguyen 等人提出的一种端到端的 Bi-RNN 事件抽取方法，既避免了流水线模型的缺点，而且又考虑到了事件触发词和事件论元之间的关系。Sha 等人提出的 DBRNN 模型也是基于 RNN 的框架，能够利用依赖关系图信息来抽取事件触发词和论元角色。

基于 CNN 和基于 RNN 的简单模型不能完全模拟事件论元之间的关联，Liu 等人使用分层注意力机制来进行信息的全局聚合，提出 JMEE 模型，可以在句子中抽取出多个事件触发词和论元。该模型由 4 个模块组成：词编码模块、句法 GCN 模块、自注意力触发词分类模块和论元分类模块。模型一方面通过引入语法快捷弧增强了信息；另一方面，利用基于注意力的 GCN 对图信息进行联合建模，抽取多个事件触发词和论元。此外，该工作还优化了偏置损失函数，以解决数据集不平衡问题。2019 年，预训练语言模型应用在事件抽取中，PLMEE 模型在 BERT 上添加一个多分类器来构建触发词抽取器，尝试通过利用预训练模型学习到的知识来生成事件，从而实现对外部语料库的利用。

虽然目前的事件抽取研究主要集中在句子级，但随着该细分领域的问题逐渐解决，并且在现实场景下，完整的事件往往不出现在单独句子中，而是在多个句子中被提及，所以现在越来越多的研究人员把目光投向了文档级事件抽取任务。与句子级事件抽取任务相比，在文档中抽取事件信息更自然，符合现实要求，但同时任务也更复杂和困难。文档级事件抽取方法首要解决的两个问题：① 论元分散问题，即同一个事件中的元素分布在不同句子中；② 多事件问题，即文档中通常存在多种类型的多个事件。

为了解决论元分散问题，Yang等人提出一个端到端的文档级事件抽取模型，包含两个模块：关键事件抽取模块和论元补全模块。关键事件抽取模块中对每个句子进行序列标注，识别出句子级的触发词和论元，然后通过论元补全模块，在其他句子中寻找目标论元，把关键事件的剩余论元补全。事实上，模型还是使用的句子级事件抽取方法，并没有考虑文档整体特征信息。另一方面，作者为了应对事件数据集标注成本高的问题，提出基于远程监督的方法，在中国金融活动领域能够自动生成大规模的标注数据。但该数据集中文档只含有一个事件，无法适用于多事件抽取。

Zheng等人针对多事件抽取的挑战，一方面，提出新的数据集ChFinAnn，它是通过从事件知识库映射到文档文本得到的，并且在映射过程中加以匹配约束，保证标签质量，该数据集中单个文档具有多个事件，可以验证模型在多事件场景下的有效性。该数据集不含有事件触发词，同时该研究也证明了触发词并不是事件抽取模型必要的内容。另一方面，作者将文档转化成基于实体的有向无环图（Entity-based Directed Acyclic Graph，EDAG）。假设事件类型是开始节点，根据预定义的事件角色顺序可以设计一系列扩展路径的子任务。在考虑某个论元角色时，对于每个要展开的实体，都创建新节点，并通过将当前节点连接到新实体节点来展开路径。那么不同的路径对应不同的事件，从而解决了多事件问题。但是该工作简单地通过Transformer获得文档级特征，忽略了其文章逻辑结构并且存在长度限制问题。

为了捕获文档的逻辑结构信息，Huang等人在2021年利用实体交互和句子交互的特性将文档重构成以句子为节点的无向无权文档图，与顺序建模相比，图结构更有助于关注距离较远的相关句子。但是文档中的同一实体往往有多种表述方式，作者忽略了这种共指现象，这会导致所构建的文档图中，节点之间缺失重要的连接。此外，作者提出了句子团体检测任务，将每个句子分配到不同的句子团体中，认为每一个句子团体中的句子都描述同一个事件。然而，这里在训练时使用的标注为实体标签，即只要句子包含了某个事件的论元实体都被认为与该事件相关，这显然会引入无关的噪声句子，影响抽取效果。

相似地，Lu等人在2022年的工作中也有句子团体的概念。该研究针对模型的可解释性问题，提出ExpDEE模型，在事件抽取过程中显式捕获句子级事件线索作为一系列中间结果，这反过来使模型能够将每个抽取的事件回溯到其句子级事件提示以进行解释。回溯过程可以帮助了解事件是如何抽取的，ExpDEE 在哪里获得相关线索，以及误导性线索如何导致抽取错误。与 Huang 等人不同的是，该模型是将描述同类事件的实体聚集在一起，但由于同样的原因，依然有引入噪声的问题并且忽略了实体间的共指关系。

如上文所述，现有方法仍存在部分不足，归纳如下：① 文档数据中，特别是在公告、通告等正式文件中，存在大量共指的语言现象，即实体的多种表达形式都指的是现实生活中同一实体。而目前的方法往往没有关注到这一点，一方面这会导致利用实体交互特点所构建的文档图有信息遗漏的问题；另一方面模型的学习难度高，参考的正确答案只有一个，但如果答案的其他表述也能被利用的话，模型就能专注地捕捉事件关联信息。② 在检测句子团体，也就是识别表达同一事件的句子集合时，认为只要出现了目标实体的句子都属于该句子团体。这种方式过于粗糙，会引入噪声句子，在对句子团体进行事件抽取时会受到噪声的干扰。

为了弥补这些不足，本节提出 Core–DEE 模型。首先，利用共指消歧技术识别实体共指关系，根据实体交互、句子交互以及共指关系构建出完善的文档图；其次，使用图注意力机制对句子节点编码，捕捉文档结构信息；接着，进行句子团体检测，将句子节点分到不同的团体中；最后，通过句子级注意力，将句子团体内实体重新编码后进行事件类型和论元角色分类，能够有效缓解噪声问题。

6.3.2 Core–DEE 模型

Core–DEE 模型的主要优势如下：

（1）能够利用共指消歧技术，构建完善的文档图，充分挖掘句子之间的事件关联信息，有效捕捉因为实体具有多种表达形式而被忽略的文档逻辑结构等有价值的信息。

（2）利用句子级注意力机制减弱无关句子的影响，有效抑制了句子团体内部的噪声问题，提高了模型在对句子团体进行事件分类和论元角色识别时的准确率。

（3）在 ChFinAnn 和 DuEE-fin 两个中文金融数据集上的实验结果表明，相比基线，模型在召回率上有明显提升，能够更加全面抽取事件信息。同时案例研究表明该模型具有一定的可解释性。

6.3.2.1　模型基本思想

对文档这样的长序列进行建模，使用 RNN 会无法捕捉其中的长距离依赖关系，因为单词距离较远会导致梯度消失或者梯度爆炸，模型很难建立长距离依赖关系。另外，虽然预训练语言模型 BERT 在很多 NLP 任务中取得非常好的效果，但仍然对序列的最大长度有限制。一般会采用截断或者滑动窗口的方式解决长度限制问题，但无法完整地利用句子信息。

因此，使用以句子为节点的文档图来对长序列文本进行建模，可以有效地捕捉文档逻辑结构信息，而且图的结构形式具有将信息从远程句子转移到相关句子的能力，可以缓解长期依赖问题。

文档图可以基于以下特性构建。

（1）实体交互：在同一个句子中存在的实体有更高的概率成为同一事件的论元。例如，在表 6-6 中，S_6 中的实体"70 150 股"和"10.54 元/股"倾向于描述相同的事件。

（2）句子交互：包含同一实体的句子倾向于叙述同一事件。例如，在表 6-6 中，S_2 和 S_3 包含相同的实体"SHFXYY（集团）股份有限公司"，倾向于描述相同的事件。

句子 S_6 中"本公司"其实就是上文中的"SHFXYY（集团）股份有限公司"，仅仅依靠交互特性无法将包含多数事件论元的 S_6 与其他句子关联起来，那么模型很难识别出股份回购事件中的公司为"SHFXYY（集团）股份有限公司"。

为了利用文档中存在的多个不同实体实际上表示现实同一事物的现象，利用共指消歧技术来找出这些实体集合，每个集合中的不同实体都表示同一事物，在进行事件抽取时将它们视为同一实体。所以，本节引入实体共指消歧技术，可以利用共指关系构建更加完善的文档图，从而提升事件抽取的召回率。

Huang 和 Lu 等人都提出了识别描述同一事件或者同一类事件的句子团体或实体团体的监督任务，认为只要句子含有标注中的实体就是在描述该标注的事件。当对这种句子团体进行事件抽取时，可以从两个方面考虑。一方面，可以视为简化的单事件抽取；另一方面，团体内的信息含量很高，无须关注文档中的其他句子，这有助于抽取工作的进行。

但是在这种假设下，表 6-6 中 S_2 和 S_3 都被看作是描述股份回购事件的句子，但实际上，只有 S_2 是相关句子。所以，由于这种假设过于简单粗糙，会引入无关噪声，本节使用句子级注意力机制，在对句子团体识别论元和论元角色时缓解噪声影响，提高模型的准确性。

Core-DEE 模型由预处理模块、文档图构建模块、句子团体检测模块、事件分类和论元分类模块四部分组成，整体架构如图 6-6 所示，接下来对每个部分展开详细介绍。

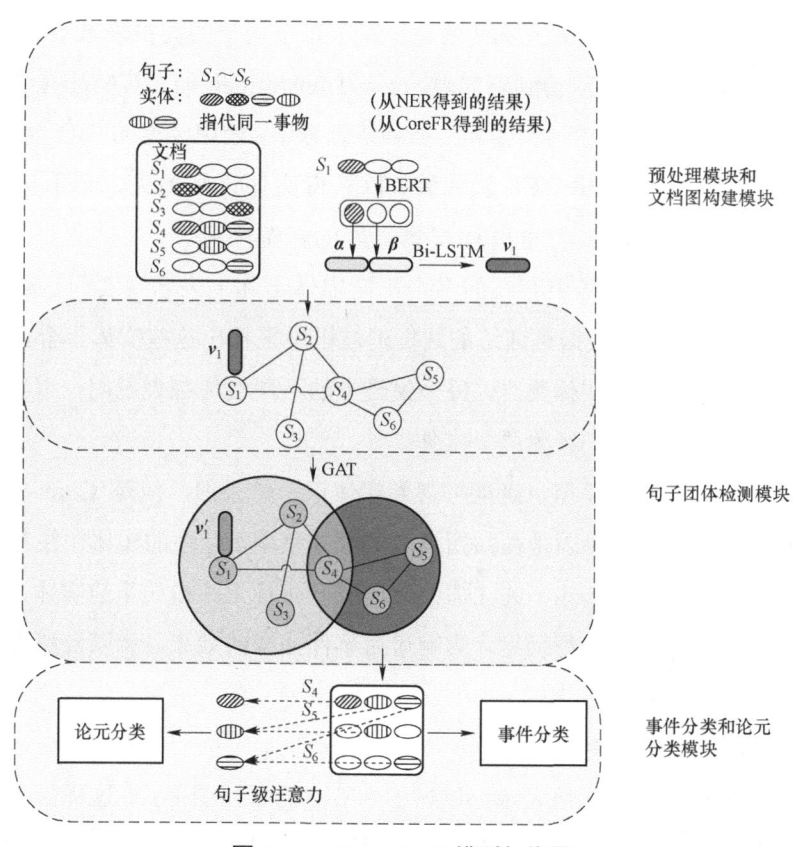

图 6-6 Core-DEE 模型架构图

6.3.2.2 预处理模块

预处理模块主要有两个工作：NER 和共指消歧。

为方便表述模型，在本节中，文档 D 表示一个句子序列 $[s_1, s_2, \cdots, s_{n_s}]$，每一个句子 $s_i \in \mathbb{R}^{d_w \times n_w}$ 由一组词向量 $[w_{i,1}, w_{i,2}, \cdots, w_{i,n_w}]$ 构成，其中，n_w 和 n_s 分别表示句子长度和文档长度；$w_{i,j}$ 为第 i 个句子中第 j 个词的特征向量表示，d_w 为词向量维度大小。

由于事件抽取的结果可以认为是一组实体集合，因此需要先把文档中的实体识别出来。实体识别是一种典型的序列标记任务，模型在句子层面执行这个任务，并遵循经典的方法 Bl-LSTM-CRF。具体做法是首先对单词序列进行编码，然后添加 CRF 层，以方便序列标记。唯一的区别是修改了原来的编码器，使用了目前效果更好的 Transformer。Transformer 通过多头自注意力机制对嵌入序列进行编码，以交换它们之间的上下文信息。对于每个句子的向量表示 $s_i \in \mathbb{R}^{d_w \times n_w}$，放入 Transformer 编码器后得到新的表示 $t_i = \text{Transformer}(s_i)$，其中，$t_i \in \mathbb{R}^{d_w \times n_w}$ 具有相同的嵌入大小 d_w 和序列长度 n_w。在训练过程中，使用经典的 BIO 标注方法，将事件论元作为标签并用 CRF 层包装 t_i 以获得实体识别损失。至于推理，模型使用维特比（Viterbi）算法解码得到最好的标签序列。

另外，为了利用文档中存在的多个不同实体实际上表示现实同一事物的现象，使用 6.2 节的中文数据集训练的共指消歧模型来找出这些实体集合。共指消歧模型可以给出不同的实体集合，每个集合中的不同实体都表示同一事物。在后续的工作中，模型将它们视为同一实体。

需要说明共指消歧模型也是能够得到实体识别结果的，但是 Core-DEE 模型并不使用这个结果。原因是在共指消歧的数据集中，标注的实体往往都是有先行词，存在共指关系的，并不关注那些只出现一次且无共指关系的实体，这就导致实体识别的结果存在偏好问题，影响最后事件抽取的效果，所以依然遵循经典的方法来完成实体识别工作。

6.3.2.3 文档图构建模块

文档图构建模块将文档表示为以句子为节点的文档图形式，这样做不仅可以捕捉文档整体的逻辑结构信息，而且可以规避长序列文本编码过程中的问题，比如长期依赖和预训练语言模型长度限制等问题。

对于每个文档 D，将其表示为一个无向无权图 $G = \{V, E\}$，其中，节点集合

$V=\{v_1,v_2,\cdots,v_{n_s}\}$，其数量等于句子数量，边的集合 $E=\{(u,v)\in V\times V:A_{u,v}=1\}$，其中，$A\in\{0,1\}^{n_s}$ 是一个二进制邻接矩阵。模型根据以下特性构建文档图。

（1）实体交互：在同一个句子中存在的实体有更高的概率成为同一事件的论元。

（2）句子交互：包含同一实体的句子倾向于叙述同一事件。

（3）共指关系：表述不同的实体实际上可能表示同一事件。

对于含有相同实体或者表示同一事件的实体的任何句子 S_i 和 S_j，给 $A_{i,j}$ 赋值为 1，否则为 0。此外，还为邻接矩阵 A 添加自循环，即 $A_{i,i}=1$。

对于每个句子节点，模型基于实体层面和句子层面进行综合编码，使用两个片段构造特征向量：表示事件候选论元信息的实体级特征向量 $\boldsymbol{\alpha}$ 和反映事件类型信息的句子级特征向量 $\boldsymbol{\beta}$。具体来说，对于每个含有 n_i 单词的句子 s_i，采用 BERT 编码，得到最后一层的嵌入向量 $\boldsymbol{B}_i\in\mathbb{R}^{n_i\times d_B}$，其中，$d_B$ 为 BERT 的隐藏层维度。BERT 使用多头注意力和双向编码，相比 Word2Vec 能够更全面地捕捉句子语义。对于句子 S_i 中覆盖第 $j\sim$ 第 k 个单词的实体，通过对 $\boldsymbol{B}_i$ 相应的索引范围进行最大池化操作，得到实体特征编码 $e_i\in\mathbb{R}^{d_B}$，即

$$e_i=\text{Max}-\text{pooling}(\boldsymbol{B}_{i,j},\boldsymbol{B}_{i,j+1},\cdots,\boldsymbol{B}_{i,k}) \quad (6-15)$$

接着对句子 S_i 中存在的所有 l 个实体进行另一个最大池化操作，得到固定大小的实体级特征向量 $\boldsymbol{\alpha}\in\mathbb{R}^{d_B}$，即

$$\boldsymbol{\alpha}=\text{Max}-\text{pooling}(e_1,e_2,\cdots,e_l) \quad (6-16)$$

同样地，在 $\boldsymbol{B}_i$ 上采用最大池化方法得到句子级特征向量 $\boldsymbol{\beta}$。

最后，在 $\boldsymbol{\alpha}$ 和 $\boldsymbol{\beta}$ 的串接上使用 Bi-LSTM，得到节点的特征向量 $v_i\in\mathbb{R}^D$，即

$$v_i=\text{Bi}-\text{LSTM}(\boldsymbol{\alpha}\|\boldsymbol{\beta}) \quad (6-17)$$

其中，$\|$ 表示串接操作。

6.3.2.4 句子团体检测模块

相比句子级事件抽取，在文档中抽取事件首要解决的两个问题是多事件和论元分散问题。一般情况下文档中可能存在多个不同类型的事件，并且这些事件的论元是分散在不同的句子里的，如果直接对所有句子进行抽取，则难度过大。所以在此模块，会先进行句子团体的检测。句子团体实际上就是描述同一个事件的句子集合，对这样的句子集合进行事件抽取时，一方面可以认为是简化

的单事件抽取,另一方面团体内信息含量密集,不用关注文档中其他句子,有助于抽取工作。

给定构造的具有 n 个节点特征向量 $v=[v_1,v_2,\cdots,v_n]$ 的文档图 $G=(V,E)$,句子团体检测模块会为文档中的每个事件生成目标句子团体。因为同一个节点可能被多个句子团体共享,所以此模块利用检测重叠的句子团体。

对于包含 m 个事件和 n 个句子的文档,构造一个二进制目标关联矩阵 $F\in\{0,1\}^{n\times m}$,每一列代表一个句子团体,如果第 i 个句子包含第 j 个事件的任何论元,就设置 $F_{i,j}=1$,否则为 0。然后每个句子可以被分配到多个句子团体或没有团体,这取决于这些句子团体是否相互重叠。

如果第 i 个句子包含第 j 个事件的任何论元,该句子不一定是在描述该事件,可能与另一个事件有关并且论元扮演其他的角色。所以模型会在事件分类和论元分类模块中引入句子级注意力机制来降低这类噪声的影响。

句子团体检测是一种将文档中具有相似语义或主题的句子分组的任务,目的是抽取出文档中的关键信息。为了捕捉句子之间的长距离依赖关系和语义相似度,将文档表示为一个图,其中每个节点代表一个句子,每条边代表两个句子之间的相关性。这里使用 GAT 来对图中节点间的信息流进行建模,并预测每个节点属于哪个句子团体。GAT 是一种基于注意力机制的 GNN,可以为每个邻近节点分配不同的权重,从而更灵活地捕捉图中节点之间的关系。在句子团体检测中,GAT 可以根据邻居节点学习每个句子节点的特征向量,并将具有相似特征向量的节点分到同一个句子团体中。这样做可以有效地处理重叠子图,并提高句子团体检测的准确性和鲁棒性。

图注意力层的输入包括一个无向无权图 $G=(V,E)$,邻接矩阵 A,节点特征向量 $v=[v_1,v_2,\cdots,v_n]$,$v_i\in\mathbb{R}^D$。这里用 D' 来表示注意力层输出表示的维度。表示邻居节点 j 对当前节点 i 的重要性的注意力分数 α_{ij} 为

$$\alpha_{ij}=\frac{\exp(\sigma(f[v_i;v_j]))}{\sum_{k\in N_i}\exp(\sigma(f[v_i;v_k]))} \qquad (6-18)$$

其中,σ 表示 LeakyReLU 激活函数;f 表示全连接层;N_i 表示节点 i 的全部邻居节点。

采用 K 个头的多头注意力机制从不同的表示子空间中捕获更多的信息，即

$$v'_i = \|_{k=1}^{K} \sigma\left(\sum_{j \in N_i} \alpha_{ij}^k v_j\right) \quad (6-19)$$

其中，$\|$ 表示拼接操作；α_{ij}^k 为第 k 个图注意力下节点 j 对当前节点 i 的得分。叠加 K 个头图注意力的输出 $v'_i \in \mathbb{R}^{K \times D'}$，$i = 1, 2, \cdots, n$，得到一个预测矩阵 $X \in \mathbb{R}^{n \times K \times D'}$。

接着将其放入一个隐藏层大小为 $2m$ 的 MLP 中，矩阵大小变为 $\mathbb{R}^{n \times 2 \times m}$。其中维度 2 是目标关联矩阵 $F \in \{0,1\}^{n \times m}$ 的维度。对最终的预测矩阵 X 进行 Softmax 归一化，即

$$\hat{p}_{\text{CD}} = \text{Softmax}(\text{MLP}(X)) \quad (6-20)$$

其中，$\hat{p}_{\text{CD}}$ 为最终概率。如果节点 $v_i \in V$ 对应某个句子团体的概率大于一半，则将节点 v_i 赋给该句子团体，进而得到预测的目标关联矩阵 $F \in \{0,1\}^{n \times m}$。

此外，基于 $\hat{p}_{\text{CD}}$ 和目标关联矩阵 F，可以计算出句子团体检测的交叉熵损失 $\mathcal{L}_{\text{CD}}$ 为

$$\mathcal{L}_{\text{CD}} = -\frac{1}{n \cdot m} \sum_{1 \leq i \leq n, 1 \leq j \leq m} \log \hat{p}_{\text{CD} F^{i,j}}^{i,j} \quad (6-21)$$

其中，$\hat{p}_{\text{CD} F^{i,j}}^{i,j}$ 表示节点 v_i 属于第 j 个句子团体的概率。

6.3.2.5 事件分类和论元分类模块

在最后一个模块中，模型会对每个句子团体进行分类，得到其事件类型，然后根据预先定义的事件角色，找到相应的论元。针对句子团体检测模块引入噪声的问题，这里通过句子级注意力机制降低无关句子的干扰，并获得与当前事件更相关的编码表示。

基于预测的目标关联矩阵 $F \in \{0,1\}^{n \times m}$ 和所有节点的特征编码序列 $v = [v_1, v_2, \cdots, v_n]$，$F$ 的每一行与 v 对位相乘后得到矩阵序列 $C = [c_1, c_2, \cdots, c_m]$，即

$$c_i = F_i^{\text{T}} \odot v \quad (6-22)$$

其中，$c_i \in \mathbb{R}^{D \times n}$，保留了第 i 个句子团体中的所有句子特征向量；$\odot$ 表示对位相乘。

接着对于每个句子团体 $c_i = [c_{i,1}, c_{i,2}, \cdots, c_{i,n}]$，使用句子级注意力得到每个部分的得分 α_j 为

$$g_j = \tanh(W_{sa}c_{i,j} + b_{sa})$$
$$\alpha_j = \text{Softmax}(g_j) = \frac{\exp(g_j)}{\sum_{t=1}^{n}\exp(g_t)} \quad (6-23)$$

其中，W_{sa} 和 b_{sa} 为注意力参数；g_j 为归一化之前的得分。加权求和得到句子团体 c_i 所指事件的融合编码表示 E_{eventi} 为

$$E_{eventi} = \sum_{j=1}^{n}\alpha_j c_{i,j} \quad (6-24)$$

把事件表示放入全连接层，Softmax 归一化后得到预测的事件类型概率分布为

$$\hat{p}_{y_{ET}} = \text{Softmax}(W_{ET}E_{event} + b_{ET}) \quad (6-25)$$

其中，W_{ET} 和 b_{ET} 为全连接层参数。事件类型分类的损失函数 $\mathcal{L}_{ET}$ 由交叉熵损失计算得出，即

$$\mathcal{L}_{ET} = -\log \hat{p}_{y_{ET}} \quad (6-26)$$

其中，y_{ET} 表示事件类型标签。

得到每个句子团体的事件类型之后，需要抽取相应的事件论元。虽然这些句子中实体的名称是相同的，但其编码表示是不同的，以往的工作通常会直接使用最大聚合操作合并它们的表示，而忽略噪声的影响。

对于只出现一次的实体，模型不做处理。对于出现多次的相同实体包括存在共指关系的实体，模型利用式（6-23）得到的注意力分数，加权求和得到实体的最终表示 E_{entity} 为

$$E_{entity} = \sum_{t=1}^{n}\alpha_t e_{i,t} \quad (6-27)$$

为了缓解角色重叠问题，即一个实体可能扮演多个角色，模型预测每个事件论元角色的论元实体。将最终的实体嵌入 E_{entity} 输入 Sigmoid 函数中，模拟论元分类的相对分数，而不是普通的 Softmax 分类器，即

$$\hat{p}_{EA} = \text{Sigmoid}(W \cdot E_{entity} + b) \quad (6-28)$$

对于每个角色，选择得分最高且超过阈值 p_0 的实体作为论元。通过这种方式，一个实体可以作为多个角色的论元。利用二元交叉熵计算论元分类的损失 $\mathcal{L}_{EA}$ 为

$$\mathcal{L}_{\text{EA}} = -\sum_{i=1} y^i \log \hat{p}_{\text{EA}}^i + (1-y^i)\log(1-\hat{p}_{\text{EA}}^i) \qquad (6-29)$$

其中，y^i 表示实体是否为第 i 个角色的论元，取值 1 或 0。

Core-DEE 模型的总体损失函数由三部分组成，分别是句子团体检测损失、事件类型分类损失和论元角色分类损失，即

$$\mathcal{L}_{\text{all}} = \lambda_1 \mathcal{L}_{\text{CD}} + \lambda_2 \mathcal{L}_{\text{ET}} + \lambda_3 \mathcal{L}_{\text{EA}} \qquad (6-30)$$

其中，λ_1，λ_2 和 λ_3 均为超参数。

6.3.3 实验

为了验证本节提出的 Core-DEE 模型在文档级事件抽取任务上的有效性，首先介绍了使用的数据集、评价指标和参数设置，然后设计了 4 组实验分别进行分析：① 对比实验，将本节模型与其他文档级事件抽取模型进行比较；② 消融实验，通过移除或者更换本节模型的组件，以分析各个组件的效果；③ 评估模型在论元分散和多事件场景实验下的表现；④ 案例分析，通过事件抽取例子分析模型效果，验证可解释性。

6.3.3.1 数据集和评价指标

本节使用两个文档级的中文金融领域数据集 ChFinAnn 和 DuEE-fin 进行实验，两个数据集都没有触发词标签。

ChFinAnn 在 2008—2018 年的金融公告和人类总结的事件知识库的基础上，进行基于远程监督的事件标注，并且此数据集经过人工检测证明其数据质量较高，可用于评估模型。数据集包含 32 040 份文件和 5 种事件类型：股票冻结、股票回购、股票减持、股票增持和股票质押。在此之前，Yang 等人已经通过远程监督的方式自动标注了一批数据，但 97% 的文档只包含一个事件记录，ChFinAnn 数据集大小是其原来的 10 倍，并且大约 30% 的文档中包含多个事件记录，是中文文档级事件抽取常用的数据集。

DuEE-fin 是 2021 年新提出的另一个中文金融文档级事件抽取数据集，其中包含 11 700 个文档和 13 种事件类型。由于只发布了训练数据集和开发数据集，因此本节将这些已发布的数据重新拆分为实验的训练集、评估集、测试集，分别由 5 258、892 和 1 023 个文档组成。所有数据均采用众包评审人工标注，确保标

注准确率高于 95%，涵盖了百度搜索的热门话题，数据来自百家号新闻。该数据集也更接近现实场景。

文档级事件抽取模型希望预测的事件能够与真实的事件一一对应，所以通过比较每种事件类型的预测事件集合和真实事件集合来评估模型效果。具体来说，对于每个文档和每种事件类型，遍历模型所预测出来的事件集合，从真实的事件集合中选择最相似的一个来进行比较，并且后续不会再被选中。相似程度指的是两个事件中对应角色下相同论元的数目，最相似的两个事件即相同论元最多的。最后对于匹配的每一组事件统计真阳性 TP、假阳性 FP 和假阴性 FN 数据，汇总后根据式（6-31）计算模型的精确率 P、召回率 R 和 F1 值。

$$
\begin{aligned}
& TP = 将正确论元预测为正确的个数 \\
& FP = 将正确论元预测为错误的个数 \\
& FN = 将错误论元预测为正确的个数 \\
& P = \frac{正确预测论元数量}{所有预测论元的数量} = \frac{TP}{TP+FP} \\
& R = \frac{正确预测论元数量}{所有人工标注论元的数量} = \frac{TP}{TP+FN} \\
& F1 = \frac{2P \cdot R}{P+R}
\end{aligned}
\qquad (6-31)
$$

6.3.3.2 实验参数设置

模型 Core-DEE 由 PyTorch 实现，在三片 NVIDIA RTX 3090 GPU 上进行训练，参数设置如表 6-8 所示。使用 bert-wwm-base 作为文档编码器。句子团体检测模块中 GAT 层数为 1，图注意力头数为 3，每个注意力头的维度设置为 200（与 6.2.3.5 节类似，已经过超参数分析，不再重复阐述）。在论元角色分类中，为了缓解角色重叠问题，将判断论元的阈值 p_0 设置为 0.5。在训练时，Batch Size 大小为 64*，目标函数中的超参数 λ_1、λ_2 和 λ_3 分别设置为 3、1 和 1，使用 Adam 算法优化模型参数，同时学习率初始化为 0.001。为了避免过拟合，Dropout 率设置为 0.3。

---

* 6.2 节中 Batch Size 设置为 1 是因为计算效率问题，本节不存在此问题。

表 6-8 Core-DEE 模型的参数设置

参数类型	参数值
GAT 层数	1
GAT 头数 K	3
GAT 头维度	200
Batch Size	64
p_0	0.5
λ_1	3
λ_2	1
λ_3	1
学习率	0.001
Dropout 率	0.3
优化器 Optimizer	Adam

6.3.3.3 对比实验

为了验证本节所提出模型 Core-DEE 的有效性，将其与下列 7 个基线模型进行比较。

（1）DCFEE：采用论点补全策略，通过利用句子级事件抽取结果中的论元来生成文档级事件记录。为了处理多事件抽取，DCFEE-O 和 DCFEE-M 两个变种被提出，前者从一个关键事件句子中产生一个事件记录，后者试图根据关键事件句子最近的相对距离获得多个可能的参数组合。

（2）Doc2EDAG：会生成基于实体的有向无环图，每一条路径就代表一个事件，从而在文档中抽取多个事件。

（3）Greedy-Dec：是 Doc2EDAG 的一个变种，采取贪婪的策略只填充一个完整事件。

（4）SCDEE：将文档转化成基于句子的无向无权图，引入句子团体检测任务，从而拥有抽取多个事件的能力。

（5）GIT：构建了异构交互网络，以捕捉不同句子和实体提及之间的全局交互，并且引入跟踪器模块，捕捉事件间的相关性。

（6）DE-PPN：基于文档级编码器和多粒度解码器，以并行的方式从文档中抽取结构化事件。

（7）ExpDEE：在事件抽取过程中显式捕捉句子级事件线索作为一系列中间结果，这样能够支持解释每个被抽取的事件。

对比实验结果如表6-9所示。从表6-9中可以看出，与上述其他基线模型相比，Core-DEE模型在F1值上取得了最好的结果，验证了模型的有效性。具体而言，与表现最好的ExpDEE模型相比，F1值在ChFinAnn和DuEE-fin数据集分别提升0.9%和0.7%。

表6-9　各个模型在ChFinAnn和DuEE-fin数据集上的实验结果

模型	ChFinAnn P/%	ChFinAnn R/%	ChFinAnn F1/%	DuEE-fin P/%	DuEE-fin R/%	DuEE-fin F1/%
DCFEE-O	67.7	54.4	60.3	62.1	52.9	57.1
DCFEE-M	58.1	55.2	56.6	41.5	53.0	46.5
Doc2EDAG	80.3	75.0	77.5	59.5	68.2	63.5
Greedy-Dec	80.4	49.1	61.0	66.2	50.3	57.2
SCDEE	87.2	70.6	78.9	72.1	63.2	67.2
GIT	82.3	78.4	80.3	68.1	69.3	68.7
DE-PPN	80.4	75.9	78.1	61.3	68.8	65.0
ExpDEE	82.3	80.3	81.1	68.1	70.8	69.4
Core-DEE（本实验）	86.8	77.5	82.0	71.4	68.7	70.1

而DCFEE-O和DCFEE-M模型的效果最差，这表明直接将句子级事件抽取方法套用在文档级事件抽取任务中不可行，并且将包含大多数事件论元的句子作为关键事件句子的假设适用性有限。DCFEE-O比DCFEE-M模型取得了更好的结果，这代表从关键事件句子中盲目地猜测多个事件是不可能的。Doc2EDAG模型通过路径扩展子任务生成多个事件，相比其采取贪婪策略的变种Greedy-Dec模型，F1值在两个数据集上高出16.5%和6.3%，这可能得益于端到端对文档建模的方式。GIT模型考虑了事件间的相互依赖性，也取得了较好的效

果。从评价指标上可以看到，DE-PPN 模型效果不如其他一些模型，但它可以并行地抽取事件，优势其实在于速度。

与本节 Core-DEE 模型最相似的是 SCDEE 模型，相比之下，Core-DEE 模型的召回率在两个数据集上分别高出 6.9%和 5.5%。这可能是因为考虑实体共指消歧的情况下，能够将那些之前被忽略的重要信息再次利用。同时，精确率上没有明显提升，但这个数值已经足够高，模型能够保持这个水平是完全可以接受的。这并非说明句子级注意力没有使模型在精确率上受益，后续的消融实验证明，缺失注意力会使得精确率下降。

在可解释性上，ExpDEE 模型通过句子级事件线索可以为抽取的事件提供解释说明。本节 Core-DEE 模型也可以通过句子团体实现一定的可解释性，在案例分析中会详细说明。

另外，可以看出所有模型在 DuEE-fin 数据集上的表现都不如 ChFinAnn，说明 DuEE-fin 这个新数据集难度更高，更具挑战性，将会是未来工作的研究重点。

6.3.3.4 消融实验

为了评估本节 Core-DEE 模型各个组件对事件抽取效果的影响，设计了如下消融实验。

（1）Core：文档图构建模块中不使用共指消歧的结果，以证明模型考虑文档中共指现象对事件抽取具有正向作用。

（2）GAT：在句子团体检测模块中移除 GAT，替换为普通的全连接层。

（3）SA：在事件分类和论元分类模块中不采用句子级注意力，对特征序列进行最大池化。

（4）ROI：分别用一般的 Softmax 分类器和交叉熵损失来代替论元角色分类中的 Sigmoid 函数和二进制交叉熵损失，以探讨角色重叠问题如何影响实验结果。

消融实验结果如表 6-10 所示，可知：① 在不使用共指消歧的情况下，可以发现模型的召回率有极大的降低，这应该是因为缺少了这部分联系，使得构建出的文档图不够完整，在检测句子团体时，无法将合适的句子聚集在一起，从而遗漏掉重要信息，但是此时模型的精确率略有上升，猜测是因为共指消歧模型本身存在一定错误情况，会引入一些噪声，从而导致抽取错误；② 移除事件分类和论元分类模块中的句子级注意力机制和二元分类后，模型性能发生最明显的下滑，表明句子团体中的噪声和角色重叠问题对事件抽取结果影响最大（尤其是在共指消歧可能引入噪声的情况下）。

表 6-10 Core-DEE 模型消融实验结果

模型	ChFinAnn P/%	ChFinAnn R/%	ChFinAnn F1/%	DuEE-fin P/%	DuEE-fin R/%	DuEE-fin F1/%
Core-DEE（本实验）	86.8	77.4	82.0	71.4	68.7	70.1
-Core	+0.7	-7.2	-4.0	+0.5	-6.1	-3.1
-GAT	-3.2	-2.8	-3.2	-2.4	-1.9	-2.2
-SA	-4.2	-2.6	-3.4	-3.4	-1.3	-2.4
-ROI	-5.0	-3.3	-4.2	-3.6	-2.7	-3.2

6.3.3.5 论元分散和多事件场景实验

为了分析本节模型 Core-DEE 在应对文档级事件抽取中论元分散和多事件挑战的表现，本节设计了不同场景的实验。

针对论元分散挑战，即同一事件的论元分布在文档中不同句子的情况，首先计算数据集中每个文档的事件标注所覆盖的平均句子数目（包含事件标注中任意实体的句子被认为是覆盖的），接着按升序对数据集进行排序。然后将它们分为文档数目相同的 4 个集合 I/II/III/IV，集合IV中的文档被认为是最具挑战性的，因为它的事件信息分散程度最高，需要最多的句子才能成功抽取事件。实验结果如表 6-11 所示，在大多数情况下，本节 Core-DEE 模型优于其他模型，尤其是在III/IV类别中。原因应该是句子团体检测模块会排除掉与将要抽取的事件无关的句子，并且句子级注意力机制会进一步缓解噪声句子的影响，这在涉及的句子数量增加时更有效。

针对多事件挑战，将测试集分成两类：一类为单事件集合，其中包含只有一个事件记录的文档；另一类为多事件集合，其中包含拥有多个事件记录的文档。

表6-11 模型在论元分散场景下的实验结果

模型	ChFinAnn（F1）/%				DuEE-fin（F1）/%			
	I	II	III	IV	I	II	III	IV
DCFEE-O	64.6	70.0	57.7	52.3	56.1	58.3	54.0	51.2
DCFEE-M	54.8	54.1	51.5	47.1	44.1	50.3	46.1	41.8
Doc2EDAG	79.6	82.4	78.4	72.0	62.3	65.1	60.8	58.3
Greedy-Dec	67.4	68.0	50.2	69.3	55.8	58.4	53.9	51.4
SCDEE	80.0	85.2	82.0	68.4	63.3	65.9	62.1	58.6
GIT	81.9	85.7	80.0	75.7	65.3	70.2	64.8	62.1
DE-PPN	79.3	80.3	79.5	73.3	64.3	67.8	62.5	57.6
ExpDEE	80.8	84.3	81.7	77.5	63.1	66.5	63.8	59.4
Core-DEE（本实验）	82.0	85.7	82.8	78.0	66.5	70.0	64.7	62.5

表6-12为模型在单事件和多事件场景下的实验结果，可以观察到所有模型在多事件场景下的性能都有所下降，说明多事件非常具有挑战性。特别是Greedy-Dec模型，由于没有多事件挑战机制，下降幅度最大。实验证明了本节Core-DEE模型可以很好地处理多事件场景，在两个数据集上分别比最佳基线模型ExpDEE提高了1.2%和1.8%的F1值。这种性能改进得益于模型利用标签信息将文档中的句子分为多个句子团体，每个团体描述一个事件，从而将任务转换为单事件抽取，使得模型抽取时更加容易。

表6-12 模型在单事件和多事件场景下的实验结果

模型	ChFinAnn（F1）/%		DuEE-fin（F1）/%	
	Single	Multi	Single	Multi
DCFEE-O	70.4	58.3	60.1	53.1
DCFEE-M	55.6	46.0	53.2	42.9
Doc2EDAG	84.3	77.3	69.5	58.8
Greedy-Dec	69.3	60.9	60.3	54.0
SCDEE	88.7	65.8	78.9	56.1
GIT	86.9	78.8	72.2	63.8
DE-PPN	83.9	68.7	72.1	59.3
ExpDEE	87.4	80.4	73.0	64.1
Core-DEE（本实验）	87.8	81.6	77.3	65.9

注：Single表示单事件集合，Multi表示多事件集合。

6.3.3.6 案例分析

本节选取了 ChFinAnn 测试文档中包含两个股票质押事件的例子，案例的部分句子文本如表 6-13 所示，两个事件的抽取结果如表 6-14 所示。通过此案例可以分析本节 Core-DEE 模型的有效性和可解释性：① 文档中 1/3 的句子不包含实体，编码时可以忽略无关句，与其他直接对文档编码的方法相比具有优势；② "浙江 XH 集团股份有限公司，XH 集团" 和 "宁波 JYSYFZ 有限公司，XH 集团" 这两组共指关系通过改善文档图的结构（如第 6 和第 11 个句子可以通过共指关系链接起来），能够进一步提高模型的召回率；③ 模型的句子团体检测模块准确地将不连续的第 6、第 7、第 11 和第 12 个句子识别为一个团体，将第 8 和第 10 个句子识别为另一个团体，每个团体内的句子都与某一个事件强相关，这可以帮助了解模型在哪里获得或遗漏了事件相关线索，对抽取结果作出解释说明。总之，通过识别描述同一事件的句子团体后再进行事件抽取，可以让 Core-DEE 模型具有一定的可解释性。

表 6-13 案例的部分句子文本

编号	句子
S_6	浙江 **XH 集团股份有限公司**将其持有的
S_7	"本公司股份 **23 900 000 股**与 **HTZQGF 有限公司**进行股票质押式回购交易，占公司总股本的 **0.28%**，初始交易日为 **2018 年 9 月 7 日**，质押期限至 **2019 年 11 月 8 日**，相关质押登记手续已办理完毕。"
S_8	"宁波 JYSYFZ 有限公司将其持有的本公司股份 2 700 000 股与 HTZQGF 有限公司进行股票质押式回购交易，占公司总股本的 0.03%，初始交易日为 2018 年 9 月 7 日，质押期限至 2019 年 10 月 18 日，相关质押登记手续已……"
S_{10}	截至目前，XH 集团直接持有本公司股份 2 786 910 170 股，占本公司总股本的比例为 32.41%，本次质押后累计质押的股份数为 2 061 123 200 股，占 XH 集团持有本公司股份总数的 73.96%，占本
S_{11}	公司总股本的比例为 23.97%；**宁波 JY** 直接持有本公司股份 **462 334 913 股**，占本公司总股本 **5.38%**，本次质押后累计被质押的
S_{12}	股份数为 **227 170 000 股**，占**宁波 JY** 持有本公司股份总数的 **49.14%**，占本公司总股本的比例为 **2.64%**。"
…	…

注：粗体和灰体分别属于两个事件*。

---

* 因为数据通过脚本抓取，部分文本不是严格按照句子分割，如表 6-13 中 S_6 和 S_7。

表 6-14 两个事件的抽取结果

股权质押	事件 1	事件 2
质押者	宁波 JYSYFZ 有限公司	浙江 XH 集团股份有限公司
质押股份	2 700 000 股	23 900 000 股
质权人	HTZQGF 有限公司	HTZQGF 有限公司
总股本	462 334 913 股	2 786 910 170 股
总占比	5.38%	32.41%
质押股份总数	227 170 000 股	2 061 123 200 股
开始时间	2018 年 9 月 7 日	2018 年 9 月 7 日
结束时间	2019 年 10 月 18 日	2019 年 11 月 8 日

6.4 基于抽取式问答的事件原因抽取

本节主要探讨了事件原因抽取任务，作为文档级事件抽取的下游应用，可以帮助人们揭示事件发生原因。首先，介绍了新任务事件原因抽取被提出的动机。其次，分析了现有数据集带来的多原因挑战。再次，为了解决多原因的挑战，本节使用抽取式问答的方式抽取事件原因。最后，在 FinReason 中文金融文档数据集上进行相关实验与结果分析，验证本节提出方法的有效性。

6.4.1 任务定义及方法描述

除了论元角色等属性，事件还包含其他信息，尤其是因果信息。寻找事件发生的原因一直是研究人员关注的重点。如图 6-7 所示，通过事件原因抽取技术，可以揭示 XKKG 参与质押事件的原因是为自身融资提供股权质押担保，而 ZR 参与质押事件的原因是用于办理股票质押式回购交易。这项技术已经在金融、安全和生物等领域发挥着重要作用。一方面，它能够提供事件发生的原因解释，帮助人们理解和分析各种现象；另一方面，它还能够进行预测，推断事情的发展趋势。因此，事件原因抽取技术具有广泛的应用前景。

早期，主要采用规则和统计方法来抽取因果关系。Riaz 和 Girju 统计各种动词系统的倾向信息来编码因果关系，如模型可以确定 destroy（occur）的主语是否具有编码因果关系的高（低）倾向。这些信息有助于通过分别利用每个动词的因果语义来提高性能。但基于规则和统计的方式很难进行扩展和移植，只能解决特定领域问题。

现在主流方法通过引入深度神经网络来抽取因果关系。Kadowaki 等人利用 BERT 确定事件之间的因果关系，这里的 BERT 是使用因果关系候选文档作为背景知识预训练的。并且通过训练多个分类器来掌握每个注释器的策略，每个分类器都预测单个注释器给出的标签，并结合生成的分类器的输出来预测由多数投票决定的最终标签。Fan 等人针对单独预测因果关系冲突的问题，通过使用不同的知识源，从文档中归纳出丰富的基于图形的事件结构，方便捕捉节点之间的局部和非局部信息。

目前事件原因抽取任务被看作是一个词对分类任务，给定两个事件，根据触发词间的关系判断因果关系，类似于实体关系抽取。如图 6-7 所示，触发词 attack 表示的攻击事件导致了触发词 killed 代表的死亡事件发生。2021 年，Chen 等人认为在现实场景中，人们可能只知道发生了一个特定事件，而不知道它在文档中的提及和触发词，他们只想知道事件发生的原因。因此，提出了一个新的数据集 FinReason 和新的任务——事件原因抽取任务，旨在从文档级文本中抽取给定结构呈现事件的因果解释。具体而言，此处定义的结构事件是一种结构描述，它包含事件类型的所有必要论元角色，这样的描述完全可以代表现实中发生的特定事件。例如，在图 6-7 中，质押事件具有 4 个预定义的角色 NAME、ORG、NUM 和 BEG，以表示发生的质押事件，然后，任务的目的是根据这些描述从文档中找出结构事件发生的具体原因。

在数据集 FinReason 中，大约 13.25%的文档中事件具有多重原因现象：文本中可能存在一个或多个事件，并且这些事件可能是同一个原因或者多种不同原因导致的，例如，图 6-7 中两个事件各有一个原因。模型需要识别和抽取出每个事件涉及的原因，而无论是基于规则的方法、现有的序列标注和问答方法都不适合在多事件场景下识别多个原因。针对多原因挑战，本节提出基于抽取式问答的事件原因抽取模型（Based on Extractive Question and Answer for Event Reason Extraction Model，EQA-ERE），将任务转换为抽取式问答任务，事件描述作为问题，事件原因则为模型给出的答案。首先，使用 BERT 获取单词编码；其次，分别使用事件角度和文档角度的注意力对文档进行编码，不同的事件对应不同的文档表示，目的是抽取原因时，只关注与该事件有关的文档内容；最后，使用序列标注方法找到原因的文本序列。

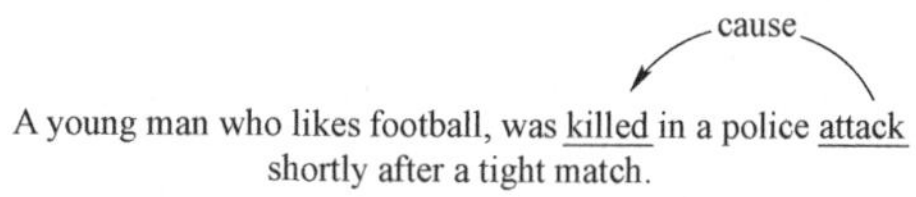

A young man who likes football, was killed in a police attack shortly after a tight match. —— cause

一名喜欢足球的年轻人在一场紧张的比赛后不久在一次警察袭击中丧生。

……2017年1月13日，XKKG将其持有的公司40 000 000股限售流通股质押给CQNSH……质押期限自2017年1月6日至质押登记解除日为止……公司股东ZR于2016年12月13日将其持有的公司5 353 400股限售流通股质押给ZXJTZQGF有限公司，用于办理股票质押式回购交易……XKKG本次股份质押是为自身融资提供股权质押担保……
…On Jan 13th 2017, K Inc. declared its pledge of 40 000 000 sharesto CRCB bank since Jan 1st 2016. Shareholder ZR pledged herholdings of 5 353 400 to CITICS Inc,from Dec. 13th 2016 for stockpledged repo transactions…K's pledge aimed at providing guaranteefor self-financing…

	名称	组织	数量	开始时间
事件1	XKKG (K Inc)	CQNSH (CRCB bank)	40 000 000	2017-01-06
事件2	ZR	ZXJTZQGF (CITICS Inc)	5 353 400	2016-12-13

原因1	质押是为自身融资提供股权质押担保 aimed at providing guaranteefor self-financing
原因2	用于办理股票质押式回购交易 for stockpledged repo transactions

图 6-7　因果关系抽取（上）与事件原因抽取任务（下）的例子

6.4.2　EQA-ERE 模型

EQA-ERE 模型的主要优势如下：

（1）使用双向注意力捕捉文档和事件信息的交互信息，为每一个事件描述都生成一个独立的文档编码，从而只关注文档中与事件最相关的信息，能够有效地在多事件场景下抽取原因；

（2）使用序列标注方式抽取原因，能够抽取多个不同的连续的文本序列，从而解决多原因识别问题；

（3）在 FinReason 数据集的实验结果表明，EQA-ERE 有效提升了事件原因抽取性能，F1 值达到 84.0%。

6.4.2.1 模型基本思想

目前大多数事件原因抽取都是基于触发词的，但是单个词组描述特定事件的能力有限并且不适用于实际应用。实际上，在事件抽取中研究人员也有同样的观点，所以提出的文档级事件抽取数据集 ChFinAnn 和 DuEE-fin 都没有触发词标签，6.3 节实验也表明了不使用触发词的模型依然能达到期望结果。所以本节在进行事件原因抽取时也不考虑触发词，一方面避免了触发词的标注成本，另一方面可以保持与 6.3 节事件抽取的连贯性。

问答可以分为生成式问答和抽取式问答，生成式系统给出的答案不局限于数据集，而抽取式系统给出的答案是从数据或原文中得到的。所以事件原因抽取任务可以看作是抽取式问答，问题是特定事件的描述，目的是从数据文本中找到答案，即事件发生原因。

在编码方面，与 6.2 节和 6.3 节不同的是，抽取事件原因时不仅要考虑文档上下文信息，还需要考虑给定事件描述的信息。所以使用分别从文档和事件角度生成的双向注意力，为每个事件生成特定的文档表示，以提高准确率。

对于多重原因挑战，使用序列标注的方式解决，因为可以通过标记多个开始和结束来找到多个原因 span。预先将数据集中的原因文本用 BIO 标签标注出来，B 用于标记 span 的开始，I 用于标记 span 内部，O 用于标记不包含在 span 中的标记。然后通过维比特算法解码出最优序列。

EQA-ERE 架构图如图 6-8 所示，共包含 3 个部分，分别是编码模块、双向注意力模块和序列标注模块，接下来对每个部分展开介绍。

6.4.2.2 编码模块

编码模块需要对文档和事件描述信息中的单词进行编码。与 6.2 节类似，编码器为 BERT，通过滑动窗口的方式得到文档表示 $D \in \mathbb{R}^{M \times d_w}$，即一个单词序列 $[w_1, w_2, \cdots, w_M]$，其中，M 为文档中单词数目，d_w 为编码器输出维度。

事件描述信息中的论元全部来自文档，可以直接采用 $D \in \mathbb{R}^{M \times d_w}$ 中对应的编码，如果某个论元在文档中出现多次，则对它们采用最大池化，最终事件描述信息 E 可以表示为

$$w_i = \text{Max} - \text{pooling}(w_j, w_k, \cdots, w_l) \quad (6-32)$$

$$E = [w_t, \cdots, w_{t+N}] \in \mathbb{R}^{N \times d_w} \quad (6-33)$$

其中，$(w_j, w_k, \cdots, w_l)$ 为 w_i 在文档中的不同位置表示；N 为事件描述信息中论元单词数目。本节没有使用到角色信息和位置特征。

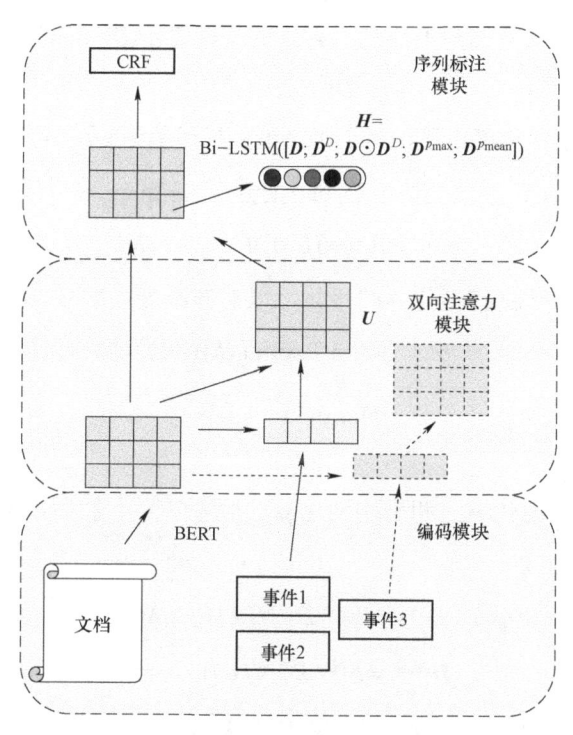

图 6-8 EQA-ERE 架构图

6.4.2.3 双向注意力模块

本节将事件原因抽取任务看成抽取式问答任务，问题为事件集合，答案为事件原因集合。因为数据集中存在多个事件，所以双向注意力模块利用文档与事件之间的关联性，对不同的事件生成不同的文档编码，这样做会牺牲一些内存空间，但能对多个事件的原因抽取提供巨大帮助。

双向注意力模块使用双向注意力机制捕捉事件和文档之间的交互信息，具体做法是通过事件 $E \in \mathbb{R}^{N \times d_w}$ 和文档 $D \in \mathbb{R}^{M \times d_w}$ 表示获得注意力矩阵 $U \in \mathbb{R}^{N \times M}$，即

$$U_{ij} = E_i \cdot D_j^T, \forall i \in [1, \cdots, N], \forall j \in [1, \cdots, M] \quad (6-34)$$

其中，U_{ij} 表示事件描述中第 i 个单词和文档中第 j 个单词之间的相似度。

从文档角度出发，与 Seo 等人的工作类似，对注意力矩阵 U 的每一列进行 Softmax 归一化，得到 $a_j \in \mathbb{R}^N$ 为

$$a_j = \text{Softmax}(U_{:,j}), \forall j \in [1, \cdots, M] \quad (6-35)$$

具体来说，对于每个文档单词 w_j，可以发现事件描述中的哪些单词与其相关，所以先计算出从文档角度注意力得到的文档表示 $D^D \in \mathbb{R}^{M \times d_w}$，即

$$D^D = a^{\text{T}} \cdot E \quad (6-36)$$

同样地，从事件角度出发，对于每个事件描述单词 w_{ji}，可以找到文档中的哪些单词是关联的，对注意力矩阵 U 的每一行进行 Softmax 归一化，得到 $b_i \in \mathbb{R}^M$ 为

$$b_i = \text{Softmax}(U_{i,:}), \forall i \in [1, \cdots, N] \quad (6-37)$$

接着对 $b \in \mathbb{R}^{N \times M}$ 进行池化并归一化，以对齐维度，即

$$b^f = \text{Norm}(\text{Pooling}(b)) \in \mathbb{R}^M \quad (6-38)$$

$$\text{Norm}(x) = \frac{x}{\sum_i x_i} \quad (6-39)$$

这里使用最大池化 $p_{\max}$ 和平均池化 p_{mean} 两种方式，然后，从事件角度注意力得到的文档表示为

$$D_j^{p_{\max}} = b_j^{p_{\max}} D_j, \forall j \in [1, \cdots, M] \quad (6-40)$$

$$D_j^{p_{\text{mean}}} = b_j^{p_{\text{mean}}} D_j, \forall j \in [1, \cdots, M] \quad (6-41)$$

最终得到了使用双向注意力的文档特征表示 H，即

$$H = \text{Bi-LSTM}([D; D^D; D \odot D^D; D^{p_{\max}}; D^{p_{\text{mean}}}]) \quad (6-42)$$

其中，$\odot$ 表示对位相乘，使用 Bi-LSTM 调整文档编码维度。

6.4.2.4　序列标注模块

为了应对数据集中的多原因问题，序列标注模块将事件原因抽取看成序列标注问题。具体地说，对数据集进行预处理，将每个事件的原因文本用 BIO 方式标注，即 B 表示原因的开头，I 表示原因的内容，O 表示其他。对通过双向注意力模块得到的单词特征表示进行分类，即

$$p_i = \text{Softmax}(\text{FFNN}(H_i)) \quad (6-43)$$

$$y_{\text{predicted}} = \arg\max \prod_{i=1}^M p_i \quad (6-44)$$

其中，FFNN 表示前馈神经网络；p_i 表示单词分别为 B、I 和 O 标签的概率。最终使用经典的最大条件似然估计来训练，采用维特比解码算法和 CRF 来建模标签之间的约束关系，以提升模型的整体表现。CRF 是给定需要标记的序列，使用丰富重叠的序列特征，在整个序列中求解出最优的序列，能极大程度地避免标记偏置问题。

6.4.3 实验

为了验证本节提出的 EQA-ERE 在事件原因抽取任务上的有效性，本节首先介绍了使用的数据集、评价指标和参数设置，然后设计了 4 组实验进行分析：① 对比实验，将 EQA-ERE 与基线模型进行比较；② 单事件和多事件场景下的模型表现；③ 单原因和多原因场景下的模型表现；④ 显式和隐式原因线索场景下的模型表现。

6.4.3.1 数据集和评价指标

FinReason 数据集的来源为各公司的财务公告，一共有 8 794 份文档、12 861 个财务事件和 11 006 个事件原因。数据集分成训练集、评估集和测试集，比例为 8:1:1，用于实验训练和测试。事件类型有三大类：股份质押（Pledge）、股份增持和减持（O/U）、诉讼和仲裁（Lawsuit）。数据集中大约 20.67% 的文档提到了多个事件，大约 13.25% 的文档具有多原因挑战，并且 71.74% 的文档是以隐式的方式给出事件原因，只有 28.26% 的文档中原因给出了显式线索，如使用 "因为" "由于" "为" 和 "原因" 等词语引出具体原因。FinReason 数据集概况如表 6-15 所示。

表 6-15 FinReason 数据集概况

事件类型	文档数量/份	事件数量/个	事件原因数量/个	包含原因的文档数量/份	文档数量（多事件）/份	文档数量（多原因）/份	文档数量（隐式原因线索）/份
股份质押	4 138	5 379	4 714	2 901（70%）	796（19%）	461（11%）	2 845（69%）
股份增持和减持	2 550	4 127	3 565	2 132（84%）	635（25%）	483（19%）	2 030（80%）
诉讼和仲裁	2 106	3 355	2 727	1 438（68%）	387（18%）	221（10%）	1 434（68%）
总计	8 794	12 861	11 006	6 471（74%）	1 818（21%）	1 165（13%）	6 309（72%）

为了评估 EQA-ERE，先计算测试集中每个事件的原因抽取精确率、召回率和 F1 值，并计算所有事件的宏观平均值作为整体分数。然而，FinReason 数据集中存在多个原因案例，需要评估多个原因识别的能力。因此，通过预测文本中所有可能的因果表达式来考虑所有预测。对于每种情况，计算分数的方法如下：① 当事件没有标注原因时，预测应为空字符串，以便获得所有为 1 的精确率、召回率和 F1 值，否则，所有分数均为 0；② 当事件只有一个原因被标注时，根据预测和真实原因文本的重叠字符数计算精确率、召回率和 F1 值；③ 当一个目标事件有多个原因时，首先计算每个原因对应的分数，如情况②，然后计算所有原因的分数平均值作为目标事件的最终得分。

6.4.3.2 实验参数设置

EQA-ERE 由 PyTorch 实现，在一片 NVIDIA RTX 3090 GPU 上进行训练。使用 bert-wwm-base 作为文档编码器，单词编码维度为 768，文档编码维度设置为 300，在训练时，Batch Size 大小设置为 20，学习率初始化为 1×10^{-3}。为了避免过拟合，Dropout 率设置为 0.3。作为基线的 Bi-LSTM-CRF，其编码维度为 100，Batch Size 大小为 20，学习率为 0.001，Dropout 率为 0.5。作为基线的 BERT-QA，其 Batch Size 大小为 16，学习率为 3×10^{-5}。

6.4.3.3 对比实验

为了验证本节提出的 EQA-ERE 的有效性，将其与下列基线模型进行比较。

（1）Regular Expressions（RegExp）：将任务视为因果句子检测问题，采取基于规则的方式解决。使用一些特殊的正则表达式，"因为""由于""为"和"原因"等关键词作为因果线索，进行字符串匹配，以检测作为事件原因的句子。

（2）Bi-LSTM-CRF：将任务视为序列标注问题，使用经典的 Bi-LSTM-CRF 来预测每个原因的开始和结束位置。具体来说，只需通过文档和给定结构事件之间的字符串匹配来获取事件原因。

（3）BERT-QA：如果将结构事件视为查询，将目标原因视为答案，则可以将此任务视为阅读理解问题。具体做法为使用模板将每个结构性事件转化为原因问题，并使用 BERT-QA 模型来找到相应的原因。

从表 6-16 中的实验结果中可以看出，EQA-ERE 取得了最好的结果，但与人类表现仍有一定差距，F1 值相差 5%左右。在三类不同事件中，无论是模型还是人类，对于诉讼和仲裁（Lawsuit）事件原因的识别效果都相对较差，这可能是因为诉讼和仲裁事件的原因通常穿插在原告和被告之间的整个事件中，很难就 span 的边界达成一致。此外，Bi-LSTM-CRF 模型的性能通常优于 BERT-QA 模型，原因可能是 Bi-LSTM-CRF 模型通过使用事件 BIO 特征知道事件提及的位置，但 BERT-QA 模型仅使用结构事件作为查询。因此，Bi-LSTM-CRF 模型可能更容易找到正确的原因，也表明了序列标注方式的优越性。本节所提出的 EQA-ERE 也使用序列标注，但效果优于 Bi-LSTM-CRF 模型，证明了使用双向注意力捕捉文档和事件之间交互的有效性，在对某个事件抽取原因时，不会被其他无用信息干扰。

表 6-16 EQA-ERE 的对比实验结果

模型	股权质押			股份增持			诉讼和仲裁			总计		
	P/%	R/%	F1/%	P/%	R/%	F1/%	P/%	R/%	F1/%	P/%	R/%	F1/%
RegExp	19	21	20	20	27	33	20	24	22	20	24	22
Bi-LSTM-CRF	76	86	81	90	94	92	73	73	73	80	84	82
BERT-QA	76	70	73	90	89	89	73	72	72	80	77	78
人类	93	94	93	99	99	99	74	78	76	89	90	89
EQA-ERE（本实验）	83.1	88.2	85.1	97.2	96.6	96.9	75.2	75.1	75.1	82.7	85.2	84.0

6.4.3.4 单事件和多事件场景实验

为了评估模型处理多个事件的能力，设计了本节实验。基于规则的 RegExp 模型方法无法区分多个事件，只能将所有抽取的原因视为对所有事件的原因解释。Bi-LSTM-CRF 模型需要做额外的处理，为同一文档中的不同事件创建不同的样本，以确保一个样本只包含一个文档，最多包含一个事件。BERT-QA 模型将事件视为查询，因此它可以自然地适应多事件。

表 6-17 的实验结果为不同模型在单/多事件场景下的表现，总体而言，多事件情况下的模型效果远不如单事件的原因抽取，体现了多事件的挑战性。EQA-ERE 无论在单事件还是多事件场景下都取得了最好的结果，并且多事件中下降幅度小于其他模型，这可以证明为每个事件生成不同的文档表示是非常有效的做法。

表6-17 单/多事件场景下实验结果

模型	单事件			多事件		
	P/%	R/%	F1/%	P/%	R/%	F1/%
RegExp	16	21	18	25	28	26
Bi-LSTM-CRF	86	90	88	73	77	75
BERT-QA	84	81	82	74	72	73
人类	90	92	91	87	88	87
EQA-ERE（本实验）	89.1	91.6	90.3	77.3	79.6	78.3

6.4.3.5 单原因和多原因场景实验

为了评估模型在多原因场景下的表现，设计了本节实验。基于规则的RegExp模型方法无法区分多个原因。Bi-LSTM-CRF模型采用序列标注的方式，为文本span标记多对开始和结束位置，因此它自然适应多种原因情况。BERT-QA模型可以从文档中返回前k个答案作为原因，但在实践中，当将k设置为1时才会得到最佳分数。说明BERT-QA模型不适合进行多原因抽取。

表6-18的实验结果为不同模型在单/多原因场景下的表现，可以看出，除了RegExp模型，其他模型在单原因的抽取方面表现非常优秀，几乎与人类水平接近。然而，在多原因场景下，EQA-ERE达到了最高的分数66.5%，证明了该模型在解决多事件下的多原因问题方面表现良好。尽管如此，它仍然与人类分数有较大差距。这说明在事件原因抽取任务中，多原因是目前影响模型效果的主要挑战之一。

表6-18 单/多原因场景下实验结果

模型	单原因			多原因		
	P/%	R/%	F1/%	P/%	R/%	F1/%
RegExp	23	26	24	8	13	10
Bi-LSTM-CRF	85	86	85	53	81	64
BERT-QA	86	84	85	43	41	42
人类	91	92	91	76	85	80
EQA-ERE（本实验）	88.6	87.1	87.8	56.0	82.1	66.5

6.4.3.6 显式和隐式原因线索场景实验

在数据集中，约有 71.74%的文档以隐式方式给出事件原因，只有 28.26%的文档明确地给出原因线索，如"因为""由于""为"和"原因"等。表 6-19 展示了模型在显式和隐式原因线索场景下的实验结果。结果显示，EQA-ERE 对隐式原因的识别效果达到了目前的最佳水平，但仍然与人类水平相差近 23%。这表明如何提高模型对隐式原因的识别能力是未来研究的重点。

表 6-19 显式/隐式原因线索场景下实验结果

模型	显式原因			隐式原因		
	P/%	R/%	F1/%	P/%	R/%	F1/%
RegExp	29	32	30	2	4	3
Bi-LSTM-CRF	85	87	86	54	65	59
BERT-QA	85	83	84	61	58	59
人类	90	90	90	85	90	87
EQA-ERE（本实验）	88.1	87.1	87.6	62.2	68.0	64.5

参考文献

[1] 丁效, 宋凡, 秦兵, 等. 音乐领域典型事件抽取方法研究[J]. 中文信息学报, 2011, 25(2): 15-21.

[2] SAKAKI T, MATSUO Y, YANAGIHARA T, et al. Real-time Event Extraction for Driving Information from Social Sensors[C]//Proceedings of 2012 IEEE International Conference on Cyber Technology in Automation, Control, and Intelligent Systems (CYBER), 2012: 221-226.

[3] FILTZ E, NAVAS-LORO M, SANTOS C, et al. Events Matter: Extraction of Events from Court Decisions[J]. Legal Knowledge and Information Systems, 2020: 33-42.

[4] BUYKO E, FAESSLER E, WERMTER J, et al. Event Extraction from Trimmed Dependency Graphs[C]//Proceedings of the BioNLP 2009 Workshop Companion

Volume for Shared Task, 2009: 19-27.

[5] HENN S, STICHA A, BURLEY T, et al. Visualization Techniques to Enhance Automated Event Extraction[J]. arXiv preprint arXiv: 2106. 06588, 2021.

[6] CHEN P, LIU K, CHEN Y, et al. Probing into the Root: A Dataset for Reason Extraction of Structural Events from Financial Documents[C]//Proceedings of the 16th Conference of the European Chapter of the Association for Computational Linguistics: Main Volume, 2021: 2042-2048.

[7] WISEMAN S J, RUSH A M, SHIEBER S M, et al. Learning Anaphoricity and Antecedent Ranking Features for Coreference Resolution[C]//Proceedings of the 53rd Annual Meeting of the Association for Computational Linguistics and the 7th International Joint Conference on Natural Language Processing(Volume 1: Long Papers), 2015: 1416-1426.

[8] LEE K, HE L, LEWIS M, et al. End-to-end Neural Coreference Resolution[J]. arXiv preprint arXiv: 1707. 07045, 2017.

[9] ZHANG R, SANTOS C N, YASUNAGA M, et al. Neural Coreference Resolution with Deep Biaffine Attention by Joint Mention Detection and Mention Clustering[J]. arXiv preprint arXiv: 1805. 04893, 2018.

[10] DOZAT T, MANNING C D. Deep Biaffine Attention for Neural Dependency Parsing[J]. arXiv preprint arXiv: 1611. 01734, 2016.

[11] FEI H, LI X, LI D, et al. End-to-end Deep Reinforcement Learning Based Coreference Resolution[C]//Proceedings of the 57th Annual Meeting of the Association for Computational Linguistics, 2019: 660-665.

[12] MOOSAVI N S, STRUBE M. Using Linguistic Features to Improve the Generalization Capability of Neural Coreference Resolvers[J]. arXiv preprint arXiv: 1708. 00160, 2017.

[13] SUBRAMANIAN S, ROTH D. Improving Generalization in Coreference Resolution via Adversarial Training[J]. arXiv preprint arXiv: 1908. 04728, 2019.

[14] JOSHI M, LEVY O, WELD D S, et al. BERT for Coreference Resolution: Baselines and Analysis[J]. arXiv preprint arXiv: 1908. 09091, 2019.

[15] JOSHI M, CHEN D, LIU Y, et al. Spanbert: Improving Pre-training by Representing and Predicting Spans[J]. Transactions of the Association for Computational Linguistics, 2020, 8: 64-77.

[16] VEYSEH A P B, NGUYEN T N, NGUYEN T H. Graph Transformer Networks with Syntactic and Semantic Structures for Event Argument Extraction[J]. arXiv preprint arXiv: 2010. 13391, 2020.

[17] NIE Y, TIAN Y, WAN X, et al. Named Entity Recognition for Social Media Texts with Semantic Augmentation[J]. arXiv preprint arXiv: 2010. 15458, 2020.

[18] JIANG F, COHN T. Incorporating Syntax and Semantics in Coreference Resolution with Heterogeneous Graph Attention Network[C]//Proceedings of the 2021 Conference of the North American Chapter of the Association for Computational Linguistics: Human Language Technologies, 2021: 1584-1591.

[19] JIANG F, COHN T. Incorporating Constituent Syntax for Coreference Resolution[C]//Proceedings of the AAAI Conference on Artificial Intelligence, 2022, 36(10): 10831-10839.

[20] PRADHAN S, MOSCHITTI A, XUE N, et al. CoNLL-2012 Shared Task: Modeling Multilingual Unrestricted Coreference in OntoNotes[C]//Proceedings of Joint Conference on EMNLP and CoNLL-shared Task, 2012: 1-40.

[21] CLARK K, MANNING C D. Improving Coreference Resolution by Learning Entity-level Distributed Representations[J]. arXiv preprint arXiv: 1606. 01323, 2016.

[22] LEE K, HE L, ZETTLEMOYER L. Higher-order Coreference Resolution with Coarse-to-fine Inference[J]. arXiv preprint arXiv: 1804. 05392, 2018.

[23] FANG K, FU J. Incorporating Structural Information for Better Coreference Resolution[C]//Proceedings of Twenty-eighth International Joint Conference on Artificial Intelligence IJCAI-19, 2019.

[24] WU W, WANG F, YUAN A, et al. CorefQA: Coreference Resolution as Query-based Span Prediction[C]//Proceedings of the 58th Annual Meeting of the Association for Computational Linguistics, 2020: 6953-6963.

[25] KIRSTAIN Y, RAM O, LEVY O. Coreference Resolution Without Span Representations[J]. arXiv preprint arXiv: 2101. 00434, 2021.

[26] HOURALI S, ZAHEDI M, FATEH M. A New Model for Coreference Resolution Based on Knowledge Representation and Multi-criteria Ranking[J]. Journal of Intelligent & Fuzzy Systems, 2021, 40(1): 877-892.

[27] LAI T M, BUI T, KIM D S. End-to-end Neural Coreference Resolution Revisited: A Simple Yet Effective Baseline[C]//Proceedings of ICASSP 2022-2022 IEEE International Conference on Acoustics, Speech and Signal Processing(ICASSP), 2022: 8147-8151.

[28] YANG S, TU K. Headed-span-based Projective Dependency Parsing[J]. arXiv preprint arXiv: 2108. 04750, 2021.

[29] WANG X, TU K. Second-order Neural Dependency Parsing with Message Passing and End-to-end Training[J]. arXiv preprint arXiv: 2010. 05003, 2020.

[30] CHEN Y, XU L, LIU K, et al. Event Extraction via Dynamic Multi-pooling Convolutional Neural Networks[C]//Proceedings of the 53rd Annual Meeting of the Association for Computational Linguistics and the 7th International Joint Conference on Natural Language Processing(Volume 1: Long Papers), 2015: 167-176.

[31] NGUYEN T H, CHO K, GRISHMAN R. Joint Event Extraction via Recurrent Neural Networks[C]//Proceedings of the 2016 Conference of The North American Chapter of the Association for Computational Linguistics: Human Language Technologies, 2016: 300-309.

[32] SHA L, QIAN F, CHANG B, et al. Jointly Extracting Event Triggers and Arguments by Dependency–bridge RNN and Tensor–based Argument Interaction [C]//Proceedings of the Thirty–second AAAI Conference on Artificial Intelligence and Thirtieth Innovative Applications of Artificial Intelligence Conference and Eighth AAAI Symposium on Educational Advances in Artificial Intelligence, 2018: 5916–5923.

[33] LIU X, LUO Z, HUANG H Y. Jointly Multiple Events Extraction via Attention–

based Graph Information Aggregation [C]//Proceedings of the 2018 Conference on Empirical Methods in Natural Language Processing, 2018: 1247–1256.

[34] YANG S, FENG D, QIAO L, et al. Exploring Pre-trained Language Models for Event Extraction and Generation[C]//Proceedings of the 57th Annual Meeting of the Association for Computational Linguistics, 2019: 5284-5294.

[35] YANG H, CHEN Y, LIU K, et al. Dcfee: A Document-level Chinese Financial Event Extraction System Based on Automatically Labeled Training Data[C]//Proceedings of ACL 2018, System Demonstrations, 2018: 50-55.

[36] ZHENG S, CAO W, XU W, et al. Doc2EDAG: An End-to-end Document-level Framework for Chinese Financial Event Extraction[J]. arXiv preprint arXiv: 1904. 07535, 2019.

[37] HUANG Y, JIA W. Exploring Sentence Community for Document-level Event Extraction[C]//Findings of the Association for Computational Linguistics: EMNLP, 2021: 340-351.

[38] LU S, ZHAO G, LI S, et al. Explainable Document-level Event Extraction via Back-tracing to Sentence-level Event Clues[J]. Knowledge-based Systems, 2022, 248: 108715.

[39] HUANG Z, XU W, YU K. Bidirectional LSTM-CRF Models for Sequence Tagging[J]. arXiv preprint arXiv: 1508. 01991, 2015.

[40] VASWANI A, SHAZEER N, PARMAR N, et al. Attention is All You Need [C]// In Proceedings of the 31st International Conference on Neural Information Processing Systems, 2017: 6000–6010.

[41] XU R, LIU T, LI L, et al. Document-level Event Extraction via Heterogeneous Graph-based Interaction Model with a Tracker[J]. arXiv preprint arXiv: 2105. 14924, 2021.

[42] YANG H, SUI D, CHEN Y, et al. Document-level Event Extraction via Parallel Prediction Networks[C]//Proceedings of the 59th Annual Meeting of the Association for Computational Linguistics and the 11th International Joint Conference on Natural Language Processing(Volume 1: Long Papers), 2021:

6298-6308.

[43] RIAZ M, GIRJU R. In-depth Exploitation of Noun and Verb Semantics to Identify Causation in Verb-noun Pairs[C]//Proceedings of the 15th Annual Meeting of the Special Interest Group on Discourse and Dialogue(SIGDIAL), 2014: 161-170.

[44] KADOWAKI K, IIDA R, TORISAWA K, et al. Event Causality Recognition Exploiting Multiple Annotators' Judgments and Background Knowledge [C]//Proceedings of the 2019 Conference on Empirical Methods in Natural Language Processing and the 9th International Joint Conference on Natural Language Processing(EMNLP-IJCNLP), 2019: 5816-5822.

[45] FAN C, LIU D, QIN L, et al. Towards Event-level Causal Relation Identification[C]//Proceedings of the 45th International ACM SIGIR Conference on Research and Development in Information Retrieval, 2022: 1828-1833.

[46] SEO M, KEMBHAVI A, FARHADI A, et al. Bidirectional Attention Flow for Machine Comprehension[J]. arXiv preprint arXiv: 1611. 01603, 2016.

第 7 章

未来展望

在本书的最后,对实体识别、关系抽取、事件抽取等领域的研究趋势进行展望。

展望 1:"大小模型结合"的信息抽取范式将成为新的研究热点

随着大语言模型(Large Language Model,LLM)在自然语言处理领域的广泛应用,其已经展现出强大的语义理解能力、逻辑推理能力和生成能力,并且在诸如搜索、推荐、问答等多个领域引发了技术革命。然而,当前的研究也发现,大语言模型在处理复杂信息抽取任务时仍存在一定局限性,尤其是在一些特定的领域和任务中。因此,如何结合大语言模型在少样本、零样本学习中的优势,与小模型在高效序列标注、条件判别等方面的强项相结合,成为一个亟待解决的研究课题。未来,融合大模型与小模型的优势,将为低资源、高性能的信息抽取技术提供新的发展路径。

展望 2:垂直领域的信息抽取任务有待探索

就信息抽取模型的要素抽取能力而言,现有的实体识别、关系抽取、事件抽取模型在领域内广泛使用的通用数据集上都已经取得了令人瞩目的成绩,且绝大多数研究工作也是围绕 NYT、ACE 等常用数据集开展的。然而,通用数据集和垂直领域数据集之间存在较明显的分布特征差异,如实体命名习惯、关系语义内涵、事件论元组成等，导致已经被广泛认可的方法在特定垂直领域的应用效果可能并不好。这是由垂直领域的高质量标注数据匮乏、模型泛化能力不足等原因导致的。当前，随着各行各业智能化转型的不断推进，亟须开展本领域信息抽取技术的研究，潜在技术路线主要包括基于垂直领域数据设计专门的抽取模型，或者借助大模型、迁移学习等技术，在已有模型基础上研究领域专业模型，皆是值得探索且富有应用价值的方向。

展望 3：信息抽取与 RAG 技术结合，解决大模型幻觉问题

大语言模型的"幻觉"问题（即生成不准确或无关的内容）是限制其广泛应用的一个瓶颈，特别是在需要高准确度的任务中。为了解决这一问题，检索增强生成技术（Retrieval-Augmented Generation，RAG）逐渐成为解决方案之一。当前，RAG 技术已经从基于文本库的 Text-based RAG，发展到基于知识图谱的 KG-based RAG。虽然结构化的知识图谱可以显著提升大模型的知识获取效率和生成效果，但是在知识更新、知识匹配等方面还存在一定的困难。此时，信息抽取技术便是联结 Text-based RAG 和 KG-based RAG 之间的桥梁，可有效提升系统的灵活性、高效性和准确性。

展望 4：多模态信息抽取技术的快速发展

信息抽取技术的一个重要发展方向是多模态融合，即在处理文本的基础上，结合图像、音频、视频等多种模态信息，提升信息抽取的全面性和准确性。多模态信息抽取可以在医疗影像分析、自动驾驶、视频监控等场景中发挥重要作用。如何有效地融合不同模态的数据，设计出能够跨模态理解和抽取信息的统一模型，是当前研究的热点。未来，随着多模态预训练模型和跨模态学习技术的不断进步，信息抽取技术将能够在更多复杂场景中提供支持，提升其应用的深度和广度。

展望 5：信息抽取系统本身的安全性隐患

信息抽取技术是自然语言处理、图像理解甚至人工智能领域最常用、最基础

的关键技术之一，广泛应用于信息化社会的各个方面，在医疗、教育、金融等领域发挥重要作用。然而，由于深度学习和机器学习技术本身的局限性，现有的信息抽取模型存在如投毒攻击、后门攻击、拒绝服务攻击等一系列的安全缺陷，可能导致抽取结果错误或者信息泄露，在关键领域存在较高的应用风险。因此，如何评估、监测并防范信息抽取系统的攻击，确保系统在实际应用中的稳定性和安全性，是未来很长一段时间内要攻克的研究难点。

彩　　插

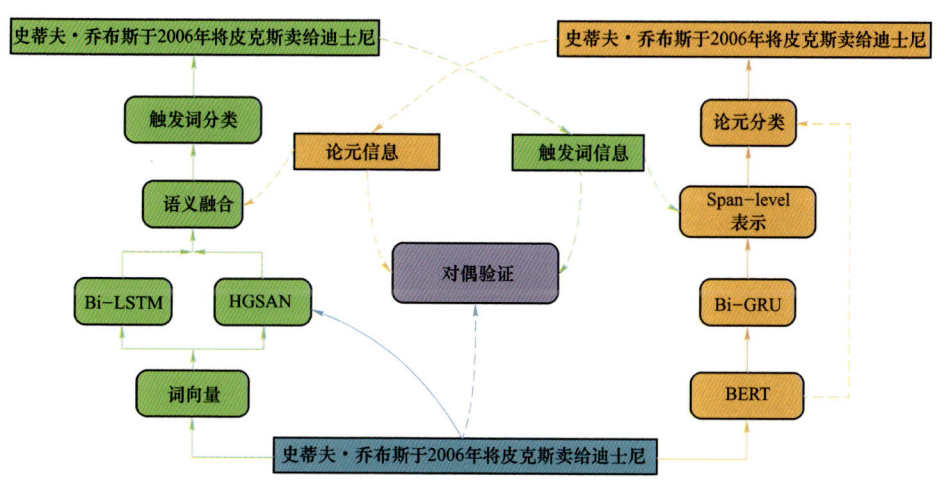

图 5-7　IEJEE 模型结构图

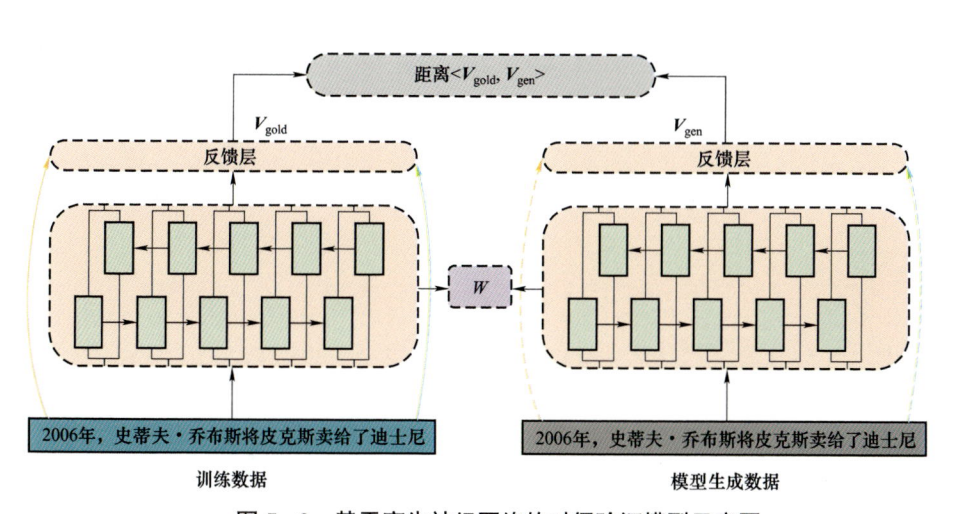

图 5-9　基于孪生神经网络的对偶验证模型示意图

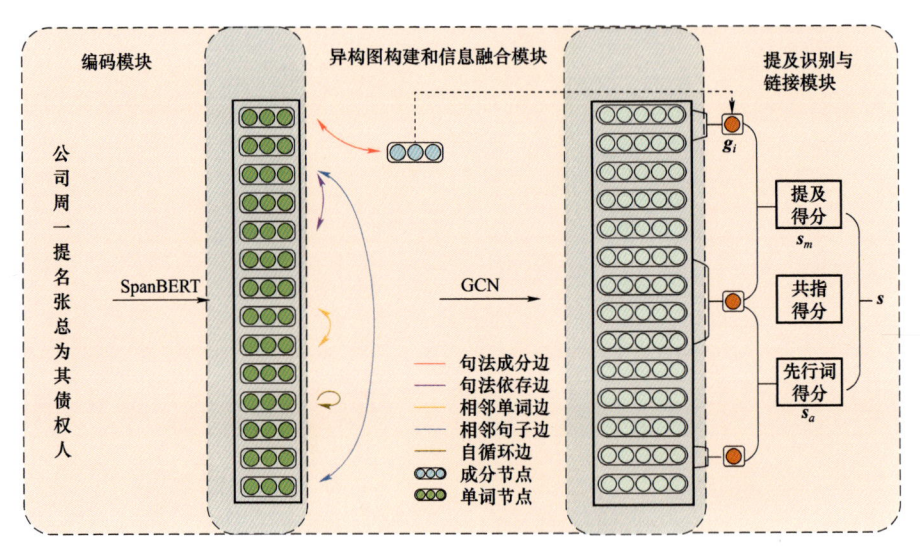

图 6-3 SDC-CR 模型架构图